博士论丛

董诗雨　朱　宏　张榆平 / 著

基于脉冲效应的动态网络系统的同步性分析

Synchronization Analysis of Dynamical Network Systems Based on Impulsive Effect

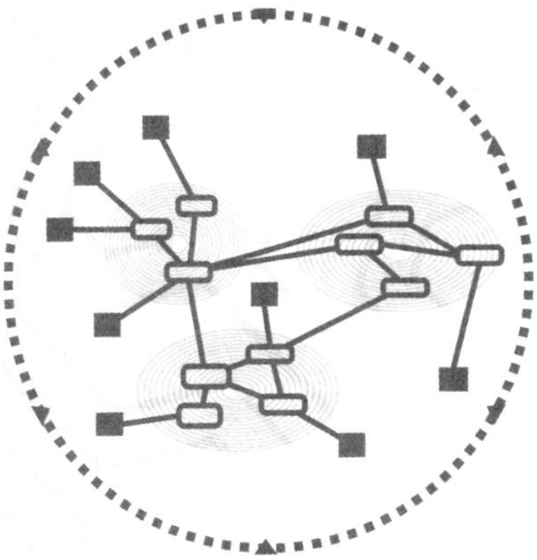

电子科技大学出版社
University of Electronic Science and Technology of China Press
· 成都 ·

图书在版编目(CIP)数据

基于脉冲效应的动态网络系统的同步性分析 / 董诗雨，朱宏，张榆平著. -- 成都：成都电子科大出版社，2025.8. -- ISBN 978-7-5770-1563-7

Ⅰ. TN711

中国国家版本馆 CIP 数据核字第 2025D6W025 号

基于脉冲效应的动态网络系统的同步性分析

JIYU MAICHONG XIAOYING DE DONGTAI WANGLUO XITONG DE TONGBUXING FENXI

董诗雨　朱　宏　张榆平　著

出 品 人　田　江
策划统筹　杜　倩
策划编辑　谢晓辉
责任编辑　谢晓辉
责任设计　李　倩　谢晓辉
责任校对　胡　梅
责任印制　梁　硕

出版发行　电子科技大学出版社
　　　　　成都市一环路东一段 159 号电子信息产业大厦九楼　邮编　610051
主　　页　www. uestcp. com. cn
服务电话　028-83203399
邮购电话　028-83201495

印　　刷　成都久之印刷有限公司
成品尺寸　170 mm×240 mm
印　　张　12
字　　数　208 千字
版　　次　2025 年 8 月第 1 版
印　　次　2025 年 8 月第 1 次印刷
书　　号　ISBN 978-7-5770-1563-7
定　　价　76.00 元

序

FOREWORD

当前，我们正置身于一个前所未有的变革时代，新一轮科技革命和产业变革深入发展，科技的迅猛发展如同破晓的曙光，照亮了人类前行的道路。科技创新已经成为国际战略博弈的主要战场。习近平总书记深刻指出："加快实现高水平科技自立自强，是推动高质量发展的必由之路。"这一重要论断，不仅为我国科技事业发展指明了方向，也激励着每一位科技工作者勇攀高峰、不断前行。

博士研究生教育是国民教育的最高层次，在人才培养和科学研究中发挥着举足轻重的作用，是国家科技创新体系的重要支撑。博士研究生是学科建设和发展的生力军，他们通过深入研究和探索，不断推动学科理论和技术进步。博士论文则是博士学术水平的重要标志性成果，反映了博士研究生的培养水平，具有显著的创新性和前沿性。

由电子科技大学出版社推出的"博士论丛"图书，汇集多学科精英之作。其中，《基于时间反演电磁成像的无源互调源定位方法研究》等28篇佳作荣获中国电子学会、中国光学工程学会、中国仪器仪表学会等国家级学会以及电子科技大学的优秀博士论文的殊誉。这些著作理论创新与实践突破并重，微观探秘与宏观解析交织，不仅拓宽了认知边界，也为相关科学技术难题提供了新解。"博士论丛"的出版必将促进优秀学术成果的传播与交流，为创新型人才的培养提供支撑，进一步推动博士教育迈向新高。

青年是国家的未来和民族的希望，青年科技工作者是科技创新的生力军和中坚力量。我也是从一名青年科技工作者成长起来的，希望“博士论丛”的青年学者们再接再厉。我愿此论丛成为青年学者心中之光，照亮科研之路，激励后辈勇攀科技高峰，为加快建成科技强国贡献力量！

中国工程院院士 

前言

PREFACE

随着网络科学和复杂系统理论的不断发展，人类社会已步入一个高度互联、智能协同的网络化时代。动态网络系统作为刻画节点间耦合行为与群体动力学特征的基本框架，在社会网络、神经网络、信息传输系统、群体智能协作等诸多领域中得到广泛应用。同步现象，作为动态网络中的一种典型群体行为，不仅反映了系统内在耦合机制，也对保障整体系统的稳定性和协调性具有重要意义。

然而，现实环境中动态网络系统常面临外部扰动、结构切换、通信延迟甚至网络攻击等不确定因素，这些干扰因素往往表现为非持续性、间歇性、突发性的“脉冲效应”，导致系统状态瞬时跳变，从而破坏网络同步甚至引发系统失效，严重影响系统的同步稳定性与控制性能。因此，研究脉冲控制与脉冲扰动对网络同步性的影响机理，并设计相应的鲁棒同步策略，是提升系统性能与安全性的关键路径。

本书围绕“基于脉冲效应的动态网络系统的同步性分析”这一主题，结合 Lyapunov 稳定性理论、脉冲系统理论及现代控制理论，系统探讨了不同类型脉冲行为(如事件触发脉冲控制、混合触发脉冲控制、牵制脉冲控制、随机增益脉冲控制、脉冲型欺骗攻击等)对耦合神经网络与复杂网络同步性的影响，并给出了对应的同步判据与数值验证。全书共分为七章，内容安排如下：第一章介绍了动态网络同步问题的研究背景、基本概念与理论基础；第二章提出了一种融合事件触发机制和强制时间序列的延迟脉冲控制策略，适用于具有脉冲时延与内部时延的耦合神经网络系统；第三章针对存在外部扰动和参数不确定性的时滞神经网络系统，构建了混合触发的脉冲同步控制方案；第四章设计了考虑随机脉冲增益的分布式延迟脉冲控制器，以提高系统的鲁棒性和适应性；第五章研究了基于牵制机制的多层异构网络的脉冲同步问题，提出了多层耦合拓扑下的同步准则；第六章分析了在服务质量受限条件下，网络系统在随机攻击干扰下的几乎必然同步性；第七章对全书进行了总结，并展望了未来可能的研究方向。

本书主要面向从事动态系统控制、神经网络同步、复杂网络建模与分析以及系统安全与干扰抑制等领域的科研人员及高校研究生。作者希望通过本书的出版，为相关研究者提供理论参考与方法启发，并推动脉冲效应控制理论在工程与交叉学科中的进一步拓展与应用。为保证表达的规范性与术语使用的一致性，书中部分图表与变量符号保留了原始文献中的英文表达，并在整理过程中作了适度调整，力求兼顾理论严谨性与阅读友好性。尽管作者在资料整理、逻辑论证和内容推敲等方面力求严谨，仍因作者水平有限，书中难免存在不足与疏漏。恳请广大读者及专家在阅读过程中批评指正，提出宝贵意见，以便后续进一步完善与提升。

董诗雨

2025. 7

目录
CONTENTS

第一章

绪　论

1.1 研究工作的背景与意义

随着信息技术的快速发展，包括互联网、移动通信、金融网络、电力网络、社交媒体等的普及和智能设备的广泛应用，人类社会进入了一个高度互联的网络时代。在现实世界中，大量的自然和人为的复杂网络都可以通过动态网络系统有效地建模。通常情况下，动态网络系统是由大量相互连接的节点组成，而节点可以表示现实生活中的不同个体，节点互联形成的边可以表征个体之间的相互关系。

基于此特性，动态网络系统成为一种描述事物之间耦合关系的强有力工具，进而在社会科学、计算机科学、生命科学及工程学等领域受到学者们的广泛关注[1-3]。举例如下。

(1)图 1-1 所示的 Internet 是由路由器或域组成的动态网络，这些路由器或域被称为网络的节点，通过光纤等物理链路连接在一起[4]；

(2)集群是鸟类、鱼类和细菌等许多生物表现出的一种集体动物行为[5]。图 1-2 表明了候鸟的集群习性，其中每只鸟的行为都是自主的，一群鸟的集群行为可以用动态网络来建模；

(3)在物流网络中，动态网络被用于分析供应链中的运输路径和货物流动的变化[6]；

(4)在社会网络中，动态网络被用来描述人际关系的演化和信息传播的动态机制[7]。

由此可见，大多数现实生活中的关系网络都可以用动态网络进行刻画与分析，而动态网络也已经融入人类生活的各个领域，极大地改变了人们的生活方式。深入研究动态网络，一方面，人们能够准确地发现现实世界中各类复杂系统的内在联系与规律，从而为解决社会生活与工程技术中的各种复杂问题提供解决思路；另一方面，也为改善现有网络性能和设计新网络提供有效方法，有助于人们对实际网络的应用[8-9]。因此，动态网络的研究具有重要的现实意义，并已成为当今复杂性科学研究中具有挑战性的前沿课题之一。

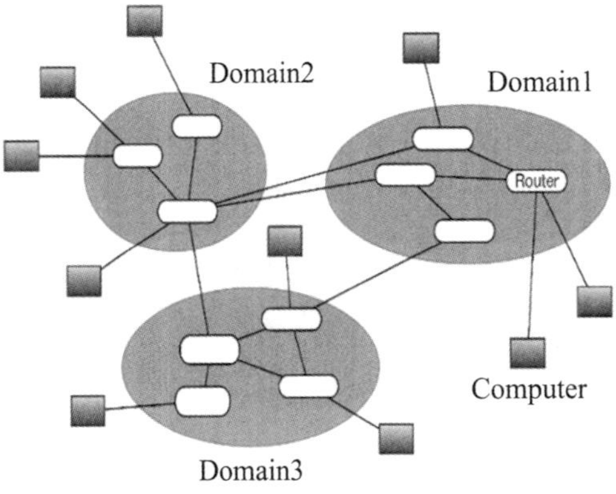

图 1-1　Internet 的网络结构

图 1-2　候鸟的集群习性

为了深入理解和应用动态网络系统，国内外学者们对动态网络的动力学性质进行了深入而全面的研究，包括网络的同步性[10]、脆弱性和鲁棒性[11]、网络拥塞[12]以及网络搜索和优化[13]等。同步作为一种典型且重要的集群行为，在自然界和社会生活中广泛存在，如人类脉搏的跳动频率与心脏大体一致，蚁群和蜂群呈队形地移动等。同时，动态网络的同步性研究涉及计算机科学、数学、社会学等多个学科，其研究成果可以应用到许多实际问题中，如图像处理、机器人控制、保密通信以及网络安全等领域[14-16]。然而，同步现象在实际应用中也存在着弊端，如在计算机网络中，传输控制协议(transmission control protocol，TCP)窗口的增加是为了提高数据传输的效率。但是，当多个主机同时增加TCP窗口时，可能会发生同步现象，导致网络拥塞和安全风险，进而被恶意用户利用造成网络的瘫痪。由此可见，网络的同步现象在实际应用中具有利弊并存的特点，严重影响着各个行业和领域，所以对动态网络的同步性进行分析是非常有必要的。

在自然界和实际工程领域，许多动态系统在演化过程中，会在某些时刻出现瞬时的突变，这种瞬时的突变现象被称为脉冲效应。从数学建模的角度来看，经历瞬时突变的动力系统可以被模拟为脉冲系统[17-18]。该系统不仅充分考虑了现象对系统的影响，而且更准确地描述了系统的动态行为和响应特性。现实生活中可以在各个领域中观察到脉冲效应，如自然环境中的突发事件：气候变化、自然灾害或食物供应的突然改变等都会对种群数量产生影响。这种突发事件会导致种群数量的脉冲性变化，进而影响整个生态系统的稳定性[19]。在生物医学中，糖尿病患者注射胰岛素后，体内激素含量会瞬间上升[20]。在经济学领域，突发事件如金融危机等，会对世界经济产生突然的冲击。这种突发事件会导致经济指标、市场价格或消费行为等出现脉冲性的剧烈波动[21]。工程领域中的脉冲现象包括飞机在突发气流异常下的冲击导致飞机会偏离所期望的轨道[22]，智能电网中发电机组的自动切换或电力传输中的自保护切换等[23]。这些突变事件会引起系统物理量的突然变化，需要对系统进行相应调整以保持正常运行。以上描述都足以说明脉冲效应的重要性。通过前文分析可知，以上现象均可以用动态网络进行刻画和分析。因此，在针对动态网络系统的研究中，考虑脉冲效应对系统性能的影响是十分关键的。

综上所述，在现有基础上深入研究和扩展脉冲效应下的动态网络的同步现象，对进一步推动复杂网络在医学、信息科学、生物学等领域的应用具有重要的理论意义与实用价值。同时，在互联网时代蓬勃发展以及5G时代、物联网时代加速到来的背景下，该研究也为未来新型应用研究领域提供了新的思路和方法。本书将以神经网络与复杂网络模型为研究对象，结合考虑新的脉冲控制方法、脉冲干扰的影响和实际应用，深度分析其同步性问题。

1.2 动态网络系统概述及同步控制研究现状

动态网络系统是由大量相互连接的节点组成的一种网络模型，其特点在于节点之间的连接关系以及节点的属性或状态随着时间的推移而不断变化。该模型被用于描述和分析网络结构、连接关系和节点属性在时间维度上的动态演化。神经网络系统和复杂网络系统均属于动态网络系统。接下来，笔者对神经网络系统和复杂网络系统分别进行概述。

1.2.1 神经网络系统概述

神经网络是一种高度模拟生物神经系统中神经元之间的连接和信息传递方式的计算模型，其中神经元承担信息处理的角色，突触则负责神经元之间的连接与信息传递。自20世纪80年代以来，神经网络在人工智能领域的研究热潮下，成为学者们的研究热点。经研究发现，神经网络因其灵活性、自适应性和强大的模式识别能力在智能化时代扮演着重要角色，它为人工智能和智能化技术的发展提供了强大的工具和方法，也在许多方面有着持续的发展和影响力，如神经网络在图像和视觉识别[24-25]、无人机编队[26]、生物医学[27]等领域都展现了良好的智能特性[28-31]，具有重要的创新和应用价值。

神经网络的起源可以追溯到20世纪40年代和50年代的神经科学研究

和人工智能的发展。1943 年，神经科学家 McCulloch 和数学家 Pitts 利用数理建模的思想提出 M－P 模型[32]，该模型为神经网络的研究奠定了基础。随后的几十年里，不断有新的神经网络模型被提出[33-34]，但其发展仍然缓慢。直到 1982 年，美国物理学家 Jonh Hopfield 提出了一种基于能量的反馈型神经网络模型，被称为 Hopfield 神经网络[35]。自此之后，神经网络研究进入了一个新的研究时代，吸引了越来越多的研究者的关注和投入。针对神经网络的研究，首先从模型出发：

$$\dot{x}_i(t)=-c_i x_i(t)+\sum_{j=1}^{n} a_{ij} f_j(x_j(t))+I_i,\quad i,\ j=1,\ 2,\ \cdots,\ n \tag{1-1}$$

其中，$x_i(t)$表示第 i 个神经元的状态，$c_i(c_i>0)$为电阻相关系数，a_{ij}表示神经元 i 和 j 之间的连接权重，$f_j(\cdot)$为第 j 个神经元的激活函数，I_i 为外部输入。基于此模型，许多学者相继研究了神经网络的动力学性质，如稳定性、同步性、L_2-L_∞，H_∞等性能[36-39]。Zhang 等利用 Lyapunov 泛函方法研究了时滞神经网络的稳定性[36]；Yu 等对随机时滞神经网络的同步性进行了分析[37]；Xie 等研究了切换时滞神经网络的有限时间异步H_∞弹性滤波问题[38]；Qian 等设计了一种新的优化方法，研究了时滞神经网络的 L_2-L_∞ 性能[39]。

然而，在对神经网络进行深入研究的过程中，单个神经网络已经不足以满足学者们的研究需求。同时，研究者们也意识到神经网络之间的相互影响也可能导致群集行为的出现。由此，耦合神经网络应运而生。由 N 个相同的神经网络(1-1)可构成以下耦合神经网络模型：

$$\dot{X}_k(t)=-\boldsymbol{C}X_k(t)+\boldsymbol{A}f(X_k(t))+b\sum_{l=1}^{N} w_{kl}\Gamma X_l(t)+I,\quad k\in\mathcal{J} \tag{1-2}$$

其中，$X_k(t)=[X_{k1}(t),\ X_{k2}(t),\ \cdots,\ X_{kn}(t)]^{\mathrm{T}}\in\mathbb{R}^n$ 为第 k 个子网络的状态向量，$\boldsymbol{C}=\mathrm{diag}\{c_1,\ c_2,\ \cdots,\ c_n\}$ 为自反馈矩阵，$f(X_k(t))=[f_1(X_{k1}),\ f_2(X_{k2}),\ \cdots,\ f_n(X_{kn})]^{\mathrm{T}}\in\mathbb{R}^n$ 为激活函数，$\boldsymbol{A}=[a_{ij}]_{n\times n}$为连接权值矩阵，$b(b>0)$为耦合强度，$\Gamma\in\mathbb{R}^{n\times n}$为内部耦合矩阵，$\boldsymbol{W}=[w_{kl}]_{N\times N}$为外部耦合矩阵，其定义为：如果子网络 k 和子网络 l 相连，则$w_{kl}>0(k\neq$

l)；否则，$w_{kl}=0$ 以及对角元素满足$w_{kk}=-\sum_{l=1,l\neq k}^{N}w_{kl}$。随着研究的进一步深入，学者们逐渐开始考虑参数不确定性、脉冲、外部扰动以及网络攻击等因素对神经网络动力学的影响，以此来建立较为实际的神经网络模型[40-44]。例如：Hou 等研究了具有随机不确定性的神经网络的衰落信道H_{∞}状态估计[40]；Wang 等研究了具有外部扰动的耦合神经网络的输出同步问题[41]；Tang 等利用脉冲控制分析了多权值耦合神经网络的无源性和同步性[42]；Zeng 等研究了执行器饱和下的混沌神经网络的同步性问题[43]；Zhang 等分析了遭受欺骗攻击下耦合神经网络的同步性问题[44]。

近年来，在众多学者的共同努力下，神经网络的应用领域逐渐扩大，人们对神经网络的要求也随之增高，这就意味着神经网络的研究仍存在新的挑战以及许多未知的潜能等待被发掘。目前，对神经网络的研究均基于 Lyapunov 泛函(函数)方法，那么降低保守性是首要目标。同时，在确保网络性能的前提下，为了将理论应用于实际问题中，如何减少网络控制代价及节约通信资源、如何增强网络在应对外部复杂环境下的能力(如鲁棒性、抗干扰性等)仍面临着许多挑战。

1.2.2 复杂网络系统概述

随着互联网、计算机和信息技术的快速发展，人类社会进入以复杂网络为基础的新时代。在这个时代，人们已经身处于由各种复杂网络构成的世界中，如电力网和交通网为人们的生产生活提供了稳定的能源和便捷的交通方式，使得城市和社会运转更加高效。因此，深入对复杂网络的理解对于推动社会、科学和技术的进步至关重要。追根溯源，自 Strogatz 和 Watts 在 1998 年首次提出小世界网络模型概念后[45]，Barabasi 和 Albert 又给出了无标度网络的模型及无标度特征，并发现了复杂网络节点度的幂律分布[46]。自此，复杂网络研究在科学和工程等各个领域引起了广泛的关注和研究的热潮[47-48]。

从数学角度来说，复杂网络是由大量节点和连接这些节点的边组成的网络结构，节点可以表示系统中的不同个体或物体，而边则表示它们的连接关系。实际上，复杂网络是神经网络的延伸，前文所描述的神经网络是一种特殊类型的复杂网络。相比神经网络，复杂网络的复杂性主要体现在两方面：(1)结构复杂性。由大量的节点和边组成，使得节点和边之间的连接关系可能呈现出多样化和拓扑结构；(2)动态复杂性。复杂网络中的节点和边可以参与各种动态过程，如信息传播、同步现象、扩散过程等。这些动态过程可能呈现出非线性、时变和相互关联等特征，使得网络的动态行为具有复杂性。因此，复杂网络的复杂性给研究带来了一定的难度。

当我们对复杂网络进行分析时，一般用以下系统来描述网络节点的动态演化：

$$\frac{\mathrm{d}x_i(t)}{\mathrm{d}t} = \boldsymbol{C}x_i(t) + f(t,\ x_i(t)) + \boldsymbol{\eta}\sum_{j=1,j\neq i}^{N} b_{ij}w_{ij}[\boldsymbol{I}(x_j) - \boldsymbol{I}(x_i)] + u_i(t),\quad i\in\mathcal{J} \tag{1-3}$$

其中，$x_i\in\mathbb{R}^n$ 为节点 i 的状态向量，$f(t,\ x_i(t))\in\mathbb{R}^n$ 表示非线性函数，$\boldsymbol{C}\in\mathbb{R}^{n\times n}$为常数矩阵，$\boldsymbol{\eta}$ 代表耦合强度，$\boldsymbol{B}=[b_{ij}]_{N\times N}$和 $\boldsymbol{W}=[w_{ij}]_{N\times N}$分别表示邻接矩阵和权值矩阵，$\boldsymbol{I}(x_i)$为节点 i 的输出，$u_i(t)$则表示节点 i 的控制输入。接下来，定义耦合矩阵 $\boldsymbol{G}=[\boldsymbol{G}_{ij}]_{N\times N}$如下：若 $i\neq j$，则$\boldsymbol{G}_{ij}=b_{ij}w_{ij}$；否则，$\boldsymbol{G}_{ii}=-\sum_{j=1,j\neq i}^{N}\boldsymbol{G}_{ij}$。由于网络的输出一般为线性输出，可得 $\boldsymbol{I}(x_i)=\boldsymbol{\Gamma}x_i$($\boldsymbol{\Gamma}$ 表示内耦合矩阵)，则复杂网络方程(1-3)可以写为如下形式：

$$\frac{\mathrm{d}x_i(t)}{\mathrm{d}t} = \boldsymbol{C}x_i(t) + f(t,\ x_i(t)) + \boldsymbol{\eta}\sum_{j=1}^{N}\boldsymbol{G}_{ij}\boldsymbol{\Gamma}x_j(t) + u_i(t),\quad i\in\mathcal{J} \tag{1-4}$$

其中，各参数含义同方程(1-3)。从方程(1-4)不难看出，当 $\boldsymbol{C}$ 为负定的对角矩阵时，系统[式(1-4)]为耦合神经网络模型[式(1-2)]；当 $N=1$ 且 $\boldsymbol{C}$ 为负定的对角矩阵时，系统[式(1-4)]退化为神经网络模型[式(1-1)]，这也验证了神经网络是一种特殊的复杂网络。基于复杂网络的动态方程[式(1-4)]，Zhang 等基于 Razumikhin 技术和图论知识分析了随机复杂网络的稳定性[49]，Sorrentino 等表征了复杂动态网络的集群同步稳定性[50]，Hu 等研究了复杂网络的固定时间同步问题[51]，Li 等提出了一种新颖而经济的机制来分析复杂网络的同步性[52]。

近几十年来，针对复杂网络的研究取得了很多重要成果且在各个领域都有广泛的应用和影响。然而，大部分的成果都聚焦于具有单一结构和功能的单层网络。这些单层网络将现实中的复杂系统抽象为一个单一的网络，而忽略了系统内部可能存在的多种结构和功能，以及多个网络之间的耦合或重叠交互作用。事实上，许多现实复杂系统可以被视为多个网络的耦合系统，每个网络代表系统的一个方面或子系统，而这些网络之间存在着复杂的相互作用。例如，社交媒体可以被视为一个网络，而其中的用户之间形成的社交关系网络、信息传播网络和用户兴趣网络等则构成了不同的网络层次。同样地，生物体内的相互作用网络可以包括基因调控网络、蛋白质相互作用网络和代谢网络等。因此，为了满足现实复杂系统的研究需求，学者们针对复杂网络的相关研究已经逐渐从单层复杂网络转向了多层复杂网络，即“网络的网络”。

为了实现不同形式、不同结构和不同功能下的多层复杂网络，学者们根据不同的耦合方式提出了如下几种常见的多层复杂网络模型[53-60]。

(1)多路传输网络[53-54](multiplex networks)；

(2)相互交联网络[55-56](interconnected networks)；

(3)相互作用网络(interacting networks)；

(4)多重耦合网络[57-58](interdependent networks)；

(5)重叠网络[59-60](overlay networks)。

由于多路传输网络每层都是一个网络，不同层之间的节点可以相互连接，从而形成跨层的连接。这种结构更好地模拟了现实系统，而成为学者们的研究重点，也被称为多层复杂网络，例如卫星导航系统可视为由物理层和数据层组成的多层网络[61]，如图 1-3 所示，其中物理层(physical layer)

由 N 个接收器组成，跟踪 m 颗相同的卫星以接收定位数据。然后，数据中心的数据处理单元进行数据处理，这些数据处理单元分别将其接收器连接起来，形成一个虚拟数据层(data layer)。

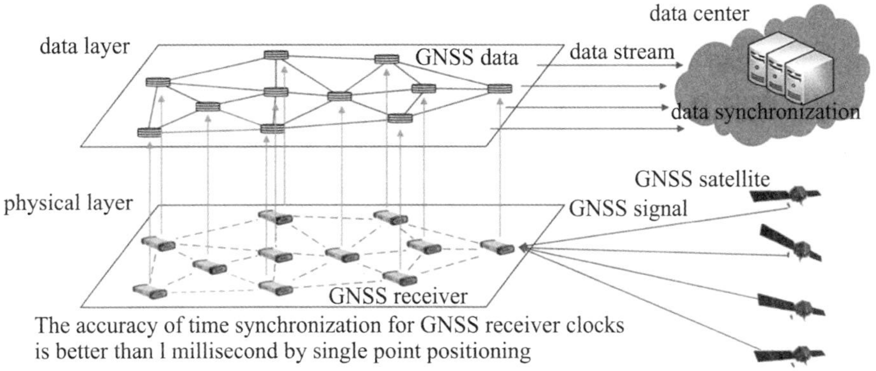

图 1-3　卫星导航系统示意图[61]

由于多层复杂网络能够更准确地模拟现实世界中的复杂系统，并揭示网络层间的相互作用和影响，因此成为复杂网络领域最受关注的研究方向之一[62-64]，且其应用研究也成为不同学科领域中备受关注的研究热点[65-66]。目前，针对多层复杂网络的研究主要集中在如下三个方面。

(1)网络的结构、性质以及生成机制；

(2)网络的动力学：同步性、一致性和耗散性等；

(3)网络性能优化与控制。

众所周知，对网络系统的动力学分析是理解网络系统行为和解决实际复杂问题的前提条件。然而，在现实系统中，多层复杂网络因其模型的复杂性而导致其动力学研究更加复杂，还有许多问题尚未解决。因此，深入分析多层复杂网络的动力学是一个具有挑战的课题，且具有理论价值和现实意义。

1.2.3　网络系统的同步控制研究现状

动态网络的同步现象是一种典型且重要的集群行为，其最早可追溯到物理学家 Huygens 在 1665 年发现当两个钟摆并排悬挂时，无论两钟摆的起始高度是否一致，最终都能取得相位上的同步[67]。Winfree 通过发现夏季萤火虫有规律的同时发光或者不发光论述了振荡同步的问题[68]。随后，人们通过大量观察和研究发现同步现象在自然界和社会生活中广泛存在，如人类脉搏的跳动频率与心脏大体一致，蚁群和蜂群成队形地移动等。现如今，动态网络的同步已被广泛应用于图形图像处理、机器人控制、保密通信以及网络安全等领域[14-16]。

根据实际应用场景的多样性，学者们在探索单层动态网络的同步行为时，提出了多种不同的同步概念，以适应不同问题的需求和复杂网络结构的特点。包括：内部同步[69-71]、外部同步[72-74]、反同步[75-76]、投影同步[77-78]、滞后同步[79-80]和相位同步[81]等。若考虑到系统的随机因素，学者们提出了均方同步[82-84]，几乎必然同步[85-86]等概念。同时，在针对多层复杂网络上的动力系统时，也引入了一些特定的同步概念，以更好地理解多层网络的复杂性：完全同步[87-88]、层内同步[89-91]和层间同步[90-92]等。

针对动态网络来说，其同步性质可以通过改变网络内部的结构属性或通过外部输入来实现。由于实际网络中节点数目大且网络自身随时间不断演化，要想通过改变自身动力学特性和改变网络的拓扑结构来达到同步状态是很困难的。因此，大多数研究者都采用基于控制论的方法，通过设计合适的外部控制策略来干预网络节点的动态行为，从而实现同步的目标。随着现代控制理论的发展以及动态网络研究的深入，许多有效的控制方法已被用于研究动态网络的同步控制中。根据控制信号是否为连续变化的，控制策略可以分为：1. 连续控制策略；2. 离散控制策略；3. 混合控制策略。接下来，分别介绍这三种控制策略。

1. 连续控制策略

连续控制是指控制信号在时间域上是连续变化的，具有灵活性高、响应速度快等优点。常见的连续控制策略有以下三种。

(1)反馈控制[93-94]：通过测量系统的输出并与期望输出进行比较，以调整系统的输入或参数，实现系统的同步；

(2)自适应控制[95-96]：控制系统根据实时的系统状态和环境变化，自动调整控制策略和参数以实现对系统的精确控制。自适应控制的目标是使控制系统能够适应未知或变化的动态特性，并在面对不确定性和外部干扰时保持高性能和鲁棒性；

(3)牵制控制[97-98]：通过有选择地对网络中的部分节点施加控制以及利用节点间的相互作用来控制整个网络系统，进而使得网络系统达到同步的目的。

由于反馈控制和自适应控制是一种全局控制，而现实世界中的网络节点数量庞大，若对网络中的每个节点都予以施加控制，则控制代价过高，是不切实际的。因此，相较于反馈控制和自适应控制，牵制控制因更适用于实际问题而备受关注[97-100]。Wang 等首次采用牵制控制对无标度动态网络进行分析[97]；Yu 等给出了在不同耦合强度下的牵制节点的选择方式，实现了具有对称和不可约耦合矩阵的动态网络的同步[98]；Shi 等基于牵制控制和线性反馈控制研究了时滞奇异复杂网络的同步性问题[99]；Li 等基于牵制控制分析了布尔控制网络的输出鲁棒性[100]。然而，连续控制需要进行实时状态更新，否则会造成通信和计算荷载、通信频率低、信道堵塞等问题，影响网络性能。为了克服以上问题，研究人员提出了离散时间的控制策略。

2. 离散控制策略

离散控制是指控制信号仅在一系列离散的时间点上进行控制操作，具有数据传输少，避免网络冗余等优点。常见的离散控制策略有以下三种。

(1)采样控制[101-102]：采样控制是一种时间驱动控制策略，只需系统在采样时刻的状态信息，极大减少了信息传输量，提高了控制效率。

(2)事件触发控制[103-104]：根据是否满足预先设计的事件触发条件来决定是否进行数据传输，即只在必要时才传输信号。主要优点是可以极大减少控制的执行次数和节省计算成本。

(3)脉冲控制[105-107]：通过在瞬时时刻发送脉冲信号对网络进行控制，

极大降低了控制成本和传输信息量。脉冲控制也是贯穿本书的主要控制方法，相关脉冲理论将在下一小节详细介绍。

尽管采样控制在一定程度上缓解了信道的通信压力，也避免了信道堵塞，但基于时间的采样可能导致不必要信息的采集，从而造成资源浪费。例如，当系统状态变化缓慢时，频繁的时间采样可能并不是必要的，因此会造成资源浪费。而事件触发控制是根据所设计的事件条件满足与否，判断是否进行数据采集，这避免了资源的过度消耗，因此事件触发控制得到了广泛关注[108-109]。Tabuada 等首次利用事件触发控制降低了网络控制系统的能耗问题[108]；Li 等基于事件触发控制研究了多智能体的一致性问题[109]。同时，脉冲控制是一种典型的离散控制，既减少了网络的负荷又限制了不必要的传输，这将在下一小节详细叙述。随着研究的深入，单一的控制方法可能不能达到预期的目标。因此，在实际应用中，为了达到更好的控制效果，学者们往往会将不同的控制方法混合使用来设计控制器进而达到预期目标。

3. 混合控制策略

常见的混合控制策略有事件触发脉冲控制[110-112]、牵制脉冲控制[113-115]、反馈脉冲控制、牵制自适应控制和牵制采样控制等。

相较于基于时间的脉冲控制策略，事件触发脉冲控制只在满足触发条件时才发送脉冲信号控制状态变量，而在两次相邻的事件触发区间内没有任何控制效应。这就意味着事件触发的控制只有在系统状态发生显著变化时才进行脉冲控制，从而避免了频繁的信息交换和网络拥塞等现实问题而备受研究者的关注[110-112]。Liu 等设计了一个基于 Lyapunov 函数的事件触发条件对混沌动力系统的同步进行分析[110]；Hu 等基于事件触发脉冲控制研究了具有切换拓扑的多智能体系统的一致性[111]；Sun 等分别基于集中式和分布式的事件触发脉冲控制研究了异构动态网络的领导跟随同步问题[112]。

尽管脉冲控制已经降低了控制代价，在实际系统中，由于网络节点数量庞大，若对所有节点施加控制，则对系统的硬件要求很高。为了解决这种问题，Lu 等提出了牵制脉冲控制的思路，即通过将某脉冲时刻各节点的误差状态的范数进行降序排列，选取误差最大的前若干个节点施加脉冲控制[113]；在此基础上，Cao 等建立了多权值随机反应－扩散神经网络的牵制脉冲同步准则[114]；Shen 等基于牵制脉冲控制研究了复数域上的动态网络的主从同步问题[115]。基于以上分析，事件触发脉冲控制和牵制脉冲控制的研究已经取得了较大的进展，但是针对如何选择最佳的牵制节点，脉冲信号传输过程是否受到时延的影响，以及如何解决现有脉冲增益为固定常数的问题，保守性较大等问题，仍然值得继续深入研究。

1.3 脉冲效应相关理论

如前所述，现实中的许多动态系统在演化过程中，会在某些时刻出现瞬时的突变，这种瞬时的突变现象被称为脉冲效应。脉冲效应广泛存在于自然界和实际工程中，如自然灾害等因素对生物种群的影响、对世界经济的冲击；在智能电网中，发动机组的切换以及电力传输中的自保护切换引起的电压和电流的突然变化。由于脉冲技术是一种简单而有效的数字信号传输方式，通过调整脉冲的频率、宽度和幅度等参数，可以编码和传输复杂的数字信息。因此，脉冲技术被广泛应用于计算机、自动化控制、遥感监测以及通信等领域[22-23,116]。

脉冲相关的理论研究始于 20 世纪 60 年代，Milman 等提出脉冲动态系统并初步对其稳定性进行研究[117]。而后，Lakshmikantham 等首次提出了脉冲微分系统，为脉冲理论的研究奠定了基础[118]。随后，大量学者相继围绕脉冲理论开展研究[17,119-121]。脉冲系统是一种混杂系统，主要用来刻画在演化过程中涉及脉冲形式的瞬时变化，而不能单纯地用连续模型或离散模型来完全刻画的动力学系统。脉冲系统通常包含了连续时间和离散时间的元素，因此被称为混杂系统。考虑如下脉冲系统：

$$\begin{cases} \dot{x}(t) = f(t, x_t), & t \neq t_k \\ \Delta x(t_k) = h_k(t_k, x(t_k)), & k \in \mathbb{Z}^+ \\ x_{t_0} = \varphi \end{cases} \tag{1-5}$$

其中，f，h_k：$\mathbb{R}^+ \times \mathcal{PC}([-\tau, 0], \mathbb{R}^n) \to \mathbb{R}^n$，$x(t) \in \mathbb{R}^n$ 为状态变量，定义$x_t(s) = x(t+s)$，其中 $s \in [-\tau, 0]$，τ 为系统时延，$\varphi \in \mathcal{PC}([-\tau, 0], \mathbb{R}^n)$ 为初始函数。脉冲序列$\{t_k\}_{k \in \mathbb{Z}^+}$满足：

$$0 \leqslant t_0 < t_1 < \cdots < t_k < \cdots, \ \lim_{k \to \infty} t_k = \infty$$

其中，$\Delta x(t_k) = x(t_k^+) - x(t_k^-)$，$x(t_k^+)$和$x(t_k^-)$分别表示跳跃前后的状态。从式(1-5)中可以看出，脉冲系统由连续部分和脉冲部分组成。从脉冲效应的角度出发，脉冲又可分为稳定脉冲和发散脉冲。由于不同类型的脉冲对系统的动态行为和性能影响不同，因此研究不同类型脉冲对系统的影响具有现实意义。在实际问题中，研究具有稳定脉冲的系统被称为脉冲控制问题，研究具有不稳定脉冲的系统被称为脉冲干扰问题。接下来，笔者对这两种不同类型的脉冲效应分别展开介绍。

1.3.1 稳定脉冲及脉冲控制

稳定脉冲，即脉冲对系统的稳定性起着积极作用，在这种脉冲的作用下，可以使不稳定的系统变得稳定。学者们根据稳定脉冲的特性，发展了脉冲控制技术。该控制技术已经成为一种极其重要的控制策略。脉冲控制的主要思想是仅在一些离散时刻将稳定脉冲作用于系统，而在相邻两个脉冲时刻之间不进行控制，通过这种方式最终达到预期的控制目标。其优点如下。

(1)结构简单，易于实现，大大降低了对传感器和通信技术的要求，只需要将状态信号的线性反馈作为脉冲控制信号，就可以实现对系统的控制；

(2)提供了一种有效的方法来处理不能持续控制输入的系统，如在有限的燃料供应下，深空太空船无法通过连续输入来启动发动机；

(3)降低了信息冗余，使响应速度加快。同时，与连续控制方法相比，脉冲控制具有更好的收敛特性；

(4)鲁棒性比较强，适于解决强非线性、参数不确定性、时滞、随机扰动等问题。

基于以上特性，脉冲控制在各个领域得到了广泛的应用[122-124]，如在基于混沌同步的保密通信中采用脉冲控制方法，只需要将离散时刻驱动系统中的脉冲信号传递给响应系统，过程事件允许数据包的丢失，从而极大地提高了信息的保密性[122]。

目前，针对脉冲控制理论的分析主要有以下两种方法。

(1)Lyapunov 泛函(函数)法。该方法是一种经典的控制系统稳定性分析方法。主要思想是构造合适的 Lyapunov 泛函(函数)作为候选函数，通过分析该函数的导数来预测系统能量的衰减情况。

(2)比较原理法。该方法源于 Yang 等在其著作中提出的脉冲微分方程的比较原理，并建立了脉冲控制下的稳定性准则[119]。主要思想是构造一个合适的比较系统作为原系统的上界，进而根据比较系统的稳定性来推导原系统的稳定性。

这两种方法在脉冲控制领域都发挥着重要作用，许多学者都希望借助这些方法来研究动态网络的同步性问题[125-129]。Guan 等利用切换 Lyapunov 泛函，建立了具有脉冲切换的稳定性准则，并分析了切换脉冲控制在混沌系统同步的应用[125]；Zhang 等提出了一种脉冲同步控制方案，并基于 Lyapunov 泛函研究了耦合未知的复杂动态网络的同步[126]。Li 等基于脉冲控制方法研究了具有随机扰动的混沌时滞神经网络的同步[127]；Zhao 等通过脉冲控制策略分析了具有不确定性的多链路复杂网络的同步与参数辨识[128]；Wan 等基于脉冲控制研究了具有恒定和无界时滞的时间尺度下的神经网络的同步性问题[129]；Wu 等利用比较原理法证明了饱和脉冲下的耦合神经网络的同步性[130]。

从以上研究可以看出，大多数研究成果都假设了在脉冲时刻的脉冲强度或脉冲增益是一个固定的常数或矩阵，抑或是预设的常数序列，这种假设在实际工程应用中是不合理的，且保守性相对较大。因此，针对脉冲控制的研究有待进一步改进，这是本书的研究动力之一。

1.3.2 发散脉冲及脉冲干扰

发散脉冲是指对系统的稳定性产生破坏性影响的脉冲现象。当系统受到发散脉冲的影响时，其正常运行和预期目标可能会受到干扰，导致系统性能下降甚至失效，也称为脉冲干扰。在自然界中，脉冲干扰现象是普遍存在的，例如：自然灾害会导致社会不稳定，企业濒临关闭，以及供应链中断，进而对全球经济发展造成破坏性的影响。又如：虫灾会导致农作物减产或损失，给农民和整个农业产业带来重大损失，甚至影响食品供应链。

尽管脉冲干扰可能对系统产生临时性影响，但许多系统具有鲁棒性能力，能够在干扰后迅速恢复正常运行状态。因此，许多学者在研究网络系统的鲁棒性时，会将脉冲干扰作为其中一种扰动因素考虑在内。如 Sun 等研究了脉冲扰动下的 Monod 型的微生物培养模型对营养物浓度的动态行为[131]；Li 等研究了联想记忆神经网络在脉冲干扰下的鲁棒性问题[132]；Liu 等利用 Razumikhin 技术研究了脉冲扰动下具有切换时滞的切换系统的鲁棒稳定性[133]；Qiu 等分析了脉冲扰动下的具有多链路的忆阻网络的有限时间同步性[134]；Pratap 等对具有不同时间尺度和脉冲扰动下的竞争神经网络的稳定性与鲁棒同步进行分析[135]；He 等研究了具有不连续激活函数和脉冲扰动的神经网络的周期性和全局指数周期同步性[136]。

在实际应用场景中，动态系统在通信过程中可能会受到环境或各种外部攻击的影响，特别是人为的恶意攻击，很可能导致系统变得不稳定。通常情况下，攻击场景可分为两大类：拒绝服务(denial of service，DoS)攻击[137-139]和欺骗攻击[140-142]。DoS 攻击是指使得传感器和控制器的数据不可用，导致数据包时间延迟或信号传输丢包的攻击。相反，欺骗攻击是指能够获取和篡改传输数据和控制命令的攻击。DoS 攻击会破坏通信拓扑结构，损害系统的稳定性。与 DoS 攻击相比，欺骗攻击更温和，难以察觉，从而悄无声息地弱化系统性能。因此，随着人们对网络安全问题的重视，欺骗攻击引起了研究者的极大兴趣。近年来，学者针对欺骗攻击进行了大量研究[143-146]。例如考虑到虚假数据注入攻击的存在，Hu 等人研究了网络控制系统状态估计问题中的安全问题[143]。同样，在存在欺骗攻击的情况下，He 等研究了多智能体系统的安全同步问题[146]。然而，在上述研究中，假设攻击是线性的或服从于伯努利分布，这种假设具有很强的限制性，将导致应用范围具有严重的局限性。

值得注意的是，在现实世界中，为了隐藏身份，黑客不是连续发起攻击，而是间断性发起攻击或在离散时刻发起攻击。当系统的状态受到瞬时扰动时，在某一时刻发生突变时，系统就有可能遭受攻击。如前描述，脉冲干扰可以用来刻画这种导致系统状态瞬时变化的攻击形式，即脉冲攻击。然而，在现有的欺骗攻击研究中，针对脉冲攻击的结果相对较少[147]，文献[147]尽管利用脉冲来刻画了欺骗攻击信号，但文中脉冲增益和脉冲时刻均是预设的。事实上，当黑客发起攻击时，人们事先并不知道攻击何时发生以及攻击强度的大小，所以这种假设是相当保守的。目前，针对遭受脉冲攻击的网络系统的研究仍有许多问题尚未解决，这也是本书的研究动力之一。

1.3.3 延迟脉冲控制

由于信号的传输和处理需要一定的时间，在脉冲时刻对数据进行采样时不可避免地会产生时延，这种具有时延的脉冲控制通常被称为延迟脉冲控制。延迟脉冲控制的本质在于脉冲瞬态不仅取决于系统当前状态，还取决于历史状态。这种现象在现实生活中是普遍存在的[148-149]，如考虑到幼苗投放和成长期，种群生态系统的捕捞作业中每次捕捞的数量要依赖种群过去的数量[149]等。因此，延迟脉冲控制具有更重要的研究意义和更广泛的应用价值。延迟脉冲系统可以用以下微分方程表示：

$$\begin{cases}\dot{x}(t)=f(t,\ x_t), & t\neq t_k \\ \Delta x(t)=h_k[t^-,\ x(t^- - d_k)], & t=t_k, \quad k\in\mathbb{Z}^+ \\ x_{t_0}=\varphi \end{cases} \tag{1-6}$$

其中，$d_k(d_k>0)$表示脉冲时延，$\{t_k\}_{k\in\mathbb{Z}^+}$表示脉冲序列，其他参数与式(1-5)含义相同。在此，假设脉冲是右连续的，即：$x(t_k^+)=x(t_k)$，$x(t_k^-)=\lim\limits_{t\to 0}-x(t_k)$。需要注意的是，脉冲时延的大小对脉冲控制乃至系统的性能都有很大的影响。因此，将根据脉冲区间和脉冲时延的大小关系对脉冲时延进行量化。若脉冲时延小于脉冲区间，即 $d_k\leqslant t_k-t_{k-1}$，则称脉冲时延为小规模脉冲时延；反之，即当 $d_k>t_k-t_{k-1}$时，称为大规模脉冲时延。现有的研究成果中，许多学者基于延迟脉冲控制对网络的同步性进行研究[150-153]：Yang 等证明了一种新的 Halanay 型不等式，得到了具有时变脉冲时延和随机效应的 T－S 模糊复杂动态网络的同步性准则[150]；Xu 等提出了一种新的时滞脉冲微分不等式，证明了基于延迟脉冲控制的时变时滞复杂网络的同步性[151]；Lü 等构造了 Lyapunov 泛函，研究了具有耦合延迟的复杂动态网络的事件触发延迟脉冲控制同步性[152]；Xu 等基于时滞依赖的脉冲反馈控制研究了参数不匹配的分数阶多层网络的准同步问题[153]。

然而，以上研究成果都增加了脉冲时延存在于两个相邻脉冲之间的限制条件，得到的结果相对保守。在实际应用中，脉冲时延通常是可变的且上界可以足够大。因此，需要进一步将小规模脉冲时延拓展到大规模脉冲时延，以分析其对系统性能的影响。为此，Liu 等利用 Razumikhin 技术研究了基于延迟牵制脉冲的时滞神经网络的镇定性，其中放松了对脉冲时延的限制；在此研究基础上，Liu 等又设计了一种具有大规模脉冲时延的脉冲控制协议来实现多智能体系统的一致性[154]。尽管文献[154]、[155]已经证明了大规模脉冲时延下的镇定性和同步性，但所得条件是相当复杂的，这就可能增加求解的复杂度。同时，得到的结果只是针对单一脉冲控制。如果在混合脉冲控制中(如事件触发脉冲控制)，分布式脉冲控制中考虑大规模脉冲时延是否能得到期望的性能是未知的。因此，关于具有大规模脉冲时延的系统的性能分析有待进一步研究。最近几年，Yang 等在文献[150]中研究了延迟脉冲控制下的时滞系统的镇定问题。通过对脉冲区间和脉冲增益施加适当的条件，证明了小规模脉冲时延有助于系统的稳定性。虽然也有其他结果证明了脉冲时延可能对系统性能有促进作用，但都假定了脉冲时延是小规模的。针对大规模脉冲时延是否有利于系统的同步性或稳定性仍然是一个具有挑战且亟待研究的课题。

1.4 预备知识

为了后续研究方便，笔者给出以下关于复杂网络中图论的相关知识和一些将要用到的定义和引理。

图论相关知识：有向图$\mathcal{G}=(\mathcal{V},\ \mathcal{E},\ \mathcal{A})$表示通信网络的拓扑结构，其中$\mathcal{V}=\{\boldsymbol{v}_i \mid i\in\mathcal{J}\}$为节点集，$\mathcal{E}\subseteq\mathcal{V}\times\mathcal{V}$为边集，$\mathcal{A}=[a_{ij}]_{N\times N}$为非负邻接权值矩阵。有向边$(\boldsymbol{v}_i,\ \boldsymbol{v}_j)$表示第$j$个节点可以接收来自第$i$个节点的信息。

邻接权矩阵$\mathcal{A}$定义如下：如果从节点j到节点i存在有向边，则$a_{ij}>0$；否则$a_{ij}=0$，且$a_{ii}=0$，$i\in\mathcal{J}$。$\mathcal{N}_i=\{\boldsymbol{v}_j\in\mathcal{V} \mid (\boldsymbol{v}_j,\ \boldsymbol{v}_i)\in\mathcal{E}\}$表示第$i$个节点的邻居。如果$\mathcal{G}$中存在连接任意两个节点的有向路径，则有向图$\mathcal{G}$是强连接的。

有向图$\mathcal{G}$的 Laplacian 矩阵为$\boldsymbol{L}=[l_{ij}]_{N\times N}$，其中$l_{ij}=-a_{ij}$，$i\neq j$；$l_{ii}=\sum_{j=1,j\neq i}^{N}a_{ij}$。

定义 1.1[119] 函数$V(t,\ x)$：$\mathbb{R}^+\times\mathbb{R}^n\to\mathbb{R}^+$的右上 Dini 导数定义如下：

$$D^+V(t,\ x)=\lim_{h\to 0^+}\sup\frac{1}{h}\{V[t+h,\ x+hf(t,\ x)]-V(t,\ x)\}$$

引理 1.1[156] $\delta(\cdot)$记为 Dirac Delta 函数，则$\delta(t)$有如下性质：

(1)当 $t=0$ 时，$\delta(t)=\infty$；当 $t\neq 0$ 时，$\delta(t)=0$ 且满足$\int_{-\infty}^{+\infty}\delta(t)\mathrm{d}t=1$。

(2)对于 a，$b\neq 0$，可得$\int_{b-a}^{b+a}\delta(t)f(t-b)=f(b)$。

引理 1.2[157] $u(t)$，$v(t)$分别是区间$[t_0, T]$上的 Borel 可测有界非负函数和非负可积函数，若以下不等式成立：

$$u(t)\leqslant u_0+\int_{t_0}^{t}u(s)v(s)\mathrm{d}s,\quad t\in[t_0, T]$$

其中，$T\geqslant t_0>0$，$u_0\geqslant 0$，则有

$$u(t)\leqslant u_0\exp\left\{\int_{t_0}^{t}v(s)\mathrm{d}s\right\},\ t\in[t_0, T]$$

引理 1.3[158] 对于任意向量 $\boldsymbol{X}\in\mathbb{R}^n$，$\boldsymbol{Y}\in\mathbb{R}^n$，矩阵 $0<\boldsymbol{Q}\in\mathbb{R}^{n\times n}$和常数 $\varepsilon>0$，以下不等式成立：

$$2\boldsymbol{X}^{\mathrm{T}}\boldsymbol{Y}\leqslant\varepsilon\boldsymbol{X}^{\mathrm{T}}\boldsymbol{Q}^{-1}\boldsymbol{X}+\varepsilon^{-1}\boldsymbol{Y}^{\mathrm{T}}\boldsymbol{Q}\boldsymbol{Y}$$

引理 1.4[159] 对于矩阵 $\boldsymbol{Q}=\begin{bmatrix}\boldsymbol{Q}_{11} & \boldsymbol{Q}_{12}\\ \boldsymbol{Q}_{21} & \boldsymbol{Q}_{22}\end{bmatrix}$，其中 $\boldsymbol{Q}_{12}=\boldsymbol{Q}_{21}^{\mathrm{T}}$，$\boldsymbol{Q}_{11}\in\mathbb{R}^{n\times n}$，$\boldsymbol{Q}_{12}\in\mathbb{R}^{n\times(m-n)}$，$\boldsymbol{Q}_{21}\in\mathbb{R}^{(m-n)\times n}$，$\boldsymbol{Q}_{22}\in\mathbb{R}^{(m-n)\times(m-n)}$，以下三个条件是等价的：

(1)$\boldsymbol{Q}<0$；

(2)$\boldsymbol{Q}_{11}<0$，$\boldsymbol{Q}_{22}-\boldsymbol{Q}_{21}\boldsymbol{Q}_{11}^{-1}\boldsymbol{Q}_{12}<0$；

(3)$\boldsymbol{Q}_{22}<0$，$\boldsymbol{Q}_{11}-\boldsymbol{Q}_{12}\boldsymbol{Q}_{22}^{-1}\boldsymbol{Q}_{21}<0$.

引理 1.5[160] 矩阵 $\boldsymbol{P}=[p_{ij}]_{m\times n}$和矩阵 $\boldsymbol{Q}=[q_{ij}]_{k\times l}$的 Kronecker 直积定义如下：

$$\boldsymbol{P}\otimes\boldsymbol{Q}=\begin{bmatrix}p_{11}\boldsymbol{Q} & p_{12}\boldsymbol{Q} & \cdots & p_{1n}\boldsymbol{Q}\\ p_{21}\boldsymbol{Q} & p_{22}\boldsymbol{Q} & \cdots & p_{2n}\boldsymbol{Q}\\ \vdots & \vdots & \ddots & \vdots\\ p_{m1}\boldsymbol{Q} & p_{m2}\boldsymbol{Q} & \cdots & p_{mn}\boldsymbol{Q}\end{bmatrix}$$

且满足以下性质：

(1) $(\boldsymbol{P}\otimes\boldsymbol{Q})^{\mathrm{T}}=\boldsymbol{P}^{\mathrm{T}}\otimes\boldsymbol{Q}^{\mathrm{T}}$;

(2) $\|\boldsymbol{P}\otimes I_n\|=\|I_n\otimes\boldsymbol{P}\|=\|\boldsymbol{P}\|$;

(3) $(\boldsymbol{P}+\boldsymbol{Q})\otimes M=\boldsymbol{P}\otimes M+\boldsymbol{Q}\otimes M$;

(4) $\alpha(\boldsymbol{P}\otimes\boldsymbol{Q})=\alpha\boldsymbol{P}\otimes\boldsymbol{Q}=\boldsymbol{P}\otimes\alpha\boldsymbol{Q}$，$\alpha\in\mathbb{R}$;

(5) $(\boldsymbol{P}\otimes\boldsymbol{Q})(M\otimes N)=\boldsymbol{P}M\otimes\boldsymbol{Q}N$.

引理 1.6[155] 给定 a，b，$c\in\mathbb{R}$，则对任意常数 $\theta_1>0$，$\theta_2>0$，以下不等式成立：

$$(a+b+c)^2\leqslant(1+\theta_1)a^2+(1+\theta_1^{-1})(1+\theta_2)b^2+(1+\theta_1^{-1})(1+\theta_2^{-1})c^2$$

定义如下函数：

$$F(\theta_1,\ \theta_2)=(1+\theta_1)a^2+(1+\theta_1^{-1})(1+\theta_2)b^2+(1+\theta^{-1})(1+\theta_2^{-1})c^2$$

则函数 F 在 $(\theta_1,\ \theta_2)=\left(\frac{|b|+|c|}{|a|},\ \frac{|c|}{|b|}\right)$ 处取得它的最小值 $F_{\min}=(|a|+|b|+|c|)^2$。

1.5 本书的结构安排

本书围绕具有脉冲效应的神经网络系统和复杂网络系统的同步性问题展开，从实际环境、数据传输量、控制代价和网络安全等角度出发，改进并丰富了现有的脉冲控制策略和对脉冲干扰的研究，从而进一步增强网络系统的鲁棒性与普适性，并完善网络系统模型以及同步性分析工作。全书共七章，第二、三、四、五章主要研究基于脉冲控制的神经网络系统和复杂网络系统的同步性问题，第六章研究了具有脉冲干扰的神经网络系统的同步性问题。为了更好地展示各章节内容之间的联系和区别，图 1-4 给出了章节之间的研究内容关系结构图。

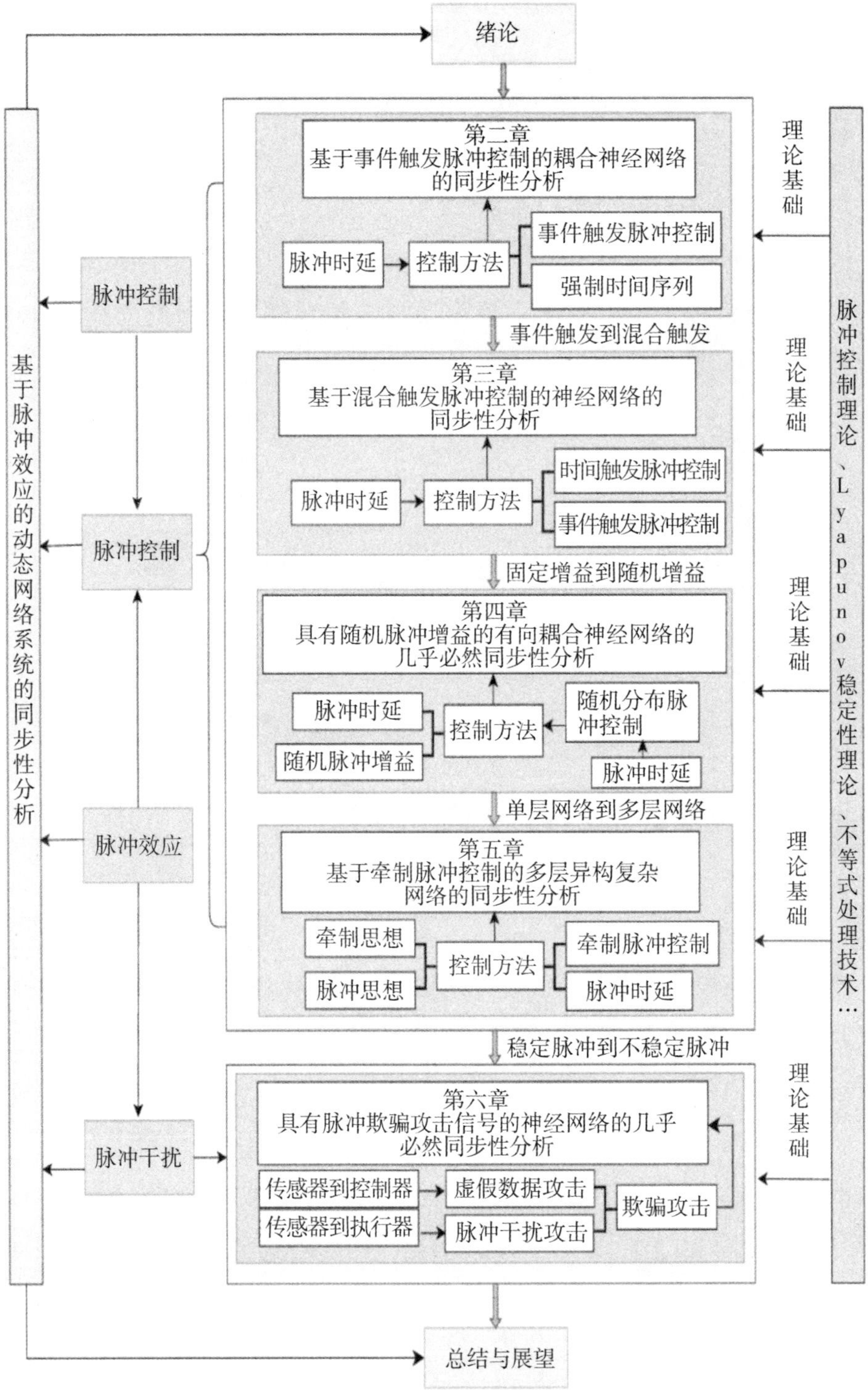

图 1-4　本研究内容关系结构图

具体章节内容介绍如下。

第一章：对本书的研究背景及意义进行阐述，对神经网络系统、复杂网络系统和脉冲相关理论进行概述，并对网络系统同步控制的研究现状进行归纳总结。

第二章：研究了具有网络时延的耦合神经网络的同步控制。提出了一种低能耗和低成本的延迟脉冲控制器，同时避免了事件触发机制长时间不触发的情况。分别运用 Lyapunov 泛函法、离散系统的比较准则和迭代法，排除了 Zeno 行为并保证了不同规模脉冲时延下的耦合神经网络的同步性。

第三章：考虑了外部扰动和参数不确定性等因素，提出了一种新的混合触发延迟脉冲方法，研究了神经网络的同步问题。为了解决脉冲时延和外部扰动对系统稳定性所带来的影响，提出了具有脉冲时延和外部扰动的比较原理。同时，结合平均脉冲区间和脉冲增益的概念，得到了保证神经网络系统实际同步的充分性条件。

第四章：为了刻画更实际的脉冲控制，设计了具有随机脉冲增益的分布延迟脉冲控制策略，从而提高了控制系统鲁棒性。同时，考虑了控制对象中存在耦合时延和内部时延，构建了一种更具普适性的耦合神经网络模型。基于 Lyapunov 泛函方法和数学分析法，建立了有向耦合神经网络在随机分布延迟脉冲控制下的几乎必然同步准则。

第五章：研究了基于牵制脉冲控制的多层复杂网络的同步控制问题。在有向拓扑下，建立了具有通信时延的多层异构网络模型。利用 Razumikhin 技术，证明了具有灵活脉冲延迟的扩展时滞脉冲微分不等式，并建立具有时延的多层异构动态网络的同步准则，且得到了同步误差的收敛域。

第六章：分析了具有服务质量约束的神经网络系统的几乎必然同步性问题。考虑了数据传输过程中存在的双重欺骗攻击，并将攻击方式分别模拟为随机非线性函数和随机脉冲干扰序列，建立了具有随机攻击的随机网络系统。基于 Borel-Cantelli 引理和随机系统理论，得到了保证复杂网络在随机攻击下的几乎必然同步的充分性条件。

第七章：总结了全书的主要研究工作，探讨了现有研究工作的不足以及对后续研究工作的展望。

第二章

基于事件触发脉冲控制的耦合神经网络的同步性分析

我们在绪论部分已经介绍了动态网络系统及网络同步的相关知识，了解到动态网络同步性分析的研究意义。在详细阐述了动态网络系统及网络同步控制方法的研究现状后，强调了延迟脉冲控制具有更重要的研究意义和更广泛的应用价值。本章将针对时滞耦合神经网络系统的同步展开研究，提出相应同步控制策略，分别探讨在大规模脉冲时延和小规模脉冲时延下的同步控制问题。

2.1 引言

自20世纪80年代以来，神经网络在人工智能领域的研究热潮下，成为学者们的研究热点之一，已被广泛应用于图像识别[24-25]、无人机编队[26]、生物医学[27]等领域。耦合神经网络是由多个神经网络耦合而成的，神经网络之间的相互影响和信息交互可以导致网络整体呈现出集体行为。由于耦合神经网络是一种特殊的复杂网络，因此可以对许多实际系统进行建模。另外，耦合神经网络的同步在通信、安全等领域具有广泛的应用。

在第一章中，笔者对动态网络的控制策略进行了概述，介绍了反馈控制[93-94]、牵制控制[97-98]、事件触发控制[103-104]、脉冲控制[105-107]以及几种混合控制等控制策略。在这些控制方法中，事件触发脉冲控制结合了事件触发控制和脉冲控制的优点[110-112]，即脉冲控制只有在事件被触发时才发送脉冲信号控制状态变量，在连续触发时刻之间不需要信号传输，可以有效降低通信成本和传输信息量，这也在近年来受到越来越多的关注[161-162]。以上研究成果中，Tan 等[161]提出了分布事件触发脉冲控制方法，建立的依赖于触发区间的一致条件是很难实现的，Zhu 等[162]基于事件触发脉冲控制得到的稳定性判据要求相邻触发区间的上界的精确信息，显然存在不足。而后，学者们相继提出了基于 Lyapunov 函数的事件触发脉冲控制[152,163-164]避免了以上问题。然而，大多数现有的事件触发脉冲控制相关结果都忽略了脉冲时延对系统的影响。事实上，在许多实际问题中，脉冲信息的采样和传输都不可避免地存在时间延迟，如脉冲网络化控制系统中的执行器延迟、基于脉冲控制的通信安全系统中的采样延迟等。尽管文献[152]、[165]研究了事件触发延迟脉冲控制，但都限制脉冲时延是小规模的，即脉冲时延小于任意连续两个脉冲时刻之间的间隔，这是相当保守的。大规模脉冲延迟下能否利用事件触发脉冲控制实现动态网络的同步问题是值得研究的。

本书针对以上问题开展深度研究，同时充分考虑了网络内部时延和脉冲时延的影响。

首先，笔者为了降低资源消耗和节约控制成本，以及避免触发机制长时间不触发的情况，受文献[163]启发，引入基于 Lyapunov 泛函的事件触发机制和强制时间序列相结合的延迟脉冲机制；其次，为了分析不同规模大小的脉冲时延对网络同步的影响，分别建立了相应的耦合神经网络的同步准则。结果表明，小规模脉冲时延对耦合神经网络的同步起着积极作用，而大规模脉冲时延则可能在同步过程中产生消极影响。此外，得到了基于线性矩阵不等式(linear matrix inequality，LMI)的充分性条件以证明在本书的事件触发机制下排除 Zeno 行为；最后，通过两个数值仿真，验证了理论结果的有效性。

2.2 系统模型与问题描述

考虑一类由 N 个子网络组成的耦合神经网络，其动态方程描述如下：

$$\dot{x}_i(t) = -\boldsymbol{A}x_i(t) + \boldsymbol{B}f(x_i(t-\tau(t))) + \mu\sum_{j=1,j\neq i}^{N} c_{ij}\boldsymbol{\Gamma}(x_j(t)-x_i(t)) + u_i(t), \quad i\in\mathcal{J} \tag{2-1}$$

其中，$x_i(t)=[x_{i1}(t), x_{i2}(t), \cdots, x_{in}(t)]^T\in\mathbb{R}^n$ 为第 i 个子网络的状态向量，$f(x_i(t-\tau(t)))=[f_1(x_{i1}(t-\tau(t))), f_2(x_{i2}((t-\tau(t))), \cdots, f_n(x_{in}(t-\tau(t)))]^T\in\mathbb{R}^n$ 表示激活函数，$\boldsymbol{A}=\mathrm{diag}\{a_1, a_2, \cdots, a_n\}>0$ 为自反馈矩阵，$\tau(t)$ 表示时变时延且满足：$0\leqslant\tau(t)\leqslant\tau$，$\dot{\tau}(t)\leqslant\tau_1<1$，$\boldsymbol{B}\in\mathbb{R}^{n\times n}$ 为连接权值矩阵，$\mu>0$ 表示耦合强度，正定矩阵 $\boldsymbol{\Gamma}\in\mathbb{R}^{n\times n}$ 表示子网络之间的内部耦合矩阵，外耦合矩阵 $\boldsymbol{C}=[c_{ij}]_{N\times N}$ 定义如下：如果子网络 j 与子网络 i 连接，则 $c_{ij}>0$，$i\neq j$；否则，$c_{ij}=0$ 且 $c_{ii}=-\sum_{j=1,j\neq i}^{N}c_{ij}$，$u_i(t)$ 为第 i 个子网络的控制输入。

目标系统的动力学方程为

$$\dot{s}(t) = -\boldsymbol{A}s(t) + \boldsymbol{B}f(s(t-\tau(t))) \tag{2-2}$$

其中，$s(t)=[s_1(t), s_2(t), \cdots, s_n(t)]^T\in\mathbb{R}^n$ 为目标系统的状态向量。

假设 2.1 假设 $f(0)=0$ 且存在常数 $L_m>0$ 使得激活函数 $f(\cdot)$ 满足以下不等式：

$$|f_m(u)-f_m(v)|\leqslant L_m|u-v|, \quad m=1, 2, \cdots, n$$

其中，$u, v\in\mathbb{R}$。记 $L=\mathrm{diag}\{L_1, L_2, \cdots, L_n\}$。

定义 $z_i(t)=x_i(t)-s(t)$ 为第 i 个子网络的误差状态，由式(2-1)和式(2-2)可得如下误差系统：

$$\dot{z}_i(t) = -\boldsymbol{A}z_i(t) + \boldsymbol{B}g(z_i(t-\tau(t))) + \mu\sum_{j=1}^{N}c_{ij}\boldsymbol{\Gamma}z_j(t) + u_i(t) \quad i\in\mathcal{J} \tag{2-3}$$

其中，$g(z_i(t-\tau(t)))=f(x_i(t-\tau(t)))-f(s(t-\tau(t)))$.

定义 2.1 若对任意初始条件，使得$\lim_{t\to\infty}\|x_i(t)-s(t)\|=0$，$i\in\mathcal{J}$成立，则称耦合神经网络[式(2-1)]和目标系统[式(2-2)]，取得同步。

为了使耦合神经网络[式(2-1)]与目标系统[式(2-2)]实现同步，设计以下脉冲控制器：

$$u_i(t)=\sum_{k=1}^{\infty}[\gamma z_i(t-d_k)-z_i(t)]\delta(t-t_k),\quad k\in\mathbb{Z}^+ \tag{2-4}$$

其中，$0<\gamma<1$ 为脉冲增益，d_k 表示脉冲时延且满足：$0\leqslant d_k\leqslant d$，$k\in\mathbb{Z}^+$，$\delta(\cdot)$为 Dirac Delta 函数。

本书假设脉冲是右连续的，即：$z(t_k)=z(t_k^+)$，其中脉冲序列$\{t_k\}_{k\in\mathbb{Z}^+}$将由以下基于 Lyapunov 泛函的事件触发条件和强制时间序列产生：

$$t_{k+1}=\min\left\{\bar{t}_{k+1},\ t_k+q\right\} \tag{2-5}$$

其中，$q>0$ 表示强制时间序列的脉冲区间长度，且$\bar{t}_{k+1}$满足如下触发条件：

$$\bar{t}_{k+1}=\inf\left\{t\geqslant t_k:\ V(z(t))\geqslant \mathrm{e}^{r_{k+1}}V(z(t_k))\right\} \tag{2-6}$$

式(2-6)中 $r_{k+1}>0$ 为触发参数且满足 $\bar{r}=\min_{k\in\mathbb{Z}^+}\left\{r_{k+1}\right\}$，$V(z(t))$和$V(z(t_k))$分别表示在时间 t 和上一个事件触发时刻 t_k 的依赖于状态轨迹 $z(t)$的Lyapunov 泛函。为了便于理解，图 2-1 画出了基于事件触发脉冲控制的结构图。

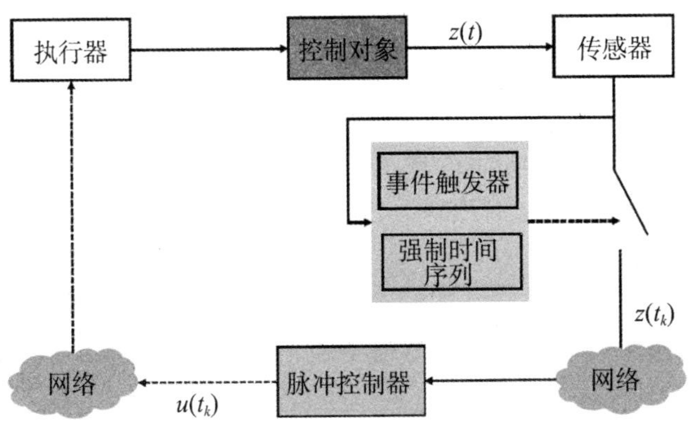

图 2-1 基于事件触发脉冲控制结构图

注 2.1 事件触发条件[式(2-6)]意味着触发时刻$\{t_k\}_{k\in\mathbb{Z}^+}$可能会随着 Lyapunov 泛函 $V(t)$的选择不同而不同。与此同时，事件触发时刻由一般的事件触发脉冲序列和强制时间序列所组成，这表明如果事件触发机制[式(2-6)]在区间$[t_k, t_k+q)$内没有被激活，则在时刻 t_k+q 时将激活时间序列。

基于设计的事件触发脉冲控制器[式(2-4)]，误差系统[式(2-3)]可以写为如下形式：

$$\begin{cases}\dot{z}_i(t)=-\boldsymbol{A}z_i(t)+\boldsymbol{B}g(z_i(t-\tau(t)))+\mu\sum_{j=1}^{N}c_{ij}\boldsymbol{\Gamma}z_j(t), & t\neq t_k\\ z_i(t)=\gamma z_i(t-d_k), \quad t=t_k, \quad k\in\mathbb{Z}^+\\ z_i(t_0+s)=\varphi_i(s), \quad s\in[-\sigma,0], \quad i\in\mathcal{J}\end{cases} \tag{2-7}$$

其中，$\sigma=\max\{\tau, d\}$，$\varphi_i(s)\in\mathcal{PC}([-\sigma,0],\mathbb{R}^n)$表示误差系统的初始条件。记$\varphi(s)=[\varphi_1^T(s), \varphi_2^T(s), \cdots, \varphi_N^T(s)]^T$，$\|\varphi\|_\sigma=\sup_{-\sigma\leqslant s\leqslant 0}\|\varphi(s)\|$。

定义 2.2 如果存在常数$\epsilon>0$ 使得 $t_{k+1}-t_k\geqslant\epsilon>0$，$k\in\mathbb{Z}^+$成立，即：事件触发机制在有限的时间内不会更新无限次，则称式(2-7)在事件触发机制[式(2-6)]下排除了 Zeno 行为。

2.3 事件触发脉冲控制下的同步

为了实现事件触发脉冲控制下的耦合神经网络[式(2-1)]与目标系统[式(2-2)]的同步性，考虑如下 Lyapunov 泛函：

$$V(t)=V_1(t)+V_2(t) \tag{2-8}$$

其中

$$V_1(t)=\sum_{i=1}^{N}z_i^T(t)\boldsymbol{P}_1z_i(t)$$

$$V_2(t)=\sum_{i=1}^{N}\vartheta\int_{t-\tau(t)}^{t}z_i^T(s)\boldsymbol{P}_2z_i(s)\mathrm{d}s$$

且$0<\vartheta\leqslant 1$。

定理 2.1 在假设 2.1 下，若存在矩阵 $\boldsymbol{P}_1>0$，$\boldsymbol{P}_2>0$，对角矩阵 $\boldsymbol{R}>0$，常数 $\eta>0$，$0<\vartheta\leqslant 1$ 使得以下 LMI 成立：

$$\begin{bmatrix} I_N\otimes\Omega+\mu[(\boldsymbol{C}+\boldsymbol{C}^{\mathrm{T}})\otimes\boldsymbol{P}_1\boldsymbol{\Gamma}] & 0 & I_N\otimes\boldsymbol{P}_1\boldsymbol{B} \\ \star & I_N\otimes L^{\mathrm{T}}\boldsymbol{R}L-\vartheta(1-\tau_1)I_N\otimes\boldsymbol{P}_2 & 0 \\ \star & \star & -I_N\otimes\boldsymbol{R} \end{bmatrix}\leqslant 0 \tag{2-9}$$

其中，$\Omega=-\boldsymbol{P}_1\boldsymbol{A}-\boldsymbol{A}^{\mathrm{T}}\boldsymbol{P}_1+\vartheta\boldsymbol{P}_2-\eta\boldsymbol{P}_1$，则事件触发机制(2-5)排除了 Zeno 行为。

证明： 当 $t\in[t_k,\ t_{k+1})$，$k\in\mathbb{Z}^+$，对 Lyapunov 泛函(2-8)求 Dini 导数，可得

$$\begin{aligned} D^+V(t) &= 2\sum_{i=1}^{N}z_i^{\mathrm{T}}(t)\boldsymbol{P}_1\dot{z}_1(t)+\vartheta\sum_{i=1}^{N}z_i^{\mathrm{T}}(t)\boldsymbol{P}_2z_i(t)-\vartheta(1-\dot{\tau}(t))\sum_{i=1}^{N}z_i^{\mathrm{T}}(t-\\ &\quad \tau(t))\boldsymbol{P}_2z_i(t-\tau(t)) \\ &\leqslant \sum_{i=1}^{N}\left\{z_i^{\mathrm{T}}(t)(-\boldsymbol{P}_1\boldsymbol{A}-\boldsymbol{A}^{\mathrm{T}}\boldsymbol{P}_1+\vartheta\boldsymbol{P}_2)z_i(t)+2z_i^{\mathrm{T}}(t)\boldsymbol{P}_1\boldsymbol{B}g(z_i(t-\right.\\ &\quad \left.\tau(t)))\right\}-\vartheta(1-\tau_1)\sum_{i=1}^{N}z_i^{\mathrm{T}}(t-\tau(t))\boldsymbol{P}_2z_i(t-\tau(t))+2\mu\sum_{i=1}^{N}z_i^{\mathrm{T}}(t)\\ &\quad \sum_{j=1}^{N}c_{ij}\boldsymbol{P}_1\boldsymbol{\Gamma}z_j(t) \end{aligned}$$

基于假设 2.1，对任意矩阵 $\boldsymbol{R}>0$，可得

$$\begin{aligned} 2z_i^{\mathrm{T}}(t)\boldsymbol{P}_1\boldsymbol{B}g(z_i(t-\tau(t))) &\leqslant z_i^{\mathrm{T}}(t)\boldsymbol{P}_1\boldsymbol{B}\boldsymbol{R}^{-1}\boldsymbol{B}^{\mathrm{T}}\boldsymbol{P}_1z_i(t)+g^{\mathrm{T}}(z_i(t-\tau(t)))\times\\ &\quad \boldsymbol{R}g(z_i(t-\tau(t)))\\ &\leqslant z_i^{\mathrm{T}}(t)\boldsymbol{P}_1\boldsymbol{B}\boldsymbol{R}^{-1}\boldsymbol{B}^{\mathrm{T}}\boldsymbol{P}_1z_i(t)+z_i^{\mathrm{T}}(t-\tau(t))L^{\mathrm{T}}\boldsymbol{R}L\\ &\quad \times z_i(t-\tau(t)) \end{aligned}$$

记 $z(t)=[z_1^{\mathrm{T}}(t),\ z_2^{\mathrm{T}}(t),\ \cdots,\ z_N^{\mathrm{T}}(t)]^{\mathrm{T}}$，则有

$$2\mu\sum_{i=1}^{N}z_i^{\mathrm{T}}(t)\sum_{j=1}^{N}c_{ij}\boldsymbol{P}_1\boldsymbol{\Gamma}z_j(t)=\mu z^{\mathrm{T}}(t)[(\boldsymbol{C}+\boldsymbol{C}^{\mathrm{T}})\otimes\boldsymbol{P}_1\boldsymbol{\Gamma}]z(t)$$

根据式(2-10)～式(2-12)，可以得到

$$D^+V(t)\leqslant z^{\mathrm{T}}(t)[I_N\otimes(-\boldsymbol{P}_1\boldsymbol{A}-\boldsymbol{A}^{\mathrm{T}}\boldsymbol{P}_1+\vartheta\boldsymbol{P}_2+\boldsymbol{P}_1\boldsymbol{B}\boldsymbol{R}^{-1}\boldsymbol{B}^{\mathrm{T}}\boldsymbol{P}_1+\mu[(\boldsymbol{C}+\boldsymbol{C}^{\mathrm{T}})\otimes$$

$$\boldsymbol{P}_1\boldsymbol{\Gamma}])]z(t)+z^{\mathrm{T}}(t-\tau(t))[I_N\otimes(L^{\mathrm{T}}\boldsymbol{R}L-\vartheta(1-\tau_1)\boldsymbol{P}_2)]z(t-\tau(t))$$

定义 $\tilde{z}(t)=[z^{\mathrm{T}}(t),\ z^{\mathrm{T}}(t-\tau(t))]^{\mathrm{T}}$，基于以上不等式，可得

$$D^+V(t)-\eta V_1(t)$$

$$\leqslant \tilde{z}^{\mathrm{T}}(t)\begin{bmatrix} I_N\otimes\widetilde{\Omega}+\mu[(\boldsymbol{C}+\boldsymbol{C}^{\mathrm{T}})\otimes\boldsymbol{P}_1\boldsymbol{\Gamma}] & 0 \\ \star & I_N\otimes L^{\mathrm{T}}\boldsymbol{R}L-\vartheta(1-\tau_1)I_N\otimes\boldsymbol{P}_2 \end{bmatrix}\tilde{z}(t) \tag{2-13}$$

其中，$\widetilde{\Omega}_1=\Omega+\boldsymbol{P}_1\boldsymbol{B}\boldsymbol{R}^{-1}\boldsymbol{B}^{\mathrm{T}}\boldsymbol{P}_1$。根据引理 1.4 和式(2-13)，有：$D^+V(t)\leqslant\eta V_1(t)\leqslant\eta V(t)$，因此可得

$$V(t)\leqslant V(t_k)\mathrm{e}^{\eta(t-t_k)},\quad t\in[t_k,\ t_{k+1}),\quad k\in\mathbb{Z}^+ \tag{2-14}$$

接下来，将证明系统[式(2-7)]在触发机制[式(2-5)]排除了 Zeno 行为。根据所设计的事件触发机制[式(2-5)]，可知脉冲时刻可以由事件触发条件或强制时间序列所产生。对任意脉冲区间$[t_k,\ t_{k+1})$，$k\in\mathbb{Z}^+$，需考虑以下两种情况。

情况一：如果第 $k+1$ 个脉冲时刻是由事件触发条件产生，即：$t_{k+1}=\bar{t}_{k+1}$。

由式(2-5)和式(2-14)，可以得到

$$V(t_{k+1}^-)=\mathrm{e}^{r_{k+1}}V(t_k)\leqslant\mathrm{e}^{\eta(t_{k+1}-t_k)}V(t_k)$$

这表明 $r_{k+1}\leqslant\eta(t_{k+1}-t_k)$，由此可得

$$t_{k+1}-t_k\geqslant\frac{r_{k+1}}{\eta}$$

情况二：如果第 $k+1$ 个脉冲时刻是由强制时间序列产生，则有

$$t_{k+1}-t_k=q$$

结合以上两种情况，可以得到

$$t_{k+1}-t_k\geqslant\min\left\{\frac{\bar{r}}{\eta},\ q\right\},\quad k\in\mathbb{Z}^+ \tag{2-15}$$

因此，误差系统[式(2-7)]在事件触发机制[式(2-5)]下排除了 Zeno 行为。

2.3.1 大规模脉冲时延下的耦合神经网络的同步准则

假设对任意 $k \in \mathbb{Z}^+$，都有 $t_{k+1} - t_k < d < \sigma$，其中 $\sigma = \max\{\tau, d\}$，则在基于事件触发机制[式(2-5)]的脉冲控制[式(2-4)]的作用下，得到以下定理。

定理 2.2 在假设 2.1 下，如果存在矩阵 $\boldsymbol{P}_1 > 0$，$\boldsymbol{P}_2 > 0$，对角矩阵 $\boldsymbol{R} > 0$，常数 $\eta > 0$ 和 $0 < \vartheta \leqslant 1$ 使得以下不等式成立：

$$\begin{bmatrix} I_N \otimes \Omega + 2\mu[(\boldsymbol{C} + \boldsymbol{C}^{\mathrm{T}}) \otimes \boldsymbol{P}_1 \boldsymbol{\Gamma}] & 0 & I_N \otimes \boldsymbol{P}_1 \boldsymbol{B} \\ \star & I_N \otimes L^{\mathrm{T}} \boldsymbol{R} L - \vartheta(1 - \tau_1) I_N \otimes \boldsymbol{P}_2 & 0 \\ \star & \star & -I_N \otimes \boldsymbol{R} \end{bmatrix} \leqslant 0 \tag{2-16}$$

$$\Big\{ \Big[|\gamma| + d|\gamma| \sqrt{\tilde{p}_1} \Big(\|\boldsymbol{A}\| + \|\boldsymbol{B}\| \max_{1 \leqslant l \leqslant n} \{L_l\} + \mu N \|\boldsymbol{\Gamma}\| \max_{1 \leqslant i,j \leqslant N} \{|c_{ij}|\} \Big) + \gamma^2 m + |\gamma| m \Big]^2 + \tau\vartheta \tilde{p}_2 \Big\} e^{\tilde{r}} < 1 \tag{2-17}$$

其中，$\tilde{p}_1 = \dfrac{\lambda_{\max}(\boldsymbol{P}_1)}{\lambda_{\min}(\boldsymbol{P}_1)}$，$\tilde{p}_2 = \dfrac{\lambda_{\max}(\boldsymbol{P}_2)}{\lambda_{\min}(\boldsymbol{P}_1)}$，$\tilde{r} = \sup_{k \in \mathbb{Z}^+} \{r_k\}$，$m = \dfrac{d}{\min\left\{\dfrac{\bar{r}}{\eta}, q\right\}}$，则系统[式(2-1)]和系统[式(2-2)]在事件触发脉冲控制[式(2-4)]下取得同步。

证明：考虑如式(2-8)所示的 Lyapunov 泛函。从定理 2.1，可得不等式 $D^+ V(t) \leqslant \eta V(t)$ 和式(2-14)成立。由于$\{t_k\}_{k \in \mathbb{Z}^+}$是无界序列，则存在整数 $p = \left\lfloor \dfrac{\sigma + d}{\min\left\{\dfrac{\bar{r}}{\eta}, q\right\}} + 1 \right\rfloor \geqslant 1$ 使得 $t_p - \sigma - d \geqslant t_0$。当 $t \in [t_0, t_p]$时，存在整数 $\hat{p}(0 \leqslant \hat{p} \leqslant p - 1)$ 使得

$$V(t) \leqslant \sup_{t \in [t_0, t_p]} V(t) \leqslant \mathrm{e}^{r_{\hat{p}+1}} V(t_{\hat{p}}^-) \leqslant \mathrm{e}^{r_{\hat{p}+1} + \eta(t_{\hat{p}} - t_0)} V(t_0)$$

因此以下不等式成立：

$$V(t) \leqslant \mathrm{e}^{r_{\hat{p}+1}+\eta(t_p-t_0)} V(t_0) \leqslant \mathrm{e}^{r_s+\eta(t_p-t_0)} V(t_0), \quad t \in [t_0, t_p] \quad (2\text{-}18)$$

当 $t \in [t_k, t_{k+1})$，$k \geqslant p$ 时，假设在区间 $[t_{k+1}-d_{k+1}, t_{k+1})$ 上存在 m_{k+1} 个脉冲，则由式(2-15)可得：$m_{k+1} \leqslant \left\lfloor \dfrac{d}{\min\left\{\dfrac{\bar{r}}{\eta}, q\right\}} \right\rfloor = m$。对系统[式(2-7)]从 $t_{k+1}-d_{k+1}$ 到 t_{k+1} 积分，可得

$$\begin{aligned} z_i(t_{k+1}^-) - z_i(t_{k+1}^- - d_{k+1}) = \int_{t_{k+1}-d_{k+1}}^{t_{k+1}} [& -\boldsymbol{A} z_i(s) + \boldsymbol{B} g(z_i(s-\tau(s))) + \mu \sum_{j=1}^{N} c_{ij} \\ & \boldsymbol{\Gamma} z_j(s)] \times \mathrm{d}s + \sum_{l=1}^{m_{k+1}} [\gamma z_i(t_{k+1-l}^- - d_{k+1-l}) \\ & - z_i(t_{k+1-l}^-)] \end{aligned} \quad (2\text{-}19)$$

根据式(2-7)和式(2-19)，则有

$$z_i(t_{k+1}) = \gamma z_i(t_{k+1}^- - d_{k+1}) = \Delta_i^1 + \Delta_i^2 + \Delta_i^3 \quad (2\text{-}20)$$

其中

$$\Delta_i^1 = \gamma z_i(t_{k+1}^-)$$

$$\Delta_i^2 = -\gamma \int_{t_{k+1}-d_{k+1}}^{t_{k+1}} [-\boldsymbol{A} z_i(s) + \boldsymbol{B} g(z_i(s-\tau(s))) + \mu \sum_{j=1}^{N} c_{ij} \boldsymbol{\Gamma} z_j(s)] \mathrm{d}s$$

$$\Delta_i^3 = -\gamma \sum_{l=1}^{m_{k+1}} [\gamma z_i(t_{k+1-l}^- - d_{k+1-l}) - z_i(t_{k+1-l}^-)]$$

基于引理1.6，对任意 $\theta_1 > 0$，$\theta_2 > 0$，以下不等式成立：

$$\begin{aligned} V_1(t_{k+1}) &= \sum_{i=1}^{N} z_i^{\mathrm{T}}(t_{k+1}) \boldsymbol{P}_1 z_i(t_{k+1}) \\ &\leqslant (1+\theta_1) \sum_{i=1}^{N} (\Delta_i^1)^{\mathrm{T}} \boldsymbol{P}_1 \Delta_i^1 + (1+\theta^{-1})(1+\theta_2) \sum_{i=1}^{N} (\Delta_i^2)^{\mathrm{T}} \boldsymbol{P}_1 \Delta_i^2 \\ &\quad + (1+\theta_1^{-1})(1+\theta_2^{-1}) \sum_{i=1}^{N} (\Delta_i^3)^{\mathrm{T}} \boldsymbol{P}_1 \Delta_i^3, \quad k \geqslant p \end{aligned} \quad (2\text{-}21)$$

从式(2-20)，可以得到

$$\sum_{i=1}^{N} (\Delta_i^1)^{\mathrm{T}} \boldsymbol{P}_1 \Delta_i^1 = \gamma^2 \sum_{i=1}^{N} z_i^{\mathrm{T}}(t_{k+1}^-) \boldsymbol{P}_1 z_i(t_{k+1}^-) \quad (2\text{-}22)$$

依据假设2.1和引理1.6，对任意常数 $\theta_3 > 0$，$\theta_4 > 0$，可得以下不等式成立：

$$\begin{aligned} & \sum_{i=1}^{N} (\Delta_i^2)^{\mathrm{T}} \boldsymbol{P}_1 \Delta_i^2 \\ & = \gamma^2 \sum_{i=1}^{N} [\int_{t_{k+1}-d_{k+1}}^{t_{k+1}} [-\boldsymbol{A} z_i(s) + \boldsymbol{B} g(z_i(s-\tau(s))) + \mu \sum_{j=1}^{N} c_{ij} \boldsymbol{\Gamma} z_j(s)] \mathrm{d}s]^{\mathrm{T}} \boldsymbol{P}_1 \\ & \quad \times [\int_{t_{k+1}-d_{k+1}}^{t_{k+1}} [-\boldsymbol{A} z_i(s) + \boldsymbol{B} g(z_i(s-\tau(s))) + \mu \sum_{j=1}^{N} c_{ij} \boldsymbol{\Gamma} z_j(s)] \mathrm{d}s] \end{aligned}$$

$$
\begin{aligned}
&\leqslant d\gamma^2\int_{t_{k+1}-d_{k+1}}^{t_{k+1}}\sum_{i=1}^{N}[(1+\theta_3)z_i^{\mathrm T}(s)\boldsymbol A^{\mathrm T}\boldsymbol P_1 A z_i(s)\\
&\quad+(1+\theta_3^{-1})(1+\theta_4)g^{\mathrm T}(z_i(s-\tau(s)))\boldsymbol B^{\mathrm T}\boldsymbol P_1\boldsymbol B g(z_i(s-\tau(s)))\\
&\quad+(1+\theta_3^{-1})(1+\theta_4^{-1})\mu^2(\sum_{j=1}^{N}c_{ij}\boldsymbol\Gamma z_j(s))^{\mathrm T}\boldsymbol P_1(\sum_{j=1}^{N}c_{ij}\boldsymbol\Gamma z_j(s))]\mathrm ds\\
&\leqslant d\gamma^2\tilde p_1\int_{t_{k+1}-d_{k+1}}^{t_{k+1}}[(1+\theta_3)\|\boldsymbol A\|^2\sum_{i=1}^{N}z_i^{\mathrm T}(s)\boldsymbol P_1 z_i(s)\\
&\quad+(1+\theta_3^{-1})(1+\theta_4)\|\boldsymbol B\|^2\max_{1\leqslant l\leqslant n}\{L_l^2\}\sum_{i=1}^{N}z_i^{\mathrm T}(s-\tau(s))\boldsymbol P_1 z_i(s-\tau(s))\\
&\quad+(1+\theta_3^{-1})(1+\theta_4^{-1})\mu^2N^2\max_{1\leqslant i,j\leqslant N}\{c_{ij}\}^2\|\boldsymbol\Gamma\|^2\sum_{j=1}^{N}z_j^{\mathrm T}(s)\boldsymbol P_1 z_j(s)]\mathrm ds\\
&\leqslant d^2\gamma^2\tilde p_1[(1+\theta_3)\|\boldsymbol A\|^2+(1+\theta_3^{-1})(1+\theta_4)\|\boldsymbol B\|^2\max_{1\leqslant l\leqslant n}\{L_l^2\}\\
&\quad+(1+\theta_3^{-1})(1+\theta_4^{-1})\mu^2N^2\max_{1\leqslant i,j\leqslant N}\{c_{ij}\}^2\|\boldsymbol\Gamma\|^2]\sup_{s\in[-\tau-d,0]}V_1(t_{k+1}^-+s)\\
&\leqslant d^2\gamma^2\tilde p_1\left(\|\boldsymbol A\|+\|\boldsymbol B\|\max_{1\leqslant l\leqslant n}\{L_l\}+\mu N\|\boldsymbol\Gamma\|\max_{1\leqslant i,j\leqslant N}\{|c_{ij}|\}\right)^2\sup_{s\in[-\tau-d,0]}V(t_{k+1}^-+s)
\end{aligned}
$$

上式中

$$
\theta_3=\frac{\|\boldsymbol B\|\max\limits_{1\leqslant l\leqslant n}\{L_l\}+\mu N\|\boldsymbol\Gamma\|\max\limits_{1\leqslant i,j\leqslant N}\{|c_{ij}|\}}{\|\boldsymbol A\|}
$$

$$
\theta_4=\frac{\mu N\|\boldsymbol\Gamma\|\max\limits_{1\leqslant i,j\leqslant N}\{|c_{ij}|\}}{\|\boldsymbol B\|\max\limits_{1\leqslant l\leqslant n}\{L_l\}}
$$

由于 $\sup\limits_{s\in[-\tau-d,0]}V(t_{k+1}^-+s)\leqslant\sup\limits_{s\in[-\sigma-d,0]}V(t_{k+1}^-+s)$，可知区间 $[t_{k+1}-\sigma-d,t_{k+1})$ 上的脉冲数量为 $p-1$. 从事件触发条件式(2-5)得

$$
\sup_{s\in[-\sigma-d,0]}V(t_{k+1}^-+s)\leqslant\max_{\varepsilon\in\mathbb N_{p-1}}e^{r_{k+1-\varepsilon}}V(t_{k-\varepsilon})\tag{2-24}
$$

其中，$\mathbb N_{p-1}=\{0,1,2,\cdots,p-2,p-1\}$。同样地，对任意$\theta_5>0$，可得

$$
\begin{aligned}
\sum_{i=1}^{N}(\Delta_i^3)^{\mathrm T}\boldsymbol P_1\Delta_i^3\leqslant\gamma^2m_{k+1}\sum_{i=1}^{N}\sum_{l=1}^{m_{k+1}}&[\gamma^2(1+\theta_5)z_i(t_{k+1-l}^--d_{k+1-l})\boldsymbol P_1 z_i^-(t_{k+1-l}-\\
&d_{k+1-l})+(1+\theta_5^{-1})z_i^{\mathrm T}(t_{k+1-l}^-)\boldsymbol P_1 z_i^-(t_{k+1-l})]\\
&=(1+\theta_5)m_{k+1}\gamma^4\sum_{i=1}^{N}\sum_{l=1}^{m_{k+1}}z_i^{\mathrm T}(t_{k+1-l}^--d_{k+1-l})\boldsymbol P_1 z_i(t_{k+1-l}^--\\
&d_{k+1-l})+(1+\theta_5^{-1})m_{k+1}\gamma^2\sum_{i=1}^{N}\sum_{l=1}^{m_{k+1}}z_i^{\mathrm T}(t_{k+1-l}^-)\boldsymbol P_1 z_i^{\mathrm T}(t_{k+1-l}^-)
\end{aligned}
$$

$$\leqslant(1+\theta_5)m_{k+1}^2\gamma^4\sup_{s\in[-2d,0]}V_1(t_{k+1}^-+s)+(1+\theta_5^{-1})\gamma^2m_{k+1}^2\times\sup_{s\in[-d,0]}V_1(t_{k+1}^-+s)$$
$$\leqslant(\gamma^2m+|\gamma|m)^2\sup_{s\in[-2d,0]}V_1(t_{k+1}^-+s)$$

上式中$\theta_5=\frac{1}{|\gamma|}$。从式(2-24)，可以得到

$$\sum_{i=1}^{N}(\Delta_i^3)^{\mathrm{T}}\boldsymbol{P}_1\Delta_i^3\leqslant(\gamma^2m+|\gamma|m)^2\max_{\varepsilon\in\mathbb{N}_{p-1}}\mathrm{e}^{r_{k+1-\varepsilon}}V(t_{k-\varepsilon})\tag{2-25}$$

根据式(2-21)~式(2-25)，可以得到

$$\begin{aligned}V_1(t_{k+1})&\leqslant\gamma^2(1+\theta_1)\sum_{i=1}^{N}z_i^{\mathrm{T}}(t_{k+1}^-)\boldsymbol{P}_1z_i(t_{k+1}^-)+d^2\gamma^2\tilde{p}_1(1+\theta_1^{-1})(1+\theta_2)\\&\quad\times(\|\boldsymbol{A}\|+\|\boldsymbol{B}\|\max_{1\leqslant l\leqslant n}\{L_l\}+\mu N\|\boldsymbol{\Gamma}\|\max_{1\leqslant i,j\leqslant N}\{|c_{ij}|\})^2\max_{\varepsilon\in\mathbb{N}_{p-1}}\mathrm{e}^{r_{k+1-\varepsilon}}V(t_{k-\varepsilon})\\&\quad+(1+\theta_1^{-1})(1+\theta_2^{-1})(\gamma^2m+|\gamma|m)^2\max_{\varepsilon\in\mathbb{N}_{p-1}}\mathrm{e}^{r_{k+1-\varepsilon}}V(t_{k-\varepsilon})\\&\leqslant[\,|\gamma|+d|\gamma|\sqrt{\tilde{p}_1}(\|\boldsymbol{A}\|+\|\boldsymbol{B}\|\max_{1\leqslant l\leqslant n}\{L_l\}+\mu N\|\boldsymbol{\Gamma}\|\max_{1\leqslant i,j\leqslant N}\{|c_{ij}|\})\\&\quad+\gamma^2m+|\gamma|m]^2\max_{\varepsilon\in\mathbb{N}_{p-1}}\mathrm{e}^{r_{k+1-\varepsilon}}V(t_{k-\varepsilon}),\quad k\geqslant p\end{aligned}\tag{2-26}$$

由函数 $V_2(t)$的连续性，当 $k\geqslant p$，则有

$$\begin{aligned}V_2(t_{k+1})&=\sum_{i=1}^{N}\int_{t_{k+1}-\tau(t_{k+1})}^{t_{k+1}}\vartheta z_i^{\mathrm{T}}(s)\boldsymbol{P}_2z_i(s)\mathrm{d}s\\&\leqslant\tau\vartheta\tilde{p}_2\sup_{s\in[-\tau,0]}V(t_{k+1}^-+s)\\&\leqslant\tau\vartheta\tilde{p}_2\max_{\varepsilon\in\mathbb{N}_{p-1}}\mathrm{e}^{r_{k+1-\varepsilon}}V(t_{k-\varepsilon})\end{aligned}\tag{2-27}$$

因此，对 $k\geqslant p$，可得

$$\begin{aligned}V(t_{k+1})\leqslant\{&[\,|\gamma|+d|\gamma|\sqrt{\tilde{p}_1}(\|\boldsymbol{A}\|+\|\boldsymbol{B}\|\max_{1\leqslant l\leqslant n}\{L_l\}+\mu N\|\boldsymbol{\Gamma}\|\max_{1\leqslant i,j\leqslant N}\{|c_{ij}|\})\\&+\gamma^2m+|\gamma|m]^2+\tau\vartheta\tilde{p}_2\}\mathrm{e}^{\hat{r}}\cdot\max_{\varepsilon\in\mathbb{N}_{p-1}}V(t_{k-\varepsilon})\end{aligned}\tag{2-28}$$

对一些整数$\hat{\varepsilon}\in\mathbb{N}_{p-1}$，记$V(t_{k-\hat{\varepsilon}})=\max_{\varepsilon\in\mathbb{N}_{p-1}}V(t_{k-\varepsilon})$。令$X(k)=V(t_k)$，$k\geqslant p$，从式(2-28)，可以得到

$$X(k+1)\leqslant\xi X(k-\hat{\varepsilon}),\quad k\geqslant p\tag{2-29}$$

其中，$\xi = \{[|\gamma| + d|\gamma|\sqrt{\tilde{p}_1}(\|\boldsymbol{A}\| + \|\boldsymbol{B}\|\max_{1\leqslant l\leqslant n}\{L_l\} + \mu N\|\boldsymbol{\Gamma}\|\max_{1\leqslant i,j\leqslant N}\{|c_{ij}|\}) + \gamma^2 m + |\gamma| m]^2 + \tau\vartheta\tilde{p}_2\}\mathrm{e}^{\check{r}}$。

令$\mathbb{X}(k) = [X(k),\ X(k-1),\ \cdots,\ X(k-\hat{\varepsilon}+1),\ X(k-\hat{\varepsilon})]^{\mathrm{T}}$，可得

$$\mathbb{X}(k+1) \leqslant J_{\hat{\varepsilon}}(k)\mathbb{X}(k), \quad k \geqslant p$$

其中

$$J_{\hat{\varepsilon}}(k) = \begin{bmatrix} 0 & 0 & \cdots & 0 & \xi \\ 1 & 0 & \cdots & 0 & 0 \\ \vdots & \vdots & \ddots & \vdots & \vdots \\ 0 & 0 & \cdots & 1 & 0 \end{bmatrix} \in \mathbb{R}^{(\hat{\varepsilon}+1)\times(\hat{\varepsilon}+1)}$$

记 $W(k)$ 为以下离散系统的唯一解：

$$\begin{cases} W(k+1) = J_{\hat{\varepsilon}}(k)W(k), & k \geqslant p \\ W(p) = \mathbb{X}(p) \end{cases} \tag{2-30}$$

根据离散系统的比较原理，则有

$$\mathbb{X}(k) \leqslant W(k), \quad k \geqslant p \tag{2-31}$$

由于$\rho(J_{\hat{\varepsilon}}) = \xi^{\frac{1}{\hat{\varepsilon}}} < 1$，所以系统[式(2-30)]是指数稳定的，则存在 $M > 1$，$\alpha > 0$ 使得

$$\|W(k)\| \leqslant M\|W(p)\|\mathrm{e}^{-\alpha(k-p)}, \quad k \geqslant p \tag{2-32}$$

当 $t > t_p$，存在整数 $\hat{k} \geqslant p$ 使得 $t \in [t_{\hat{k}},\ t_{\hat{k}+1})$ 且 $t - t_p \leqslant (\hat{k}+1-p)$ 则 $\hat{k} - p \geqslant \frac{t-t_p}{q} - 1$。从式(2-5)、式(2-18)、式(2-31)和式(2-32)可知

$$\begin{aligned} V_1(t) &\leqslant V(t) \leqslant \mathrm{e}^{r\hat{k}+1}V(t_{\hat{k}}) \leqslant \mathrm{e}^{\check{r}}X(\hat{k}) \leqslant \mathrm{e}^{\check{r}}\|\mathbb{X}(\hat{k})\| \\ &\leqslant \mathrm{e}^{\check{r}}\|W(\hat{k})\| \leqslant \mathrm{e}^{\check{r}}M\sqrt{\hat{\varepsilon}+1} \cdot \max_{\theta\in\mathbb{N}_{\varepsilon}} X(p-\theta)\mathrm{e}^{-\alpha(\hat{k}-p)} \\ &\leqslant \mathrm{e}^{\check{r}}M\sqrt{p}\,\mathrm{e}^{\check{r}}\mathrm{e}^{\eta(t_p-t_0)}V(t_0)\mathrm{e}^{-\alpha(\frac{t-t_p}{q}-1)} \\ &\leqslant \mathrm{e}^{\alpha}\mathrm{e}^{2\check{r}}M\sqrt{p}\,\mathrm{e}^{p(\eta q+\alpha)}V(t_0)\mathrm{e}^{-\frac{\alpha}{q}(t-t_0)}, \quad t > t_p \end{aligned}$$

当 $t \in [t_0, t_p]$时，由式(2-18)可得

$$V_1(t) \leqslant V(t) \leqslant \mathrm{e}^{\tilde{r}} \mathrm{e}^{\eta(t_p - t_0)} V(t_0)$$

$$\leqslant \mathrm{e}^{\alpha} \mathrm{e}^{2\tilde{r}} M \sqrt{p} \mathrm{e}^{(\eta + \frac{\alpha}{q})(t_p - t_0)} V(t_0) \mathrm{e}^{-\frac{\alpha}{q}(t_p - t_0)}$$

$$\leqslant \mathrm{e}^{\alpha} \mathrm{e}^{2\tilde{r}} M \sqrt{p} \mathrm{e}^{p(\eta q + \alpha)} V(t_0) \mathrm{e}^{-\frac{\alpha}{q}(t - t_0)}$$

因此，可以得到

$$V_1(t) \leqslant V(t) \leqslant \mathrm{e}^{\alpha} \mathrm{e}^{2\tilde{r}} M \sqrt{p} \mathrm{e}^{p(\eta q + \alpha)} V(t_0) \mathrm{e}^{-\frac{\alpha}{q}(t - t_0)}, \quad t \geqslant t_0$$

由 Lyapunov 泛函的构造可知以下不等式成立：

$$V_1(t) \geqslant \boldsymbol{\lambda}_{\min}(\boldsymbol{P}_1) \|z(t)\|^2$$

$$V(t_0) \leqslant \boldsymbol{\lambda}_{\max}(\boldsymbol{P}_1) \|z(t_0)\|^2 + \boldsymbol{\vartheta} \boldsymbol{\lambda}_{\max}(\boldsymbol{P}_2) \int_{t_0 - \tau(t)}^{t_0} \|z(s)\|^2 \mathrm{d}s$$

$$\leqslant (\boldsymbol{\lambda}_{\max}(\boldsymbol{P}_1) + \boldsymbol{\tau\vartheta} \boldsymbol{\lambda}_{\max}(\boldsymbol{P}_2)) \|\boldsymbol{\varphi}\|_{\sigma}^2$$

由此，可得

$$\|z(t)\| \leqslant K \mathrm{e}^{\tilde{r} + \frac{\alpha + p(\eta q + \alpha)}{2}} \|\boldsymbol{\varphi}\|_{\sigma} \mathrm{e}^{-\frac{\alpha}{2q}(t - t_0)}, \quad t \geqslant t_0$$

其中，$K = p^{\frac{1}{4}} \sqrt{M \tilde{p}_1 + \boldsymbol{\tau\vartheta} \tilde{p}_2}$，这表明在事件触发脉冲控制策略[式(2-4)]下，耦合神经网络[式(2-1)]与目标系统[式(2-2)]实现了同步，且其收敛速率为$\frac{\alpha}{2q}$。

如果脉冲时延的大小小于脉冲间隔的长度，即：$d_{k+1} \leqslant t_{k+1} - t_k$，$k \in \mathbb{Z}^+$，则可以得到以下推论。

推论 2.1 基于假设 2.1，如果存在矩阵 $\boldsymbol{P}_1 > 0$，$\boldsymbol{P}_2 > 0$，对角矩阵 $\boldsymbol{R} > 0$，常数 $\boldsymbol{\eta} > 0$ 和 $0 < \boldsymbol{\vartheta} \leqslant 1$ 使得 LMI(2-9)和以下不等式成立：

$$\left\{ [\,|\boldsymbol{\gamma}| + d|\boldsymbol{\gamma}| \sqrt{\tilde{p}_1} (\|\boldsymbol{A}\| + \|\boldsymbol{B}\| \max_{1 \leqslant l \leqslant n} \{L_l\} + \boldsymbol{\mu} N \|\boldsymbol{\Gamma}\| \max_{1 \leqslant i,j \leqslant N} \{|c_{ij}|\})]^2 + \boldsymbol{\tau\vartheta} \tilde{p}_2 \right\} \mathrm{e}^{\tilde{r}} < 1 \qquad (2\text{-}33)$$

则耦合神经网络[式(2-1)]和目标系统[式(2-2)]在事件触发脉冲控制策略[式(2-4)]下取得了同步。

证明：由于 $d_{k+1} \leqslant t_{k+1} - t_k$，$k \in \mathbb{Z}^+$，则有

$$m_{k+1} \leqslant \left\lfloor \frac{d}{\min\left\{\frac{\bar{r}}{\eta},\ q\right\}} \right\rfloor = m = 0$$

类似于定理 2.2 的证明，在条件式(2-33)下可以得到同步的结果。

2.3.2 小规模脉冲时延下的耦合神经网络的同步准则

假设对任意 $k \in \mathbb{Z}^+$，$t_{k+1} - t_k \geqslant \sigma$ 成立，其中 $\sigma = \max\{\tau,\ d\}$，则在具有事件触发机制[式(2-5)]的事件触发脉冲控制下可以得到以下定理。

定理 2.3 基于假设 2.1，若存在矩阵 $\boldsymbol{P}_1 > 0$，$\boldsymbol{P}_2 > 0$，对角矩阵 $\boldsymbol{R} > 0$ 和常数 $\eta > 0$，$0 < \vartheta \leqslant 1$ 使得 LMI[式(2-9)]和以下不等式成立：

$$\sigma \leqslant \min\left\{\frac{r_k}{\eta},\ q\right\}, \qquad k \in \mathbb{Z}^+ \tag{2-34}$$

$$q < \inf_{k \in \mathbb{Z}^+}\left\{d_k - \frac{\ln(\gamma^2 + \tau\vartheta\,\tilde{p}_2 \mathrm{e}^{\eta d})}{\eta}\right\} \tag{2-35}$$

其中，$\gamma^2 + \tau\vartheta\,\tilde{p}_2 \mathrm{e}^{\eta d} < 1$，则系统[式(2-1)]与系统[式(2-2)]在事件触发控制[式(2-4)]下实现同步。

证明：考虑 Lyapunov 泛函(2-8)。由定理 2.1 的证明可知：对 $\forall k \in \mathbb{Z}^+$，$t_{k+1} - t_k \geqslant \min\left\{\frac{r_{k+1}}{\eta},\ q\right\}$。根据式(2-34)，可得 $t_{k+1} - t_k \geqslant \sigma = \max\{d,\ \tau\}$，这表明：对 $\forall k \in \mathbb{Z}^+$，$d_{k+1} \leqslant t_{k+1} - t_k$ 且当 $t \in [t_k,\ t_{k+1})$ 时，$t_k \leqslant t_{k+1} - \tau(t)$。根据式(2-35)，存在 $\rho > 0$ 使得

$$q \leqslant \inf_{k \in \mathbb{Z}^+}\left\{\frac{\eta d_k - \ln(\gamma^2 + \tau\vartheta\,\tilde{p}_2 \mathrm{e}^{\eta d})}{\eta(1+\rho)}\right\} < \inf_{k \in \mathbb{Z}^+}\left\{d_k - \frac{\ln(\gamma^2 + \tau\vartheta\,\tilde{p}_2 \mathrm{e}^{\eta d})}{\eta}\right\}$$

由此可得

$$q \leqslant \frac{\eta d_k - \ln(\gamma^2 + \tau\vartheta\,\tilde{p}_2 \mathrm{e}^{\eta d})}{\eta(1+\rho)}, \qquad k \in \mathbb{Z}^+$$

从事件触发条件[式(2-5)]中可知脉冲时刻 t_k 为事件触发时刻 $\bar{t}_k$ 或者强制时间序列，则可得以下不等式：

$$t_k - t_0 \leqslant kq \leqslant \frac{\eta \sum_{m=1}^{k} d_m - k\ln(\gamma^2 + \tau\vartheta \tilde{p}_2 e^{\eta d})}{\eta(1+\rho)}, \quad k \in \mathbb{Z}^+ \tag{2-36}$$

当 $t = t_1$ 时，从式(2-7)、式(2-14)和式(2-36)可得

$$\begin{aligned} V(t_1) &= \sum_{i=1}^{N} z_i^{\mathrm{T}}(t_1) \boldsymbol{P}_1 z_i(t_1) + \vartheta \sum_{i=1}^{N} \int_{t_1 - \tau(t_1)}^{t_1} z_i^{\mathrm{T}}(s) \boldsymbol{P}_2 z_i(s) \mathrm{d}s \\ &\leqslant \gamma^2 V(t_1 - d_1) + \tau\vartheta \tilde{p}_2 \sup_{s \in [-\tau, 0]} V(t_1^- + s) \\ &\leqslant (\gamma^2 + \tau\vartheta \tilde{p}_2 e^{\eta d}) e^{\eta(t_1 - d_1 - t_0)} V(t_0) \\ &\leqslant e^{-\eta\rho(t_1 - t_0)} V(t_0). \end{aligned} \tag{2-37}$$

当 $t = t_2$ 时，由式(2-14)、式(2-36)和式(2-37)，可以得

$$\begin{aligned} V(t_2) &\leqslant \gamma^2 V(t_2 - d_2) + \tau\vartheta \tilde{p}_2 \sup_{s \in [-\tau, 0]} V(t_2^- + s) \\ &\leqslant \gamma^2 V(t_1) e^{\eta(t_2 - d_2 - t_1)} + \tau\vartheta \tilde{p}_2 V(t_1) e^{\eta(t_2 - t_1)} \\ &\leqslant (\gamma^2 + \tau\vartheta \tilde{p}_2 e^{\eta d})^2 e^{\eta(t_2 - d_2 - d_1 - t_0)} V(t_0) \\ &\leqslant e^{-\eta\rho(t_2 - t_0)} V(t_0) \end{aligned}$$

通过使用数学归纳法可知：当 $t = t_k$，$k \in \mathbb{Z}^+$ 时，以下不等式成立

$$\begin{aligned} V(t_k) &\leqslant \gamma^2 V(t_k - d_k) + \tau\vartheta \tilde{p}_2 \sup_{s \in [-\tau, 0]} V(t_k^- + s) \\ &\leqslant (\gamma^2 + \tau\vartheta \tilde{p}_2 e^{\eta d}) e^{\eta(t_k - d_k - t_{k-1})} V(t_{k-1}) \\ &\quad \vdots \\ &\leqslant (\gamma^2 + \tau\vartheta \tilde{p}_2 e^{\eta d})^k e^{\eta(t_k - \sum_{m=1}^{k} d_m - t_0)} V(t_0) \\ &= e^{k\ln(\gamma^2 + \tau\vartheta \tilde{p}_2 e^{\eta d}) + \eta(t_k - \sum_{m=1}^{k} d_m - t_0)} V(t_0) \\ &\leqslant e^{-\eta\rho(t_k - t_0)} V(t_0) \end{aligned} \tag{2-38}$$

当 $t \in [t_k, t_{k+1})$，$k \in \mathbb{Z}^+$，依据式(2-14)和式(2-38)可得

$$V(t) \leqslant e^{\eta(t - t_k)} V(t_k) \leqslant e^{\eta(t - t_k)} e^{-\eta\rho(t_k - t_0)} V(t_0) \leqslant e^{q(\eta + \eta\rho)} V(t_0) e^{-\eta\rho(t - t_0)}$$

因此，对所有$t \geqslant t_0$，都有$V_1(t) \leqslant V(t) \leqslant \widetilde{M} e^{-\eta\rho(t-t_0)} V(t_0)$成立，则以下不等式成立

$$\|z(t)\| \leqslant \widetilde{M} e^{-\frac{\eta\rho}{2}(t-t_0)} \|\varphi\|_{\sigma}, \quad t \geqslant t_0$$

其中，$\widetilde{M} = \sqrt{e^{q(\eta+\eta\rho)} \tilde{p}_1 + \tau\vartheta \tilde{p}_2}$。因此，耦合神经网络[式(2-1)]和目标系统[式(2-2)]在事件触发脉冲控制[式(2-4)]下可以取得指数同步，且收敛率为$\frac{\eta\rho}{2}$。

注 2.2 若t_{k+1}是由触发条件[式(2-5)]产生，则有$\frac{r_{k+1}}{\eta} \leqslant t_{k+1} - t_k \leqslant q$，这表明：仅当$r_{k+1} \leqslant q\eta$时，事件才被触发。因此，如果触发时刻$r_{k+1}$过大而超过$q\eta$时，则对任意$t > t_k$，$V(t) < e^{r_{k+1}} V(t_k)$总是成立的，也即事件触发机制$\bar{t}_{k+1} = \inf\{t \geqslant t_k: V(z(t)) \geqslant e^{r_{k+1}} V(z(t_k))\}$不会被激活，而强制时间序列将起作用，这表明强制时间序列对实现系统同步是至关重要的。同时，也说明强制时间序列的设计避免了事件触发机制长时间不被激活的情况。

注 2.3 在定理 2.3 中，条件$q < \inf\limits_{k \in \mathbb{Z}^+} \left\{ d_k - \frac{\ln(\gamma^2 + \tau\vartheta \tilde{p}_2 e^{\eta d})}{\eta} \right\}$给出了误差系统[式(2-7)]的连续动力学与离散动力学之间的关系。如果t_{k+1}是事件触发时刻，则有$r_k \leqslant \eta q$，由此可得：$r_k \leqslant \eta d_k - \ln(\gamma^2 + \tau\vartheta \tilde{p}_2 e^{\eta d})$，该式建立了触发参数$r_k$，脉冲增益$\gamma$和脉冲时延$d_k$之间的关系。同时，这也表明脉冲时延促进了系统的同步性。

注 2.4 尽管基于事件触发脉冲控制策略的网络系统的稳定性或同步问题已经取得了许多有趣的成果[163,166-167]，但很多研究忽略了脉冲时延对系统影响的可能性。由于脉冲瞬态信息的采样和传输速度有限，时间延迟是不可避免的。因此，许多学者将研究重点放在网络系统的延迟脉冲控制上[168]。需要注意的是：文献[168]限制了脉冲时延是小规模的，这是相当保守的。在本节中，定理 2.1 移除了限制条件：$\tau_k \leqslant t_{k+1} - t_k$，$k \in \mathbb{Z}^+$，即脉冲时延区间内可能存在多个脉冲。同时，定理 2.3 还研究了小规模脉冲时延的情况。因此，本节研究得到的理论结果更具有一般性。

2.4 数值仿真

例 2.1 考虑由 5 个二维子网络组成的耦合神经网络，其参数如下：

$$A=\begin{bmatrix}1&0\\0&1\end{bmatrix},\quad B=\begin{bmatrix}0.8&3\\-1&2\end{bmatrix},\quad \Gamma=\begin{bmatrix}1&0\\0&1\end{bmatrix},\quad f(x_i(t))=\begin{bmatrix}0.2\tan h(x_{i1})\\0.2\tan h(x_{i2})\end{bmatrix}$$

$$C=\begin{bmatrix}-0.3&0.2&0.1&0&0\\0&-0.3&0.1&0.2&0\\0.2&0&-0.4&0.2&0\\0&0.2&0&-0.4&0.2\\0.1&0.1&0&0.1&-0.3\end{bmatrix}$$

$\mu=0.8$，$\tau(t)=0.4\sin^2(t)$，则有：$\tau=0.4$，$\tau_1=0.4$，且假设 2.1 关于 $L=0.2I_2$ 成立。

对所有的 $k\in\mathbb{Z}^+$，设 $q=2$，$r_k=0.2$，则有 $\bar{r}=\tilde{r}=0.2$，则 LMI(2-9) 有以下可行解：

$$P_1=\begin{bmatrix}8.5006&-0.1717\\-0.1717&8.6758\end{bmatrix},\quad P_2=\begin{bmatrix}44.6236&-0.1651\\-0.1651&49.3362\end{bmatrix}$$

$$R=\begin{bmatrix}12.7941&0\\0&30.2720\end{bmatrix}$$

由此可得，事件触发机制[式(2-5)]中的 Lyapunov 泛函为 $V(t)$。根据定理 2.1 可知，系统[式(2-7)]在事件触发机制[式(2-5)]下排除了 Zeno 行为。

令 $d_k=0.5$，$k\in\mathbb{Z}^+$，则有 $d=0.5$，$m=\left\lfloor\dfrac{d}{\min\left\{\dfrac{\bar{r}}{\eta},\ q\right\}}\right\rfloor=5$。

选择 $\gamma=0.1$，通过计算，可得：$\left\{[\,|\gamma|+d\,|\gamma|\sqrt{\tilde{p}_1}\,(\|A\|+\|B\|\max_{1\leqslant l\leqslant n}\{L_l\}+\mu N\|\Gamma\|\max_{1\leqslant i,j\leqslant N}\{|c_{ij}|\})\,]^2+\tau\vartheta\,\tilde{p}_2\right\}e^{\tilde{r}}=0.9645<1$，这

表明定理 2.2 的条件[式(2-17)]成立。由定理 2.2 可知，耦合神经网络[式(2-1)]与目标系统[式(2-2)]在事件触发脉冲控制[式(2-4)]下实现了同步。

目标系统[式(2-2)]的初始条件为：$[2,\ -1]^T$，系统[式(2-1)]的初始条件为：$[-2,\ 1]^T$；$[4,\ 3]^T$；$[-1,\ 2]^T$；$[5,\ -3]^T$；$[2,\ 1]^T$。图 2-2 描绘了系统(2-1)和系统(2-2)在事件触发的脉冲控制[式(2-4)]下的同步误差状态的轨迹，其相应的触发时刻和释放区间如图 2-3 所示。从图 2-2 的仿真结果可以看出，系统[式(2-1)]与系统[式(2-2)]实现了同步。

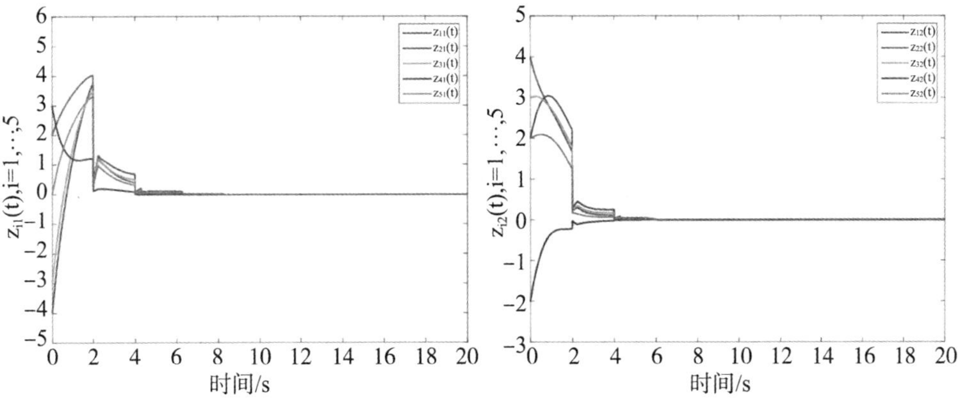

(a) $z_{i1}(t)$ 的状态轨迹图　　(b) $z_{i2}(t)$ 的状态轨迹图

图 2-2　事件触发脉冲控制[式(2-4)]下的误差状态的轨迹图

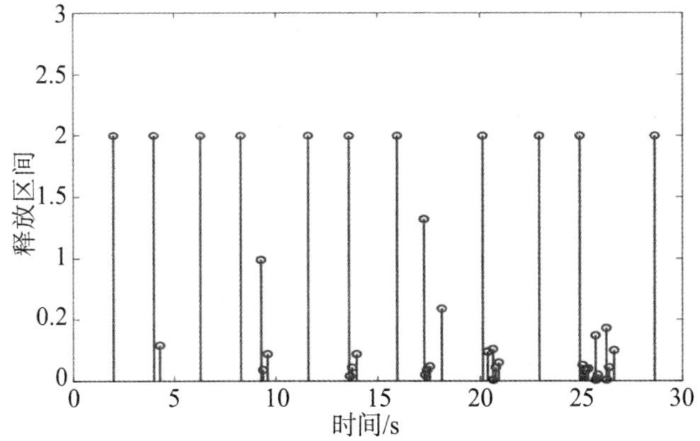

图 2-3　事件触发脉冲控制[式(2-4)]在触发机制[式(2-5)]下的触发时刻和触发区间图

注 2.5 从图 2-3 可以看出，例 2.1 中脉冲时延的大小超过了连续触发时刻之间的区间长度，如果脉冲控制增益设计合理，满足定理 2.2 中的条件式(2-17)，仍然可以保证同步结果。

例 2.2 考虑以下由 5 个子神经网络组成的耦合神经网络：

$$\dot{x}_i(t) = -\boldsymbol{A}x_i(t) + \boldsymbol{B}f(x_i(t-\tau(t))) + \mu\sum_{j=1,j\neq i}^{5} c_{ij}\boldsymbol{\Gamma}(x_j(t) - x_i(t)) + u_i(t)$$

其中

$$x_i = [x_{i1}, x_{i2}, x_{i3}]^{\mathrm{T}}$$

$f(x_i) = [0.5(|x_{i1}+1| - |x_{i1}-1|), 0.5(|x_{i2}+1| - |x_{i2}-1|), 0.5(|x_{i3}+1| - |x_{i3}-1|)]^{\mathrm{T}}$

$$\boldsymbol{A} = \begin{bmatrix} 1 & 0 & 0 \\ 0 & 1 & 0 \\ 0 & 0 & 1 \end{bmatrix}, \quad \boldsymbol{B} = \begin{bmatrix} 1.2 & -1.6 & 0 \\ 1.25 & 1 & 0.9 \\ 0 & 2.2 & 1.5 \end{bmatrix}$$

$$\boldsymbol{C} = \begin{bmatrix} -1 & 0 & 0 & 1 & 0 \\ 0 & -2 & 1 & 0 & 1 \\ 1 & 1 & -2 & 0 & 0 \\ 0 & 0 & 1 & -1 & 0 \\ 1 & 0 & 0 & 1 & -2 \end{bmatrix}$$

$$\tau(t) = \frac{0.03\mathrm{e}^t}{\mathrm{e}^t + 1}, \quad \mu = 1, \quad \boldsymbol{\Gamma} = I_3$$

则可以得到 $\tau = 0.03$，$\tau_1 = 0.007$，则可以得到 $\tau = 0.03$，$\tau_1 = 0.0075$，容易验证假设 2.1 关于 $L = I_3$ 成立。

给出如下目标系统：

$$\dot{s}(t) = -\boldsymbol{A}s(t) + \boldsymbol{B}f(s(t-\tau(t))) \tag{2-40}$$

其中，$s(t) = [s_1(t), s_2(t), s_3(t)]^{\mathrm{T}}$。系统[式(2-40)]的初始值为 $[-0.2, 0.5, 0.2]^T$。图 2-4 展示了目标系统[式(2-40)]的三维相图。从图 2-4 可以看出，系统[式(2-40)]呈现混沌行为。

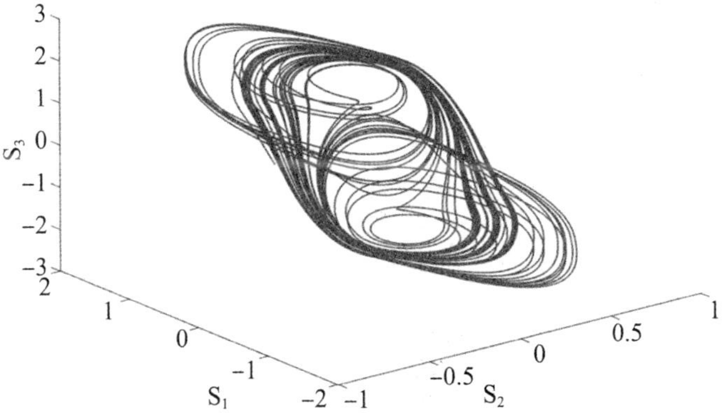

图 2-4　系统[式(2-40)]的双涡旋混沌吸引子图

令 $\eta=4.1$，$\vartheta=0.1$，则式(2-9)有以下可行解：

$$\boldsymbol{P}_1=\begin{bmatrix}28.4403 & -0.6096 & 1.6143\\ -0.6096 & 34.4317 & -2.7247\\ 1.6143 & -2.7247 & 14.9210\end{bmatrix}$$

$$\boldsymbol{P}_2=\begin{bmatrix}1\,032.2 & -6.1 & 89.7\\ -6.1 & 1\,177.3 & -184.3\\ 89.7 & -184.3 & 512.3\end{bmatrix}$$

$$\boldsymbol{R}=\begin{bmatrix}68.1735 & 0 & 0\\ 0 & 88.3034 & 0\\ 0 & 0 & 36.6679\end{bmatrix}$$

选择事件触发参数 r_k 为：$r_k=0.13$，$k\in\mathbb{Z}^+$。令 $d_k=0.02$，$k\in\mathbb{Z}^+$，则有 $\mathrm{d}=0.02$，$\sigma=\max\left\{\tau,\ d\right\}=0.03$。选择 $\gamma=0.6$ 使得条件$\gamma^2+\tau\vartheta\,\tilde{p}_2\mathrm{e}^{\eta d}<1$ 在定理 2.3 中成立。同时，选择 $q=0.12$，则条件[式(2-35)]满足。因此，可以得到条件[式(2-32)]也满足，这表明系统[式(2-39)]与目标系统[式(2-40)]在事件触发脉冲控制下式(2-4)取得混沌同步。

系统[式(2-39)]的五个子网络的初始条件被随机选择为：$[-0.8,\ 1.2,\ 2.5]^{\mathrm{T}}$；$[-1,\ -1,\ 2]^{\mathrm{T}}$；$[1.5,\ 3,\ -2.6]^{\mathrm{T}}$；$[-1.4,\ 2.8,\ -2]^{\mathrm{T}}$；$[4,\ -3,\ 1]^{\mathrm{T}}$。图 2-5、图 2-6 和图 2-7 分别描绘系统[式(2-39)]与目标系统[式(2-40)]在事件触发控制[式(2-4)]下的误差系统的各维度的状态轨迹，其对应的触发时刻和释放间隔如图 2-8 所示。从图 2-5、图 2-6 和图 2-7

的仿真结果可以看出，系统[式(2-39)]和目标系统[式(2-40)]在小规模脉冲时延下实现了混沌同步。

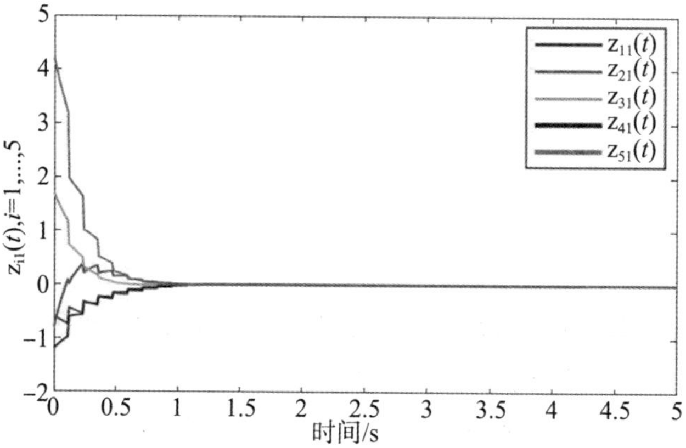

图 2-5　误差状态 $z_{i1}(t)$，$i=1$，2，…，5 在事件触发控制[式(2-4)]下的状态轨迹图

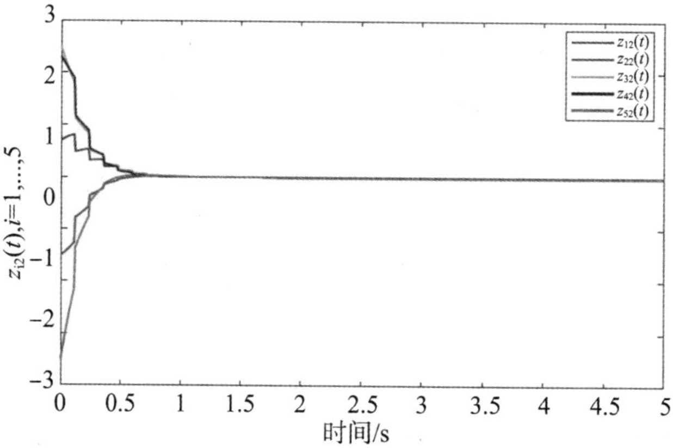

图 2-6　误差状态 $z_{i2}(t)$，$i=1$，2，…，5 时在事件触发控制[式(2-4)]下的状态轨迹图

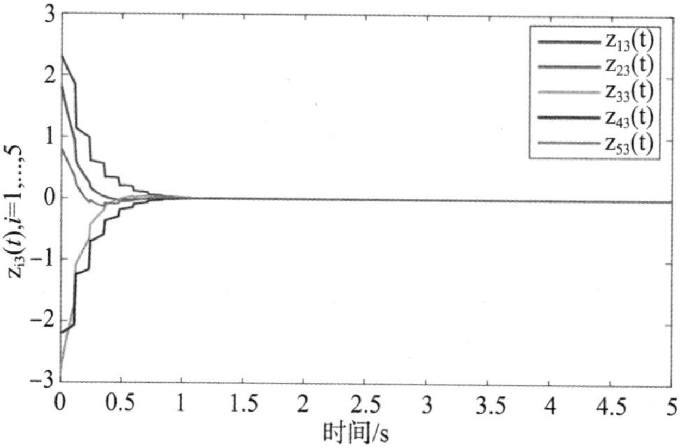

图 2-7　误差状态 $z_{i3}(t)$，$i=1$，2，…，5 在事件触发控制[式(2-4)]下的状态轨迹图

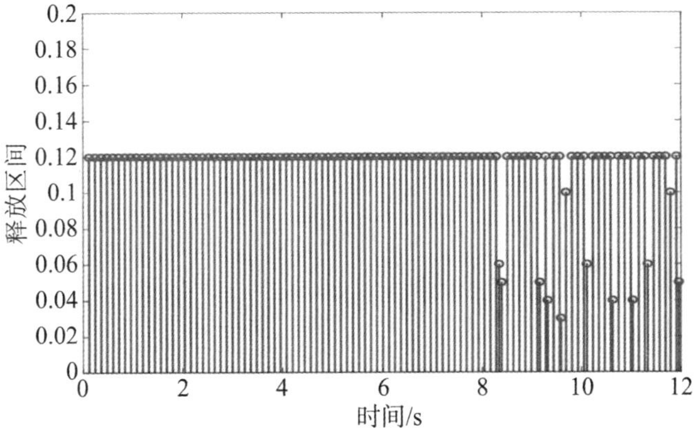

图 2-8 事件触发脉冲控制[式(2-4)]下的事件触发瞬间和触发区间图

2.5 本章小结

本章研究了基于事件触发脉冲控制的耦合神经网络的同步问题，其充分考虑了网络内部时延和脉冲时延的影响。提出了一种基于 Lyapunov 泛函的事件触发机制和强制时间序列组成的延迟脉冲控制器，不仅降低了资源消耗和不必要的成本，而且避免了触发机制长时间不触发的情况。利用 Lyapunov 泛函方法、离散时间系统的比较原理以及迭代法，建立了具有大规模脉冲时延和小规模脉冲时延的耦合神经网络的时滞依赖同步准则。结果表明，小规模脉冲时延对耦合神经网络的同步过程有积极作用，而大规模脉冲时延对同步过程有消极影响。此外，得到了基于 LMI 的充分条件以保证所提出的事件触发延迟脉冲控制方案可排除 Zeno 行为。最后给出了两个数值仿真结果，验证了理论结果的有效性和正确性。

第三章

基于混合触发脉冲控制的神经网络的同步性分析

笔者在第二章讨论了神经网络在同步控制方面的一些研究进展，其中提出了基于事件的脉冲控制策略，实现了神经网络与目标系统的同步。然而，在研究中我们发现，尽管强制脉冲序列的设计避免了事件长时间不触发的情况，保证了网络的同步性，但同时也造成了许多不必要的数据传输。另外，在现实世界中，大多数网络系统都存在于一个动态、复杂和不确定的环境中，这就导致了系统会受到环境变化、干扰信号和噪声等外部扰动，它们可能会影响系统的行为和性能。那么，如何平衡网络系统的同步性能和控制代价是亟待解决的问题。基于以上问题，本章从同步性能和控制代价两方面考虑，提出了一种结合时间触发脉冲和事件触发脉冲控制优点的混合脉冲控制策略，来实现具有外部扰动的驱动－响应系统之间的同步。

3.1 引言

脉冲控制因只在离散时刻实施控制而有效解决了通信冗余的情况，其优点已在第一章中详细介绍。在过去的几十年里，学者们主要采用基于时间的脉冲机制来研究系统的性能[126,169-170]。然而，该机制的难点在于脉冲时间间隔的选择。如果脉冲区间设置得太小，则会导致大量无效数据产生进而引发数据传输过程中的拥堵问题；反之，可能会丧失系统关键信息，从而导致系统不稳定。为了解决上述问题，基于事件触发的脉冲机制应运而生，该机制会在系统感知环境或状态变化时才触发并传输，从而避免基于时间触发可能产生的大量无效数据和拥堵问题[171-173]。同时，可以在更小的数据量下实现对系统状态的监控，有助于降低数据传输压力。

第二章已经详细介绍了事件触发脉冲控制可以提高传输速率、带宽利用率和降低控制代价等优点。另外，时间触发脉冲控制依赖于预设的脉冲区间进行数据传输，这在某些应用场景下可以确保系统的稳定性和可靠性。将时间触发脉冲控制和事件触发脉冲控制两种机制结合起来，即混合触发脉冲控制，可以在一定程度上综合利用它们的优势。例如，可以使用时间触发脉冲控制来保证系统的稳定性，并在特定的情况下，如重要事件发生时，通过事件触发脉冲控制来及时传输关键数据。这种组合方式既能满足系统的稳定性需求，又能有效地提升数据传输效率。因此，混合触发脉冲控制被广泛应用于动态网络的同步问题中[174-175]。

此外，鉴于网络本身的复杂性，建立更符合实际的网络模型并提高控制方法的鲁棒性对网络系统来说是至关重要的。在实际应用中，系统参数的不确定性和外部扰动及系统时延是最常见的情况，而这些因素会增加网络的复杂性，对同步结果产生较大影响。基于以上考虑，本研究致力于在克服复杂因素影响下，将基于时间触发控制和基于事件触发控制结合起来，来实现在传输速率和系统稳定之间的平衡。文献[173]考虑了参数不匹配的情况，但是忽略了外部扰动和脉冲时延对系统的影响。同时，现存的结果尚未讨论基于混合触发的延迟脉冲控制策略来研究具有外部扰动的神经网络的同步性控制问题。

基于以上分析，本章提出了一种新的混合触发延迟脉冲控制机制，实现了具有外部扰动和参数不确定性的时滞神经网络的实际同步问题。为了减少脉冲控制的次数，借助于辅助函数和驱动－响应系统的误差运动轨迹之间的关系作为切换律来决定两种机制的工作情况。同时，为了解决脉冲时延和外部扰动对系统的影响，本章证明了具有脉冲时延和外部扰动的比较原理，并基于该引理和平均脉冲区间以及平均脉冲增益的概念，建立了混合触发脉冲控制方案下的神经网络的实际同步准则。此外，还证明了所提出的混合触发脉冲控制方案排除了 Zeno 行为，并利用两个数值仿真验证了该控制方法的有效性。

3.2 问题描述与混合触发控制器设计

考虑如下具有参数不确定性的神经网络模型：

$$\dot{x}(t)=-(\boldsymbol{C}+\Delta\boldsymbol{C}(t))x(t)+(\boldsymbol{A}+\Delta\boldsymbol{A}(t))f(x(t))+(\boldsymbol{B}+\Delta\boldsymbol{B}(t))g(x(t-d(t))) \tag{3-1}$$

其中，$x(t)=[x_1(t),\ x_2(t),\ \cdots,\ x_n(t)]^T\in\mathbb{R}^n$，$f(x(t))=[f_1(x_1(t)),\ f_2(x_2(t)),\ \cdots,\ f_n(x_n(t))]^T\in\mathbb{R}^n$ 分别表示状态向量和激活函数，$g(x(t-d(t)))=[g_1(x_1(t-d(t))),\ g_2(x_2(t-d(t))),\ \cdots,\ g_n(x_n(t-d(t)))]^T\in\mathbb{R}^n$ 为时滞激活函数，$d(t)$ 表示时变时延且满足 $0\leqslant d(t)\leqslant d$，$\dot{d}(t)\leqslant\tilde{d}<1$，$\boldsymbol{C}=\mathrm{diag}\{c_1,\ c_2,\ \cdots,\ c_n\}>0$ 表示自反馈矩阵，$\boldsymbol{A}=[a_{ij}]_{n\times n}$，$\boldsymbol{B}=[b_{ij}]_{n\times n}$ 为常数矩阵，$\Delta\boldsymbol{C}(t)$，$\Delta\boldsymbol{A}(t)$ 和 $\Delta\boldsymbol{B}(t)$ 分别表示参数不确定的时变矩阵。

将系统[式(3-1)]作为驱动系统，其对应的具有外部扰动的响应系统可以被表示为

$$\dot{y}(t)=-(\boldsymbol{C}+\Delta\boldsymbol{C}(t))y(t)+(\boldsymbol{A}+\Delta\boldsymbol{A}(t))f(y(t))+(\boldsymbol{B}+\Delta\boldsymbol{B}(t))g(y(t-d(t)))+\omega(t)+u(t) \tag{3-2}$$

其中，$y(t)=[y_1(t),\ y_2(t),\ \cdots,\ y_n(t)]^{\mathrm{T}}$ 是响应系统的状态向量，$\omega(t)$ 表示外部输入扰动，$u(t)$ 表示控制输入向量。

假设 3.1 存在常数$l_j>0$ 和$w_j>0(j=1,\ 2,\ \cdots,\ n)$，使得函数$f_j(\cdot)$ 和$g_j(\cdot)$满足：

$$|f_j(u)-f_j(v)|\leqslant l_j|u-v|,\qquad |g_j(u)-g_j(v)|\leqslant w_j|u-v|$$

其中，$u,\ v\in\mathbb{R}$ 且 $u\neq v$。记 $L=\mathrm{diag}\{l_1,\ l_2,\ \cdots,\ l_n\}$，$W=\mathrm{diag}\{w_1,\ w_2,\ \cdots,\ w_n\}$。

假设 3.2 参数不确定矩阵 $\Delta\boldsymbol{C}(t)$、$\Delta\boldsymbol{A}(t)$和 $\Delta\boldsymbol{B}(t)$满足如下条件：

$$[\Delta\boldsymbol{C}(t)\quad \Delta\boldsymbol{A}(t)\quad \Delta\boldsymbol{B}(t)]=\boldsymbol{D}\boldsymbol{F}(t)[\boldsymbol{\Phi}_1\quad \boldsymbol{\Phi}_2\quad \boldsymbol{\Phi}_3]$$

其中，$\boldsymbol{D}$、$\boldsymbol{\Phi}_1$、$\boldsymbol{\Phi}_2$、$\boldsymbol{\Phi}_3$ 为适当维数的常数矩阵，$\boldsymbol{F}(t)$是满足如下条件的时变不确定矩阵

$$\boldsymbol{F}^{\mathrm{T}}(t)\boldsymbol{F}(t)\leqslant \boldsymbol{I}$$

定义 3.1 若对任意的$\epsilon>0$，存在时间 $\boldsymbol{T}=\boldsymbol{T}(t_0,\ \epsilon)>0$ 使得：当 $t\geqslant t_0+T$ 都有$\limsup\limits_{t\to\infty}\|x(t)-y(t)\|<\epsilon$成立，则称驱动系统(3-1)和响应系统(3-2)取得实际同步。

由于脉冲控制器只在离散时刻作用于动态系统中，进而有效地节省了网络的带宽资源。因此，为了实现驱动系统[式(3-1)]和响应系统[式(3-2)]的实际同步，考虑如下具有脉冲时延的脉冲控制器：

$$u(t)=\sum_{k=1}^{\infty}(\rho_k e(t-\tau_k)-e(t))\delta(t-t_k),\qquad k\in\mathbb{Z}^+ \tag{3-3}$$

其中，$e(t)=y(t)-x(t)$表示驱动系统(3-1)和响应系统(3-2)的同步误差，$\delta(\cdot)$为 Dirac Delta 函数，ρ_k 为 t_k 时刻的脉冲强度且满足条件：$0<\rho_k<1$，$k\in\mathbb{Z}^+$，τ_k 表示脉冲时延，存在常数 $\tau_1>0$ 和 $\tau_2>0$ 满足 $\tau_1\leqslant\tau_k\leqslant\tau_2$。中脉冲序列 $\xi=\{t_k\}_{k\in\mathbb{Z}^+}$将由混合触发方案来决定。考虑如下混合触发方案：

$$\begin{cases}\mathcal{C}_1(\breve{\rho}_k,\ \breve{\sigma}_k), & \|e(t)\|>\gamma(t)\\ \mathcal{C}_2(\hat{\rho}_k,\ \hat{\sigma}_k), & \|e(t)\|\leqslant\gamma(t)\end{cases} \tag{3-4}$$

其中，$\gamma(t)$表示如下指数递减的阈值函数：

$$\gamma(t)=\sqrt{\varepsilon_1 e^{-\beta t}+\varepsilon_0} \tag{3-5}$$

其中，参数$\varepsilon_0>0$，$\varepsilon_1>0$，$\beta>0$，$\mathcal{C}_1(\breve{\rho}_k,\ \breve{\sigma}_k)$表示时间触发脉冲控制方案，$\breve{\rho}_k$ 表示时间触发的脉冲强度，$\breve{\sigma}_k$ 表示预设的时间触发脉冲区间且满足条件$\breve{\sigma}_k\geqslant\sigma_1$，$\mathcal{C}_2(\hat{\rho}_k,\ \hat{\sigma}_k)$则表示事件触发脉冲控制方案，$\hat{\rho}_k$ 表示事件触发的脉冲强度，$\hat{\sigma}_k$ 表示由事件触发条件所决定的两个连续触发时刻之间的距离且满足条件$\hat{\sigma}_k\geqslant\sigma_2$。设计如下事件触发条件：

$$t_{k+1}=\inf\{t>t_k,\ \|e(t)\|=\gamma(t)\},\quad k\in\mathbb{Z}^+ \tag{3-6}$$

其中，σ_2 后续可以计算得到。记 $\sigma=\min\{\sigma_1,\ \sigma_2\}$且 σ 满足不等式 $\tau_2<\sigma\leqslant t_k-t_{k-1}$，$k\in\mathbb{Z}^+$。图 3-1 给出了基于混合触发脉冲控制的结构图。

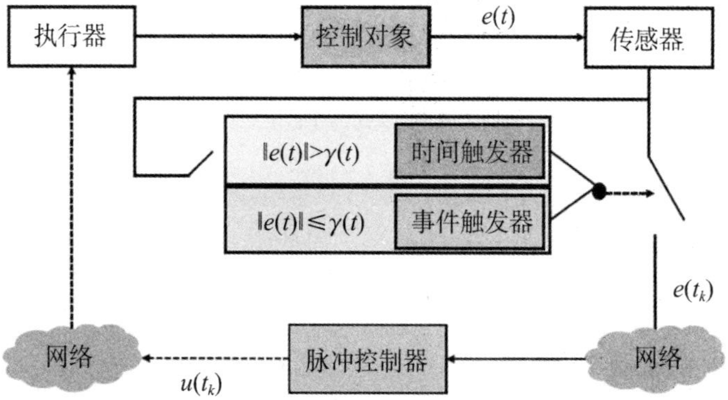

图 3-1　基于混合触发脉冲控制结构图

结合驱动-响应系统[式(3-1)]、[式(3-2)]和所设计的混合触发控制器[式(3-3)]，则误差系统可表示为

$$\begin{cases}\dot{e}(t)=-(\boldsymbol{C}+\Delta\boldsymbol{C}(t))e(t)+(\boldsymbol{A}+\Delta\boldsymbol{A}(t))f(e(t))\\ \qquad +(\boldsymbol{B}+\Delta\boldsymbol{B}(t))g(e(t-d(t)))+\omega(t),\quad t\neq t_k \\ e(t)=\rho_k e(t^- -\tau_k),\quad t=t_k,\quad k\in\mathbb{Z}^+\end{cases} \tag{3-7}$$

其中，$f(e(t))=f(y(t))-f(x(t))$，$g(e(t-d(t)))=g(y(t-d(t)))-g(x(t-d(t)))$。在本章中，假设脉冲是右连续的，即：$e(t_k)=e(t_k^+)=\lim\limits_{h\to 0^+}e(t_k+h)$，$e(t_k^-)=\lim\limits_{h\to 0^-}e(t_k+h)$，$k\in\mathbb{Z}^+$。误差系统(3-7)的初始条件

为：$e(t_0+s)=\varphi(s)\in\mathcal{PC}([-\zeta,0],\mathbb{R}^n)$，其中$\zeta=\max\{d,\tau_2\}$。

注 3.1 从混合触发脉冲控制方案[式(3-4)]可知，如果误差信号的初始值的范数大于阈值函数初始值的范数，则时间触发控制方案$\mathcal{C}_1(\breve{\rho}_k,\breve{\sigma}_k)$和事件触发控制方案$\mathcal{C}_2(\hat{\rho}_k,\hat{\sigma}_k)$均被激活。如果误差信号的初始值的范数小于阈值函数初始值的范数，则仅事件触发控制方案$\mathcal{C}_2(\hat{\rho}_k,\hat{\sigma}_k)$被激活，其详情见定理 3.1 和定理 3.2。

注 3.2 特别地，如果$\|e(t_0)\|=\gamma(t_0)$，则$t_0=0$仅被考虑为初始时刻。如果$\dot{e}(t)>0$，则时间触发控制方案被激活，如果$\dot{e}(t_0)\leqslant 0$，则事件触发控制方案被激活。同时，$e(t_0)$与$\gamma(t)$的下一次碰撞时刻即为第一个触发时刻。

定义 3.2[176] 如果存在$N_0>0$和$T_a>0$使得

$$\frac{T-t}{T_a}-N_0\leqslant N_\xi(T,t),\qquad t_0\leqslant t\leqslant T$$

成立，则脉冲序列$\xi=\{t_k\}_{k\in\mathbb{Z}^+}$的平均脉冲区间小于$T_a$，其中，$N_\xi(T,t)$表示区间$(t,T]$内的脉冲个数。

定义 3.3[177] 定义脉冲序列$\xi=\{t_k\}_{k\in\mathbb{Z}^+}$的平均脉冲增益为

$$\rho=\lim_{t\to\infty}\frac{|\rho_1|+|\rho_2|+\cdots+|\rho_{\mathcal{N}_\xi(t_0,t)}|}{N_\xi(t_0,t)}$$

定义 3.4[178] 如果存在常数$\sigma_2>0$使得$t_k-t_{k-1}\geqslant\sigma_2>0$，$k\in\mathbb{Z}^+$成立，则称系统(3-7)在混合触发机制[式(3-4)]下排除 Zeno 行为。

引理 3.1 $u(t)$，$v(t)$为非负分段连续函数，$\omega(t)$为外部扰动连续函数。如果存在常数$\alpha_1>0$，$\alpha_2>0$和$\rho_k>0$使得以下不等式成立：

$$\begin{cases}D^+u(t)\leqslant\alpha_1u(t)+\alpha_2u(t-d(t))+\omega(t), & t\neq t_k\\ u(t_k)\leqslant\rho_ku(t_k^--\tau_k), \quad t=t_k, & k\in\mathbb{Z}^+\end{cases}$$

$$\begin{cases}D^+v(t)>\alpha_1v(t)+\alpha_2v(t-d(t))+\omega(t), & t\neq t_k\\ v(t_k)>\rho_kv(t_k^--\tau_k), \quad t=t_k, & k\in\mathbb{Z}^+\end{cases}$$

其中，$0\leqslant d(t)\leqslant d$，$\tau_1\leqslant\tau_k\leqslant\tau_2$，$\zeta=\max\{d,\tau_2\}$，则当$t_0-\zeta\leqslant t\leqslant t_0$时，

$u(t)\leqslant v(t)$可以得到：对任意$t>t_0$，$u(t)\leqslant v(t)$。

证明： 当$t_0-\zeta\leqslant t\leqslant t_0$时，有$u(t)\leqslant v(t)$。对任意$\epsilon>0$，将证明：

$$u(t)<v(t)+\epsilon,\quad t\in[t_0,\ t_1) \tag{3-8}$$

首先，证明以下不等式成立：

$$u(t)<v(t)+\epsilon,\quad t\in[t_0,\ t_1) \tag{3-9}$$

若式(3-9)不成立，则存在$t\in(t_0,\ t_1)$使得$u(t)\geqslant v(t)+\epsilon$。定义

$$t^{\triangle}=\inf\{t\in(t_0,\ t_1):\ u(t)\geqslant v(t)+\epsilon\}$$

根据$u(t)$和$v(t)$在区间$[t_0,\ t_1)$上的连续性，可以得

$$\begin{aligned}&u(t^{\triangle})=v(t^{\triangle})+\epsilon,\quad u(t)<v(t)+\epsilon,\quad t<t^{\triangle}\\&u(t)\geqslant v(t)+\epsilon,\quad t\in(t^{\triangle},\ t^{\triangle}+\epsilon_1)\end{aligned} \tag{3-10}$$

其中，ϵ_1充分小使得$t^{\triangle}+\epsilon_1<t_1$。事实上，如果对任意的$\epsilon^*$有$u(t)<v(t)+\epsilon$，$t\in(t^{\triangle},\ t^{\triangle}+\epsilon^*)$，则有$\inf\{t\in(t_0,\ t_1):\ u(t)\geqslant v(t)\}\geqslant t^{\triangle}+\epsilon^*$，与$t^{\triangle}$产生矛盾。因此，不等式(3-10)成立。同时，对任意$t\in(t^{\triangle},\ t^{\triangle}+\epsilon_1)$，可以得

$$\frac{u(t)-u(t^{\triangle})}{t-t^{\triangle}}\geqslant\frac{v(t)-v(t^{\triangle})}{t-t^{\triangle}}$$

即$D^+u(t^{\triangle})\geqslant D^+v(t^{\triangle})$成立。另一方面，从不等式(3-10)可知：

$$\begin{aligned}D^+u(t^{\triangle})&\leqslant\alpha_1u(t^{\triangle})+\alpha_2u(t^{\triangle}-d(t^{\triangle}))+\omega(t^{\triangle})\\&<\alpha_1(v(t^{\triangle})+\epsilon)+\alpha_2(v(t^{\triangle}-d(t^{\triangle}))+\epsilon)+\omega(t^{\triangle})\\&<D^+v(t^{\triangle})+(\alpha_1+\alpha_2)\epsilon\end{aligned}$$

由于ϵ充分小，依据以上不等式可得：$D^+u(t^{\triangle})<D^+v(t^{\triangle})$，与$D^+u(t)\geqslant D^+v(t)$产生矛盾。因此可得，当$t\in(t_0,\ t_1)$时，$u(t)<v(t)+\epsilon$成立。

其次，假设对任意$n=0,\ 1,\ \cdots,\ k-1$，$k\in\mathbb{Z}^+$都有$u(t)<v(t)+\epsilon$成立，则当$t\in[t_k-\zeta,\ t_k)$，有$u(t)<v(t)+\epsilon$和$u(t_k^--\tau_k)<v(t_k^--\tau_k)+\epsilon$，由此可得

$$u(t_k)\leqslant\rho_ku(t_k^--\tau_k)\leqslant\rho_kv(t_k^--\tau_k)+\rho_k\epsilon\leqslant v(t_k)+\rho_k\epsilon$$

这表明，当 $t=t_k$ 时，$u(t)<v(t)+\epsilon$成立。下一步，将证明：对任意 $t\in(t_k,\ t_{k+1})$，$k\in\mathbb{Z}^+$，$u(t)<v(t)+\epsilon$仍成立。若以上假设不成立，则存在 $t^{\#}=\inf\{t\in(t_k,\ t_{k+1}):\ u(t)\geqslant v(t)+\epsilon\}$。类似于在区间$[t_0,\ t_1)$上的证明，可以得到：对任意 $t\in[t_k,\ t_{k+1})$，$k\in\mathbb{Z}^+$，都有 $u(t)<v(t)+\epsilon$。综上所述，由数学归纳法可以得到：对任意 $t\geqslant t_0$，都有 $u(t)\leqslant v(t)$。

3.3 混合触发脉冲控制下的同步

本节将利用提出的混合触发脉冲控制方案[式(3-4)]来实现驱动系统[式(3-1)]和响应系统[式(3-2)]的实际同步。通过利用 Lyapunov 泛函方法来证明：当误差状态初值大于阈值函数初值时，时间触发方案将首次被激活且一段时间后将激活事件触发方案，进而实现系统的实际同步性；根据误差状态和阈值函数的运动轨迹来证明：当误差状态初值小于阈值函数初值时，则仅当事件触发方案被激活时，才能实现系统的实际同步性。

3.3.1 时间触发脉冲控制方案

定理 3.1 基于假设 3.1，如果$\|e(t_0)\|>\gamma(t_0)$且存在矩阵 $\boldsymbol{P}>0$，对角矩阵$\boldsymbol{\Sigma}_1>0$，$\boldsymbol{\Sigma}_2>0$ 以及常数$\pi_i>0$，$i=1,\ 2,\ \cdots,\ 5$，$\alpha_1>0$，$\alpha_2>0$，$\alpha>0$，使得以下条件成立：

$$\boldsymbol{\Omega}_1-\alpha_1\boldsymbol{P}<0 \tag{3-11}$$

$$\boldsymbol{\Omega}_2-\alpha_2\boldsymbol{P}<0 \tag{3-12}$$

$$\lim_{t\to\infty}\omega(t)=0 \tag{3-13}$$

$$T_a<-\frac{2\eta\ln\rho}{\varpi\alpha_2+\alpha_1\eta} \tag{3-14}$$

其中

$$\boldsymbol{\Omega}_1 = -\boldsymbol{PC} - \boldsymbol{C}^{\mathrm{T}}\boldsymbol{P} + \pi_1^{-1}\boldsymbol{PA}\boldsymbol{\Sigma}_1^{-1}\boldsymbol{A}^{\mathrm{T}}\boldsymbol{P} + \pi_1 L^{\mathrm{T}}\Sigma_1 L + \pi_2^{-1}\boldsymbol{PB}\boldsymbol{\Sigma}_2^{-1}\boldsymbol{B}^{\mathrm{T}}\boldsymbol{P} + \pi_3^{-1}\boldsymbol{PDD}^{\mathrm{T}}\boldsymbol{P} + \pi_3\Phi_1^{\mathrm{T}}\Phi_1 + \pi_4^{-1}\boldsymbol{PDD}^{\mathrm{T}}\boldsymbol{P} + \pi_4\lambda_{\max}(\Phi_2^{\mathrm{T}}\Phi_2)L^2 + \pi_5^{-1}\boldsymbol{PDD}^{\mathrm{T}}\boldsymbol{P} + \boldsymbol{P}^2$$

$$\boldsymbol{\Omega}_2 = \pi_2\boldsymbol{W}^{\mathrm{T}}\Sigma_2\boldsymbol{W} + \pi_5\lambda_{\max}(\Phi_3^{\mathrm{T}}\Phi_3)\boldsymbol{W}^2, \quad \eta = \rho^{2N_0}$$

$\alpha > 0$ 为不等式$\dfrac{\varpi\alpha_2 e^{\alpha d}}{\eta} + \dfrac{2\ln\rho}{T_a} + \alpha + \alpha_1 = 0$ 的唯一解，则存在一个常数 $t^* > 0$ 使得$\|e(t^*)\| < \gamma(t^*)$成立。

证明： 构造以下 Lyapunov 泛函：

$$V(t) = e(t)^{\mathrm{T}}\boldsymbol{P}e(t), \quad t \in [t_k, t_{k+1}), \quad k \in \mathbb{Z}^+$$

沿着系统(3-7)的轨迹对 $V(t)$ 求 Dini 导数，则有

$$\begin{aligned} D^+V(t) &= 2e^{\mathrm{T}}(t)\boldsymbol{P}\{-\boldsymbol{C}(t)e(t) + \boldsymbol{A}(t)f(e(t)) + \boldsymbol{B}(t)g(e(t-d(t))) + \omega(t)\} \\ &= -2e^{\mathrm{T}}(t)\boldsymbol{PC}e(t) - 2e^{\mathrm{T}}(t)\boldsymbol{P}\Delta\boldsymbol{C}(t)e(t) + 2e^{\mathrm{T}}(t)\boldsymbol{PA}f(e(t)) \\ &\quad + 2e^{\mathrm{T}}(t)\boldsymbol{PB}g(e(t-d(t))) + 2e^{\mathrm{T}}(t)\boldsymbol{P}\Delta\boldsymbol{A}(t)f(e(t)) \\ &\quad + 2e^{\mathrm{T}}(t)\boldsymbol{P}\Delta\boldsymbol{B}(t)g(e(t-d(t))) + 2e^{\mathrm{T}}(t)\boldsymbol{P}\boldsymbol{\omega}(t) \end{aligned} \tag{3-15}$$

依据引理 1.3，可得如下不等式成立：

$$\begin{aligned} 2e^{\mathrm{T}}(t)\boldsymbol{PA}f(e(t)) &\leqslant \pi_1^{-1}e^{\mathrm{T}}(t)\boldsymbol{PA}\Sigma_1^{-1}\boldsymbol{A}^{\mathrm{T}}\boldsymbol{P}e(t) + \pi_1 f(e(t))^{\mathrm{T}}\Sigma_1 f(e(t)) \\ &\leqslant e^{\mathrm{T}}(t)(\pi_1^{-1}\boldsymbol{PA}\Sigma_1^{-1}\boldsymbol{A}^{\mathrm{T}}\boldsymbol{P} + \pi_1 L^{\mathrm{T}}\Sigma_1 L)e(t) \end{aligned} \tag{3-16}$$

$$\begin{aligned} 2e^{\mathrm{T}}(t)\boldsymbol{PB}g(e(t-d(t))) &\leqslant \pi_2^{-1}e^{\mathrm{T}}(t)\boldsymbol{PB}\Sigma_2^{-1}\boldsymbol{B}^{\mathrm{T}}\boldsymbol{P}e(t) \\ &\quad + \pi_2 e^{\mathrm{T}}(t-d(t))W^{\mathrm{T}}\Sigma_2 We(t-d(t)) \end{aligned} \tag{3-17}$$

$$2e^{\mathrm{T}}(t)\boldsymbol{P}\Delta\boldsymbol{C}(t)e(t) \leqslant e^{\mathrm{T}}(t)(\pi_3^{-1}\boldsymbol{PDD}^{\mathrm{T}}\boldsymbol{P} + \pi_3\Phi_1^{\mathrm{T}}\Phi_1)e(t) \tag{3-18}$$

$$2e^{\mathrm{T}}(t)\boldsymbol{P}\Delta\boldsymbol{A}(t)f(e(t)) \leqslant e^{\mathrm{T}}(t)[\pi_4^{-1}\boldsymbol{PDD}^{\mathrm{T}}\boldsymbol{P} + \pi_4\lambda_{\max}(\Phi_2^{\mathrm{T}}\Phi_2)L^2]e(t) \tag{3-19}$$

$$\begin{aligned} 2e^{\mathrm{T}}(t)\boldsymbol{P}\Delta\boldsymbol{B}(t)g(e(t-d(t))) &\leqslant \pi_5^{-1}e^{\mathrm{T}}(t)\boldsymbol{PDD}^{\mathrm{T}}\boldsymbol{P}e(t) \\ &\quad + \pi_5\lambda_{\max}(\Phi_3^{\mathrm{T}}\Phi_3)e^{\mathrm{T}}(t-d(t))W^2 e(t-d(t)) \end{aligned} \tag{3-20}$$

$$2e^{\mathrm{T}}(t)\boldsymbol{P}\omega(t)\leqslant e^{\mathrm{T}}(t)\boldsymbol{P}^{2}e(t)+\omega(t)^{\mathrm{T}}\omega(t) \tag{3-21}$$

根据式(3-16)至式(3-21)，可得

$$\begin{aligned}\boldsymbol{D}^{+}V(t)\leqslant & e^{\mathrm{T}}(t)[-\boldsymbol{PC}-\boldsymbol{C}^{\mathrm{T}}P+\pi_1^{-1}PA\boldsymbol{\Sigma}_1^{-1}\boldsymbol{A}^{\mathrm{T}}P+\pi_1L^{\mathrm{T}}\boldsymbol{\Sigma}_1L+\pi_2^{-1}\boldsymbol{PB}\boldsymbol{\Sigma}_2^{-1}\boldsymbol{BP}\\ &+\pi_3^{-1}\boldsymbol{PDD}^{\mathrm{T}}\boldsymbol{P}+\pi_3\boldsymbol{\Phi}_1^{\mathrm{T}}\boldsymbol{\Phi}_1+\pi_4^{-1}\boldsymbol{PDD}^{\mathrm{T}}\boldsymbol{P}+\pi_4\lambda_{\max}(\boldsymbol{\Phi}_2^{\mathrm{T}}\boldsymbol{\Phi}_2)L^2\\ &+\pi_5^{-1}\boldsymbol{PDD}^{\mathrm{T}}\boldsymbol{P}+\boldsymbol{P}^2]e(t)+e^{\mathrm{T}}(t-d(t))[\pi_2W^{\mathrm{T}}\boldsymbol{\Sigma}_2W\\ &+\pi_5\lambda_{\max}(\boldsymbol{\Phi}_3^{\mathrm{T}}\boldsymbol{\Phi}_3)W^2]e(t-d(t))+\widetilde{\omega}(t)\\ \leqslant & \alpha_1V(t)+\alpha_2V(t-d(t))+\widetilde{\omega}(t)\end{aligned}$$

其中，$\widetilde{\omega}(t)=\omega(t)^{\mathrm{T}}\omega(t)$。

当 $t=t_k$，$k\in\mathbb{Z}^{+}$时，可知：

$$\begin{aligned}V(t_k)&=e^{\mathrm{T}}(t_k)\boldsymbol{P}e(t_k)\\ &=\rho_k^2e^{\mathrm{T}}(t_k^{-}-\tau_k)\boldsymbol{P}e(t_k^{-}-\tau_k)\end{aligned}$$

设 $\boldsymbol{v}(t)$是如下时滞脉冲系统的唯一解：

$$\begin{cases}D^{+}\boldsymbol{v}(t)=\alpha_1\boldsymbol{v}(t)+\alpha_2\boldsymbol{v}(t-d(t))+\widetilde{\omega}(t)+\chi, & t\neq t_k\\ \boldsymbol{v}(t)=\rho_k^2\boldsymbol{v}(t_k^{-}-\tau_k), \quad t=t_k, & k\in\mathbb{Z}^{+}\\ \boldsymbol{v}(s)=\varphi, \quad t_0-\zeta\leqslant s\leqslant t_0\end{cases} \tag{3-22}$$

其中，常数$\chi\geqslant0$，$\varphi=\lambda_{\max}(\boldsymbol{P})\|\varphi(s)\|^2$，$t_0-\zeta\leqslant s\leqslant t_0$。

当 $t\in[t_k,\ t_{k+1})$，$k\in\mathbb{Z}^{+}$，由系统[式(3-22)]，可以计算得

$$\begin{aligned}\boldsymbol{v}(t)=&\mathrm{e}^{\alpha_1(t-t_k)}\boldsymbol{v}(t_k)+\int_{t_k}^{t}\mathrm{e}^{\alpha_1(t-s)}(\alpha_2\boldsymbol{v}(s-d(s))+\widetilde{\omega}(s)+\chi)\mathrm{d}s\\ =&\rho_k^2\boldsymbol{v}(t_k^{-}-\tau_k)\mathrm{e}^{\alpha_1(t-t_k)}+\int_{t_k}^{t}\mathrm{e}^{\alpha_1(t-s)}(\alpha_2\boldsymbol{v}(s-d(s))+\widetilde{\omega}(s)+\chi)\mathrm{d}s\\ =&\rho_{k-1}^2\rho_k^2\mathrm{e}^{\alpha_1(t-\tau_k-\tau_{k-1}-t_{k-2})}\boldsymbol{v}(t_{k-2})+\rho_{k-1}^2\rho_k^2\int_{t_{k-2}}^{t_{k-1}-\tau_{k-1}}\mathrm{e}^{\alpha_1(t-\tau_k-\tau_{k-1}-s)}\\ &\times(\alpha_2\boldsymbol{v}(s-d(s))+\widetilde{\omega}(s)+\chi)\mathrm{d}s+\rho_k^2\int_{t_{k-1}}^{t_k-\tau_k}\mathrm{e}^{\alpha_1(t-\tau_k-s)}(\alpha_2\boldsymbol{v}(s-d(s))+\chi)\mathrm{d}s\\ &+\int_{t_k}^{t}\mathrm{e}^{\alpha_1(t-s)}(\alpha_2\boldsymbol{v}(s-d(s))+\widetilde{\omega}(s)+\chi)\mathrm{d}s\\ =&\prod_{i=1}^{k}\rho_i^2\boldsymbol{v}(t_0)\mathrm{e}^{\alpha_1(t-t_0-\sum_{j=1}^{k}\tau_j)}+\sum_{m=0}^{k-1}(\prod_{i=m}^{k}\rho_i^2\int_{t_m}^{t_{m+1}-\tau_{m+1}}\mathrm{e}^{\alpha_1(t-s-\sum_{n=m+1}^{k}\tau_n)}\end{aligned}$$

$$\times(\alpha_2 v(s-d(s))+\widetilde{\omega}(s)+\chi)\mathrm{d}s)+\int_{t_k}^{t}\mathrm{e}^{\alpha_1(t-s)}(\alpha_2 v(s-d(s))+\widetilde{\omega}(s)+\chi)\mathrm{d}s$$

由于当 $t_0-\zeta\leqslant t\leqslant t_0$，有 $v(t)\geqslant V(t)\geqslant 0$。依据引理 3.1，可得

$$V(t)\leqslant v(t),\quad t\geqslant t_0$$

根据定义 3.3，可以推导出以下不等式：

$$\begin{aligned}
v(t)<&\left(\left(\frac{|\rho_1|+|\rho_2|+\cdots+|\rho_{N_\xi(t,t_0)}|}{N_\xi(t,t_0)}\right)^{2N_\xi(t,t_0)}v(t_0)\exp\left(\alpha_1\left(t-t_0-\sum_{j=1}^{N_\xi(t,t_0)}\tau_j\right)\right)\right)\\
&+\int_{t_0}^{t}\left(\frac{|\rho_1|+|\rho_2|+\cdots+|\rho_{N_\xi(t,s)}|}{N_\xi(t,s)}\right)^{2N_\xi(t,s)}\exp\left(\alpha_1\left(t-s-\sum_{j=N_\xi(s,t_0)+1}^{N_\xi(t,t_0)}\tau_j\right)\right)\\
&\times(\alpha_2 v(s-d(s))+\widetilde{\omega}(s)+\chi)\mathrm{d}s\\
\leqslant&\frac{\varphi}{\eta}\exp\left(\frac{2\ln\rho}{T_a}(t-t_0)\right)\exp\left(\alpha_1\left(t-t_0-\sum_{j=1}^{N_\xi(t,t_0)}\tau_j\right)\right)\\
&+\frac{1}{\eta}\int_{t_0}^{t}\exp\left(\frac{2\ln\rho}{T_a}(t-s)\right)\exp\left(\alpha_1\left(t-s-\sum_{j=N_\xi(s,t_0)+1}^{N_\xi(t,t_0)}\tau_j\right)\right)\\
&\times(\alpha_2 v(s-d(s))+\widetilde{\omega}(s)+\chi)\mathrm{d}s
\end{aligned}\tag{3-23}$$

和

$$\exp\left(\frac{2\ln\rho}{T_a}(t-s)\right)\exp(\alpha_1(t-s))\leqslant\exp(-\alpha_3(t-s))\tag{3-24}$$

其中，$\alpha_3=-\alpha_1-\dfrac{2\ln\rho}{T_a}>0$。将式(3-24)代入式(3-23)，可得

$$\begin{aligned}
v(t)<&\frac{\varphi}{\eta}\exp\left(-\alpha_3(t-t_0)-\alpha_1\sum_{j=1}^{N_\xi(t,t_0)}\tau_j\right)+\frac{1}{\eta}\int_{t_0}^{t}\exp\left(-\alpha_3(t-s)-\alpha_1\sum_{j=N_\xi(s,t_0)+1}^{N_\xi(t,t_0)}\tau_j\right)\\
&\times(\alpha_2 v(s-d(s))+\widetilde{\omega}(s)+\chi)\mathrm{d}s
\end{aligned}\tag{3-25}$$

定义方程 $\varphi(\alpha)=\dfrac{\widetilde{\omega}\alpha_2\mathrm{e}^{\alpha d}}{\eta}+\alpha-\alpha_3$，其中对任意 $t\geqslant t_0$，$\widetilde{\omega}>\mathrm{e}^{(\frac{d}{\sigma}+1)\alpha_1\tau_2}>\mathrm{e}^{\alpha_1\sum_{j=N_\xi(t-d(t),t_0)}^{N_\xi(t,t_0)+1}\tau_j}$。根据式(3-14)，可知 $\varphi(0)<0$。同时，$\varphi(+\infty)=+\infty$，$\dot{\varphi}(\alpha)=1+\dfrac{\alpha\widetilde{\omega}\alpha_2\mathrm{e}^{\alpha d}}{\eta}>0$。因此，存在常数 $\alpha>0$，使得 $\varphi(\alpha)=0$。令 $\alpha_4\in(0,$

α)，则有 $0<\frac{\widetilde{\omega}\alpha_2 e^{\alpha d}}{\eta}<\alpha_3-\alpha_4$。

下一步，将证明对任意的 $t>t_0-\zeta$，以下不等式成立：

$$v(t)<\frac{\varphi}{\eta}\exp\left(-\alpha(t-t_0)-\alpha_1\sum_{j=1}^{N_\xi(t,t_0)}\tau_j\right)+\int_{t_0}^{t}Qe^{-\alpha_4(t-s)}\widetilde{\omega}(s)\mathrm{d}s+\frac{\chi}{\alpha_3\eta-\alpha_2} \tag{3-26}$$

其中，常数 $Q>0$ 且满足 $Q\geqslant\frac{\alpha_3-\alpha_4}{(\alpha_3-\alpha_4)\eta-\alpha_2 e^{\alpha_4 d}}$。

当 $t\in[t_0-\zeta, t_0]$，由 $\chi>0$，$\frac{1}{\eta}>1$ 可得

$$\begin{aligned}v(t)&\leqslant\lambda_{\max}(\boldsymbol{P})\|\varphi(s)\|^2\\&<\frac{\varphi}{\eta}\exp\left(-\alpha(t-t_0)-\alpha_1\sum_{j=1}^{N_\xi(t,t_0)}\tau_j\right)+\int_{t_0}^{t}Qe^{-\alpha_4(t-s)}\widetilde{\omega}(s)\mathrm{d}s+\frac{\chi}{\alpha_3\eta-\alpha_2}\end{aligned}$$

接下来，将证明对任意 $t\geqslant t_0$，式(3-26)成立，即当 $t\geqslant t_0$ 时，以下不等式成立：

$$v(t)<\frac{\varphi}{\eta}\exp\left(-\alpha(t-t_0)-\alpha_1\sum_{j=1}^{N_\xi(t,t_0)}\tau_j\right)+\int_{t_0}^{t}Qe^{-\alpha_4(t-s)}\widetilde{\omega}(s)\mathrm{d}s+\frac{\chi}{\alpha_3\eta-\alpha_2} \tag{3-27}$$

若式(3-27)不成立，则存在 $t>t_0$，使得

$$v(t)\geqslant\frac{\varphi}{\eta}\exp\left(-\alpha(t-t_0)-\alpha_1\sum_{j=1}^{N_\xi(t,t_0)}\tau_j\right)+\int_{t_0}^{t}Qe^{-\alpha_4(t-s)}\widetilde{\omega}(s)\mathrm{d}s+\frac{\chi}{\alpha_3\eta-\alpha_2} \tag{3-28}$$

定义 t^* 如下：

$$t^*=\inf\left\{t\geqslant t_0 \;\middle|\; v(t)\geqslant\frac{\varphi}{\eta}\exp\left(-\alpha(t-t_0)-\alpha_1\sum_{j=1}^{N_\xi(t,t_0)}\tau_j\right)+\int_{t_0}^{t}Qe^{-\alpha_4(t-s)}\widetilde{\omega}(s)\mathrm{d}s+\frac{\chi}{\alpha_3\eta-\alpha_2}\right\}$$

依据以上定义，可得

$$v(t^*) \geqslant \frac{\varphi}{\eta}\exp\left(-\alpha(t^*-t_0)-\alpha_1\sum_{j=1}^{N_\xi(t^*,t_0)}\tau_j\right)+\int_{t_0}^{t}Q\mathrm{e}^{-\alpha_4(t-s)}\tilde{\omega}(s)\mathrm{d}s+\frac{\chi}{\alpha_3\eta-\alpha_2} \tag{3-29}$$

同时可得，当 $t\in[t_0,\ t^*)$，则有

$$v(t) < \frac{\varphi}{\eta}\exp\left(-\alpha(t-t_0)-\alpha_1\sum_{j=1}^{N_\xi(t,t_0)}\tau_j\right)+\int_{t_0}^{t}Q\mathrm{e}^{-\alpha_4(t-s)}\tilde{\omega}(s)\mathrm{d}s+\frac{\chi}{\alpha_3\eta-\alpha_2} \tag{3-30}$$

由于 $t^*>t_0$，且 t^* 不是脉冲时刻，依据式(3-26)和式(3-30)，可得

$$\begin{aligned} v(t^*) &< \frac{\varphi}{\eta}\exp(-\alpha_3(t^*-t_0)-\alpha_1\sum_{j=1}^{N_\xi(t^*,t_0)}\tau_j) \\ &\quad+\frac{1}{\eta}\int_{t_0}^{t^*}\exp(-\alpha_3(t^*-s)-\alpha_1\sum_{j=N_\xi(s,t_0)+1}^{N_\xi(t^*,t_0)}\tau_j) \\ &\quad\times(\alpha_2 v(s-d(s))+\tilde{\omega}(s)+\chi)\mathrm{d}s \\ &< \left(\frac{\varphi}{\eta}+\frac{\chi}{\alpha_3\eta-\alpha_2}+\Psi_1\right)\exp(-\alpha_3(t^*-t_0)-\alpha_1\sum_{j=1}^{N_\xi(t^*,t_0)}\tau_j\Bigg)+\Psi_2 \end{aligned} \tag{3-31}$$

其中，

$$\begin{aligned} \Psi_1 &= \frac{1}{\eta}\int_{t_0}^{t^*}\exp\left(-\alpha_3(t^*-t_0)-\alpha_1\sum_{j=1}^{N_\xi(s,t_0)}\tau_j\right) \\ &\quad\times\left[\frac{\alpha_2\varphi}{\eta}\exp(-\alpha(s-d(s)-t_0)-\alpha_1\sum_{j=1}^{N_\xi(s-d(s),t_0)}\tau_j\Bigg)+\frac{\alpha_2\chi}{\alpha_3\eta-\alpha_2}+\chi\right]\mathrm{d}s \end{aligned}$$

$$\begin{aligned} \Psi_2 &= \frac{\alpha_2}{\eta}\int_{t_0}^{t^*}\exp\left(-\alpha_3(t^*-s)-\alpha_1\sum_{N_\xi(s,t_0)+1}^{N_\xi(t^*,t_0)}\tau_j\right)\int_{t_0}^{s-d(s)}Q\exp(-\alpha_4(s-d(s)-\theta)) \\ &\quad\times\tilde{\omega}(\theta)\mathrm{d}\theta\mathrm{d}s+\frac{1}{\eta}\int_{t_0}^{t^*}\exp\left(-\alpha_3(t^*-s)-\alpha_1\sum_{j=N_\xi(s,t_0)+1}^{N_\xi(t^*,t_0)}\tau_j\right)\tilde{\omega}(s)\mathrm{d}s \end{aligned}$$

由 $\varphi(\alpha)=0$，可得

$$\begin{aligned} \Psi_1 &< \frac{1}{\eta}\int_{t_0}^{t^*}\exp\left(\alpha_3(s-t_0)+\alpha_1\sum_{j=1}^{N_\xi(s,t_0)\tau_j}\right) \\ &\quad\times\left(\frac{\alpha_2\varphi\mathrm{e}^{\alpha d}}{\eta}\exp\left(-\alpha(s-t_0)-\alpha_1\sum_{j=1}^{N_\xi(s-d(s),t_0)}\tau_j\right)+\frac{\alpha_3\eta\chi}{\alpha_3\eta-\alpha_2}\right)\mathrm{d}s \\ &< \frac{\varphi}{\eta}\exp((\alpha_3-\alpha)(t^*-t_0))-\frac{\varphi}{\eta}+\frac{1}{\eta}\int_{t_0}^{t^*}\exp\left(\alpha_3(s-t_0)+\alpha_1\sum_{j=1}^{N_\xi(s,t_0)}\tau_j\right) \end{aligned}$$

$$\times\frac{\alpha_3\eta\chi}{\alpha_3\eta-\alpha_2}\mathrm{d}s \tag{3-32}$$

$\boldsymbol{\Psi}_2$ 的第一项可以计算为

$$\frac{\alpha_2}{\eta}\int_{t_0}^{t^*}\exp\left(-\alpha_3(t^*-s)-\alpha_1\sum_{j=N_\xi(s,t_0)+1}^{N_\xi(t^*,t_0)}\tau_j\right)\int_{t_0}^{s-d(s)}Q\exp(-\alpha_4(s-d(s)-\theta))$$

$$\times\widetilde{\omega}(\theta)\mathrm{d}\theta\mathrm{d}s\leqslant\frac{\alpha_2Qe^{\alpha_4d}}{(\alpha_3-\alpha_4)\eta}\int_{t_0}^{t^*}\exp\left(-\alpha_4(t^*-s)-\alpha_1\sum_{j=N_\xi(s,t_0)+1}^{N_\xi(t^*,t_0)}\tau_j\right)\widetilde{\omega}(s)\mathrm{d}s$$

因此可得

$$\begin{aligned}\boldsymbol{\Psi}_2&<\frac{\alpha_2Qe^{\alpha_4d}}{(\alpha_3-\alpha_4)\eta}\int_{t_0}^{t^*}\exp\left(-\alpha_4(t^*-s)-\alpha_1\sum_{j=N_\xi(s,t_0)+1}^{N_\xi(t^*,t_0)}\tau_j\right)\widetilde{\omega}(s)\mathrm{d}s\\&\quad+\frac{1}{\eta}\int_{t_0}^{t^*}\exp\left(-\alpha_3(t^*-s)-\alpha_1\sum_{j=N_\xi(s,t_0)+1}^{N_\xi(t^*,t_0)}\tau_j\right)\widetilde{\omega}(s)\mathrm{d}s\\&<\left[\frac{\alpha_2Qe^{\alpha_4d}}{(\alpha_3-\alpha_4)\eta}+\frac{1}{\eta}\right]\int_{t_0}^{t^*}\exp(-\alpha_4(t^*-s))\widetilde{\omega}(s)\mathrm{d}s\\&<\int_{t_0}^{t^*}Q\exp(-\alpha_4(t^*-s))\widetilde{\omega}(s)\mathrm{d}s\end{aligned} \tag{3-33}$$

将式(3-32)和式(3-33)代入式(3-31)，可得

$$v(t^*)<\frac{\varphi}{\eta}\exp\left(-\alpha(t^*-t_0)-\alpha_1\sum_{j=1}^{N_\xi(t^*,t_0)}\tau_j\right)+\int_{t_0}^{t^*}Qe^{-\alpha_4(t^*-s)}\widetilde{\omega}(s)\mathrm{d}s+\frac{\chi}{\alpha_3\eta-\alpha_2}$$

上式与式(3-29)产生矛盾。由此可得，对任意 $t\geqslant t_0$，式(3-27)成立。由 χ 的任意性，可得

$$V(t)\leqslant\frac{\varphi}{\eta}\exp\left(-\alpha(t-t_0)-\alpha_1\sum_{j=1}^{N_\xi(t,t_0)}\tau_j\right)+\int_{t_0}^{t}Qe^{-\alpha_4(t-s)}\widetilde{\omega}(s)\mathrm{d}s,\quad t\geqslant t_0$$

根据定义 3.2，可得：$-\alpha_1\sum_{j=1}^{N_\xi(t,t_0)}\tau_j\leqslant-\alpha_1N_\xi(t,\ t_0)\tau_1\leqslant-\alpha_1\tau_1\left(\frac{t-t_0}{T_a}+N_0\right)$。因此，以下不等式成立：

$$\|e(t)\|\leqslant\sqrt{\frac{\Delta}{\lambda_{\min}(\boldsymbol{P})}\exp\left(-\left(\alpha+\frac{\alpha_1\tau_1}{T_a}\right)(t-t_0)\right)+\frac{1}{\lambda_{\min}(\boldsymbol{P})}\int_{t_0}^{t}Qe^{-\alpha_4(t-s)}\widetilde{\omega}(s)\mathrm{d}s}$$

其中，$\Delta=\frac{\varphi}{\eta}\exp(\alpha_1N_0\tau_1)$。定义

$$\Sigma(t)=\frac{\Delta}{\lambda_{\min}(\boldsymbol{P})}\exp\left(-\left(\alpha+\frac{\alpha_1\tau_1}{T_a}\right)(t-t_0)\right)+\frac{1}{\lambda_{\min}(\boldsymbol{P})}\int_{t_0}^{t}Q\mathrm{e}^{-\alpha_4(t-s)}\widetilde{\omega}(s)\,\mathrm{d}s-\varepsilon_1^{-\beta t}-\varepsilon_0$$

对任意$\epsilon>0$，根据$\lim\limits_{t\to\infty}\omega(t)=0$，可知存在一个足够大的常数$T_1$使得：对任意$t>T_1$，有$|\widetilde{\omega}(t)|<\frac{\alpha_4\epsilon}{2Q}$成立。同时，由$\lim\limits_{t\to\infty}\mathrm{e}^{-\alpha_4 t}=0$可知，存在一个充分大的常数$T_2$使得：对任意$t>T_2$，$|\mathrm{e}^{-\alpha_4 t}|<\frac{\epsilon}{2cQ\mathrm{e}^{\alpha_4 T^*}}$恒成立，其中$T^*=\max\{T_1,T_2\}$，$c$为$\left|\int_{t_0}^{T^*}\mathrm{e}^{-\alpha_4(T^*-s)}\widetilde{\omega}(s)\,\mathrm{d}s\right|$的上界（注：由于$\widetilde{\omega}(t)$为连续函数，可知$c$存在）。

因此，对任意$t>T^*$，可以得

$$\begin{aligned}\left|\int_{t_0}^{t}Q\mathrm{e}^{-\alpha_4(t-s)}\widetilde{\omega}(s)\,\mathrm{d}s\right|&=\left|\int_{t_0}^{T^*}Q\mathrm{e}^{-\alpha_4(t-s)}\widetilde{\omega}(s)\,\mathrm{d}s+\int_{T^*}^{t}Q\mathrm{e}^{-\alpha_4(t-s)}\widetilde{\omega}(s)\,\mathrm{d}s\right|\\&\leqslant\left|Q\mathrm{e}^{-\alpha_4(t-T^*)}\right|\times\left|\int_{t_0}^{T^*}\mathrm{e}^{-\alpha_4(T^*-s)}\widetilde{\omega}(s)\mathrm{d}s\right|+\left|\int_{T^*}^{t}Q\mathrm{e}^{-\alpha_4(t-s)}\widetilde{\omega}(s)\mathrm{d}s\right|\\&<Q\mathrm{e}^{\alpha_4T^*}\times\frac{\epsilon}{2Qc\mathrm{e}^{\alpha_4T^*}}\times c+\frac{\alpha_4\epsilon}{2Q}\int_{T^*}^{t}Q\mathrm{e}^{-\alpha_4(t-s)}\,\mathrm{d}s\\&\leqslant\frac{\epsilon}{2}+\frac{\epsilon}{2}=\epsilon\end{aligned}$$

由此可得$\lim\limits_{t\to\infty}\int_{t_0}^{t}Q\mathrm{e}^{-\alpha_4(t-s)}\widetilde{\omega}(s)\,\mathrm{d}s=0$。

当$\|e(t_0)\|>\gamma(t_0)$时，有

$$\Sigma(t_0)=\frac{\Delta}{\lambda_{\min}(\boldsymbol{P})}-\varepsilon_0-\varepsilon_1>0,\quad \Sigma(+\infty)=-\varepsilon_0<0$$

因此，存在一个常数$t^*>0$使得

$$\Sigma(t)<0,\quad t\geqslant t^*$$

则可以得出

$$\|e(t^*)\|<\gamma(t^*),\quad t^*>0$$

注 3.3　从定理 3.1 的证明可以看出，当时间触发脉冲控制$\mathcal{C}_1(\breve{\rho}_k,\breve{\sigma}_k)$运行一段时间后，$\|e(t)\|$的轨迹将位于$\gamma(t)$的轨迹之下。

3.3.2 事件触发脉冲控制方案

定理 3.2 如果$\|e(t^*)\| \leqslant \gamma(t^*)$，则驱动系统[式(3-1)]和响应系统[式(3-2)]在基于触发条件[式(3-5)]的事件触发脉冲控制方案$\mathcal{C}_2(\hat{\rho}_k, \hat{\sigma}_k)$下实现实际同步，且误差一致，有界收敛到以下有界域：

$$\mathcal{B}(\varepsilon_0) = \left\{ e(t) \in \mathbb{R}^n \;\middle|\; \|e(t)\| \leqslant \sqrt{\varepsilon_0} \right\} \tag{3-34}$$

证明：在定理3.1中已经证明：如果$\|e(t_0)\| > \gamma(t_0)$，则存在一个常数$t^* > 0$使得$\|e(t^*)\| < \gamma(t^*)$。记

$$t^\Delta = \inf\left\{ t^* > 0 \;\middle|\; \|e(t^*)\| < \gamma(t^*) \right\}$$

则有

$$\|e(t^\Delta)\| = \gamma(t^\Delta), \quad \|e(t^{\Delta+})\| < \gamma(t^\Delta)$$

这就说明了在t^Δ时刻，$\|e(t)\|$的运动轨迹和$\gamma(t)$的运动轨迹是第一次重合。同时，这也表明触发条件[式(3-5)]在t^Δ被激活。因此可得：当$t > t^\Delta$时，$\|e(t)\| < \gamma(t)$。下一步，将证明：一旦$\|e(t)\|$的运动轨迹位于$\gamma(t)$轨迹下方，在事件触发脉冲控制方案$\mathcal{C}_2(\hat{\rho}_k, \hat{\sigma}_k)$下，$\|e(t)\|$的运动轨迹将不再超过$\gamma(t)$。基于以上分析，将从以下两种情况展开讨论。

情况一：如果$\|e(t)\|$的运动轨迹和$\gamma(t)$的运动轨迹再次重合，则存在一个常数$T^* > 0$满足$\|e(t^\Delta + T^*)\| = \gamma(t^\Delta + T^*)$，同时这也表明事件触发条件[式(3-5)]成立且当$t > t^\Delta + T^*$时，$\|e(t)\| < \gamma(t)$。重复上述过程，可得：当$t > t^\Delta$时，$\|e(t)\| \leqslant \gamma(t)$恒成立。

情况二：如果$\|e(t)\|$的运动轨迹和$\gamma(t)$的运动轨迹没有重合，且$\gamma(t)$的运动轨迹总在$\|e(t)\|$的轨迹之上，则对任意$t > t^\Delta$，都有$\|e(t)\| \leqslant \gamma(t)$。

基于以上分析，可得：当$\|e(t_0)\| \leqslant \gamma(t_0)$时，仅事件触发脉冲控制方案$C_2(\hat{\rho}_k, \hat{\sigma}_k)$被激活。这表明$\gamma(t)$的运动轨迹一直位于$\|e(t)\|$的运动轨迹之上。由此可得

$$\|e(t)\| \leqslant \gamma(t), \quad t > t^{\Delta}$$

同时，这也表明以下不等式成立：

$$\|e(t)\| \leqslant \sqrt{\varepsilon_1 e^{-\beta t} + \varepsilon_0} \leqslant \sqrt{\varepsilon_1} e^{-\frac{\beta}{2}t} + \sqrt{\varepsilon_0}, \quad t > t^{\Delta}$$

因此，驱动系统[式(3-1)]和响应系统[式(3-2)]能够取得实际同步，且误差收敛到有界域 $B(\varepsilon_0) = \left\{ e(t) \in \mathbb{R}^n \,\middle|\, \|e(t)\| \leqslant \sqrt{\varepsilon_0} \right\}$。

注 3.4 从定理 3.2 中可得，事件触发条件[式(3-5)]保证了驱动系统[式(3-1)]和响应系统[式(3-2)]在 $\|e(t_0)\| < \gamma(t_0)$ 条件下取得实际同步。特别地，如果 $\beta = 0$，则条件[式(3-5)]简化为文献[179]中的常数事件触发条件。同时，当 $\varepsilon_0 = 0$ 时得到驱动—响应系统全局指数同步的结果。

注 3.5 在文献[179—180]中采用了常数事件触发控制方案且事件频繁被触发，而定理 3.2 表明了 $\|e(t)\|$ 的上界与参数 ε_1 和 β 无关，这就意味着适当的选择参数 ε_1 和 β 能减少脉冲时刻的数量。与此同时，通过适当地选择参数 ε_0，误差的界可以任意小。

接下来，以下定理将证明在事件触发控制方案 $\mathcal{C}_2(\hat{\rho}_k, \hat{\sigma}_k)$ 的作用下，系统排除了 Zeno 行为。

定理 3.3 如果 $0 < \rho_k < 1$，$k \in \mathbb{Z}^+$，当 $\|e(t)\| \leqslant \gamma(t)$ 时，存在常数 $\sigma_2 > 0$，使得 $t_k - t_{k-1} \geqslant \sigma_2$，则控制响应系统(3-2)在事件触发脉冲控制机制 $C_2(\hat{\rho}_k, \hat{\sigma}_k)$ 下排除 Zeno 行为。

证明： 考虑以下 Lyapunov 泛函：

$$\tilde{V}(t) = V_1(t) + V_2(t)$$

其中

$$V_1(t) = e(t)^{\mathrm{T}} P e(t), \quad V_2(t) = \frac{\alpha_2}{1-d} \int_{t-d(t)}^{t} e^{\mathrm{T}}(s) \boldsymbol{P} e(s) \mathrm{d}s$$

当 $t \in [t_k, t_{k+1})$，$k \in \mathbb{Z}^+$ 时，有

$$D^+ V_1(t) \leqslant \alpha_1 V_1(t) + \alpha_2 V_1(t - d(t))$$

$$D^+ V_2(t) \leqslant \frac{\alpha_2}{1-d} V_1(t) - \alpha_2 V_1(t - d(t))$$

基于上述不等式，则 $\widetilde{V}(t)$ 的导数可以计算为

$$D^{+}\widetilde{V}(t) \leqslant \left(\alpha_1 + \frac{\alpha_2}{1-d}\right)V_1(t) \leqslant \left(\alpha_1 + \frac{\alpha_2}{1-d}\right)\widetilde{V}(t) \leqslant K_v$$

其中，$K_v = \lambda_{\max}(\boldsymbol{P})(\varepsilon_0 + \varepsilon_1)^2\left(\alpha_1 + \frac{\alpha_2}{1-d}\right)$ 为 $\widetilde{V}(t)$ 的最大递增斜率。与此同时，$\gamma^2(t)$ 的最大递减斜率为 $\beta\varepsilon_1 \mathrm{e}^{-\beta t_k}$。当 $t \in [t_k, t_{k+1})$，$k \in \mathbb{Z}^+$，可以得到

$$T_1(t) = K_v(t - t_k) + \rho_k^2(\varepsilon_0 + \varepsilon_1 \mathrm{e}^{-\beta t_k})$$

$$T_2(t) = \beta\varepsilon_1 \mathrm{e}^{-\beta t_k}(-t + t_k) + \varepsilon_0 + \varepsilon_1 \mathrm{e}^{-\beta t_k}$$

因此，σ_e 的下界可以估计为

$$\sigma_e > \frac{(1-\rho_k^2)(\varepsilon_0 + \varepsilon_1 \mathrm{e}^{-\beta t_k})}{K_v + \beta\varepsilon_1 \mathrm{e}^{-\beta t_k}} > \frac{(1-\rho_k^2)\varepsilon_0}{K_v}$$

3.4 数值仿真

例 3.1 考虑具有如下参数的二维时滞神经网络[式(3-1)]作为驱动系统

$$\boldsymbol{C} = \begin{bmatrix} 1 & 0 \\ 0 & 1 \end{bmatrix}, \quad \boldsymbol{A} = \begin{bmatrix} 1.75 & 2.9 \\ -2.9 & 2.85 \end{bmatrix}, \quad \boldsymbol{B} = \begin{bmatrix} -1.6 & -0.08 \\ -0.11 & -2.38 \end{bmatrix}$$

$$f(\cdot) = g(\cdot) = \tan h(\cdot), \quad \tau(t) = \frac{2\mathrm{e}^t}{1+\mathrm{e}^t}$$

则可知 $L = W = \mathrm{diag}\{1, 1\}$。系统[式(3-2)]为其所对应的响应系统。令 $\alpha_1 = 8$，$\alpha_2 = 4$，$\pi_1 = \pi_2 = 0.2$，$\Delta\boldsymbol{C}(t) = \Delta\boldsymbol{A}(t) = \Delta\boldsymbol{B}(t) = \omega(t) = 0$，通过使用 LMI 工具箱，可得定理 3.1 的式(3-11)和式(3-12)有如下可行解：

$$\boldsymbol{P} = \begin{bmatrix} 0.7446 & -0.1646 \\ \star & 0.4473 \end{bmatrix}, \boldsymbol{\Sigma}_1 = \begin{bmatrix} 8.4771 & 0 \\ \star & 7.8636 \end{bmatrix}, \boldsymbol{\Sigma}_2 = \begin{bmatrix} 6.5245 & 0 \\ \star & 7.2250 \end{bmatrix}$$

为了便于比较控制效应和控制性能，选择误差的界为 $\sqrt{\varepsilon_0}=0.2828$。设$N_0=1$，根据式(3-14)，可得 $T_a\leqslant 0.008$。接下来，分两种情况来讨论。

(1)当$\|e(t_0)\|>\gamma(t_0)$时

取值 $T_a=0.005$ 并选择$\check{\rho}_k=0.9$，$\hat{\rho}_k=0.8$，$k\in\mathbb{Z}^+$。通过简单计算可得：$\varepsilon_0=0.08$，$\varepsilon_1=0.2$，$\beta=2$，选择 $\tau_k=0.002$，$k\in\mathbb{Z}^+$，初始条件为：$x(s)=[0,\ 1]^{\mathrm{T}}$，$y(s)=[-0.5,\ -1.5]^{\mathrm{T}}$，$\forall s\in[-2,\ 0]$，则条件式(3-11)~式(3-14)成立。图 3-2 给出了误差系统 $e(t)$的状态轨迹图，且$\|e(t)\|$和$\gamma(t)$之间的关系如图 3-3 所示。从图 3-2 的仿真结果可知，驱动系统[式(3-1)]和响应系统[式(3-2)]取得了实际同步。混合驱动控制策略[式(3-3)]下的触发时刻和触发区间如图 3-4 所示。

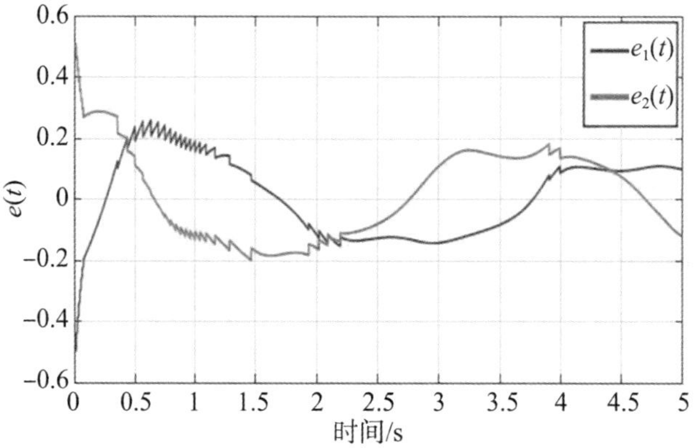

图 3-2　当$\|e(t_0)\|>\gamma(t_0)$时的误差系统的状态轨迹图

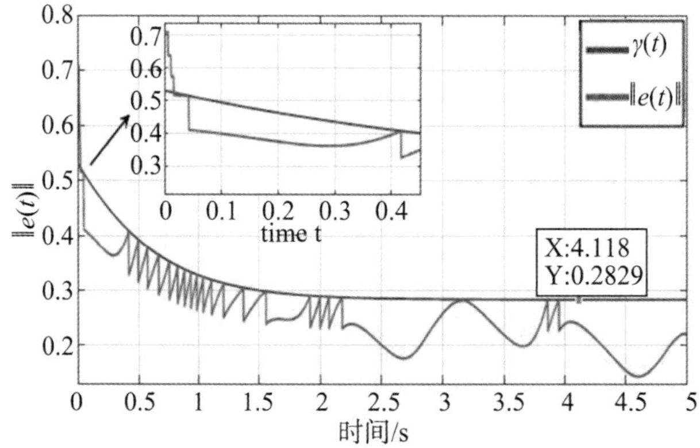

图 3-3　当$\|e(t_0)\|>\gamma(t_0)$时的误差系统范数和阈值函数的状态轨迹图

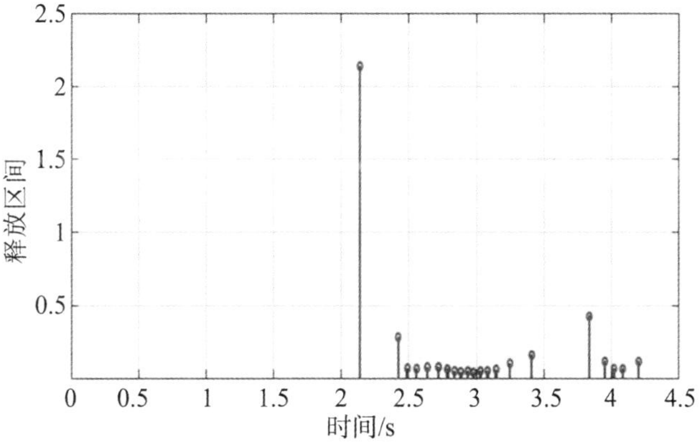

图 3-4　当 $\|e(t_0)\|>\gamma(t_0)$ 时的触发时刻和触发区间图

(2) 当 $\|e(t_0)\|<\gamma(t_0)$ 时

给定 $\varepsilon_0=0.08$，$\varepsilon_1=1.2$，$\beta=2$，$\tau_k=0.002$，$k\in\mathbb{Z}^+$。取 $\widehat{\rho}_k=0.6$，$k\in\mathbb{Z}^+$，驱动系统(3-1)和响应系统(3-2)的初始条件为：$x(s)=[0,\ 1]^{\mathrm{T}}$，$y(s)=[-0.5,\ -1.5]^{\mathrm{T}}$，$\forall s\in[-2,\ 0]$。图 3-5 展示了误差系统[式(3-7)]的状态轨迹图。$\|e(t)\|$ 和 $\gamma(t)$ 的关系如图 3-6 所示。触发时刻和触发区间如图 3-7 所示。从图 3-5 和图 3-6 可以看出，驱动系统[式(3-1)]和响应系统[式(3-2)]在事件触发脉冲控制方案[式(3-4)]下取得实际同步。

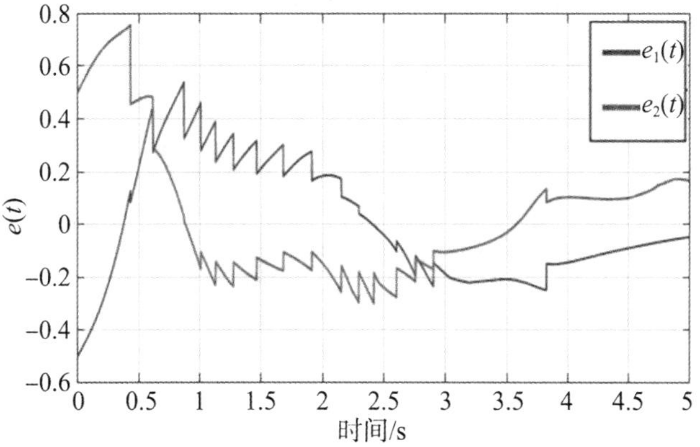

图 3-5　当 $\|e(t_0)\|<\gamma(t_0)$ 时，误差系统[式(3-7)]的状态轨迹图

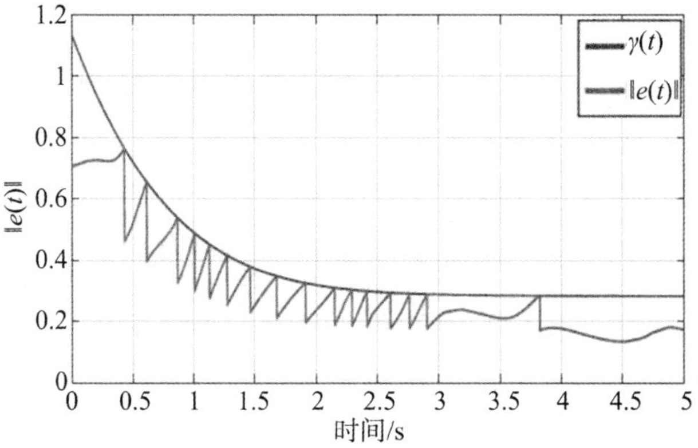

图 3-6　当 $\|e(t_0)\| < \gamma(t_0)$ 时误差系统[式(3-7)]和与阈值函数 $\gamma(t)$ 范数的轨迹图

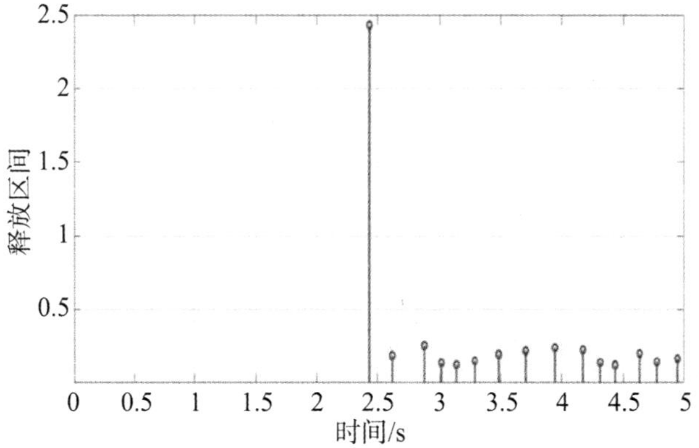

图 3-7　当 $\|e(t_0)\| < \gamma(t_0)$ 时的触发时刻和触发区间图

例 3.2　采用三维时滞神经网络系统[式(3-1)]作为驱动系统，其系统参数如下：

$$\boldsymbol{C}=\begin{bmatrix}2 & 0 & 0\\0 & 2 & 0\\0 & 0 & 2\end{bmatrix},\ \boldsymbol{A}=\begin{bmatrix}1.5 & 2.8 & 0.2\\-2.8 & 2.5 & 2\\1 & 1 & 2\end{bmatrix},\ \boldsymbol{B}=\begin{bmatrix}-1.6 & -0.8 & -0.1\\-0.11 & -2.8 & -0.2\\-1.5 & -0.4 & -1\end{bmatrix}$$

$$f(\cdot)=g(\cdot)=\tan h(\cdot),\quad \tau(t)=\frac{e^t}{1+e^t},\quad D=\mathrm{diag}\{0.2,\ 0.5,\ 0.3\}$$

$$\boldsymbol{\Phi}_1=0.6I,\quad \boldsymbol{\Phi}_2=\boldsymbol{\Phi}_3=0.1I,\quad \omega(t)=e^{-0.2t}$$

由此可知函数 $f(\cdot)$ 和 $g(\cdot)$ 满足假设 3.1 且 $L=W=\mathrm{diag}\{1,\ 1,\ 1\}$。

令 $\alpha_1=8$，$\alpha_2=3$，$\pi_1=2$，$\pi_2=1$，$\pi_3=0.8$，$\pi_4=2$，$\pi_5=0.8$，基于

LMI 工具箱可得线性矩阵不等式(3-11)和式(3-12)有如下可行解：

$$\boldsymbol{P}=\begin{bmatrix}0.6038 & -0.0287 & -0.0292\\ \star & 0.5241 & -0.0194\\ \star & \star & 0.6082\end{bmatrix}$$

$$\boldsymbol{\Sigma}_1=\begin{bmatrix}1.9415 & 0 & 0\\ \star & 1.7892 & 0\\ \star & \star & 1.9213\end{bmatrix}$$

$$\boldsymbol{\Sigma}_2=\begin{bmatrix}1.3150 & 0 & 0\\ \star & 1.2173 & 0\\ \star & \star & 1.2795\end{bmatrix}$$

为了便于比较控制影响和性能，选择误差的界为 $\sqrt{\varepsilon_0}=0.2828$。依据不等式(3-14)，可得 $T_a\leqslant 0.033$。根据误差系统初始值和阈值函数初始值的大小关系，将根据以下两种情况分别讨论。

(1)当 $\|e(t_0)\|>\gamma(t_0)$ 时

令 $T_a=0.02$，并选取 $\check{\rho}_k=0.6$，$\hat{\rho}_k=0.8$，$k\in\mathbb{Z}^+$，可以得到：$\varepsilon_0=0.08$，$\varepsilon_1=0.2$，$\beta=2$，并选择 $\tau_k=0.002$，$k\in\mathbb{Z}^+$，初始条件 $x(s)=[0.5,\ -1,\ 0.5]^{\mathrm{T}}$，$y(s)=[-0.5,\ 1.5,\ -1]^{\mathrm{T}}$，$\forall s\in[-1,\ 0]$，则式(3-11)至式(3-14)成立。图 3-8 展现了 $\|e(t_0)\|$ 和 $\gamma(t)$ 之间的关系图。从图 3-8 可以看出驱动系统[式(3-1)]和响应系统[式(3-2)]取得了实际同步。同时，图 3-9 给出了混合触发控制器[式(3-4)]下的触发时刻图和触发区间图。

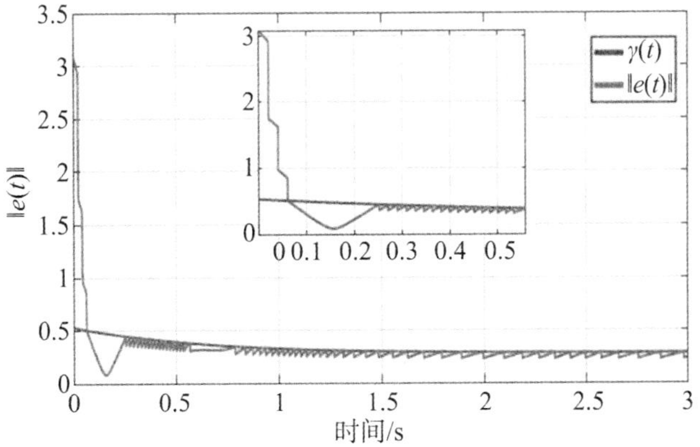

图 3-8　当 $\|e(t_0)\|>\gamma(t_0)$ 时的误差系统范数的状态轨迹图

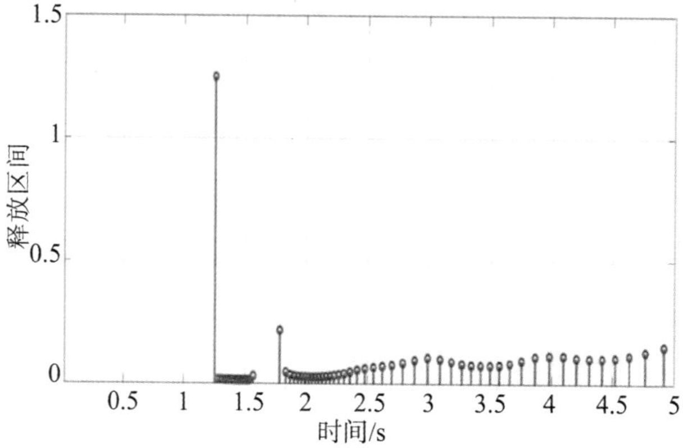

图 3-9　当 $\|e(t_0)\| > \gamma(t_0)$ 时的触发时刻和触发区间图

(2) 当 $\|e(t_0)\| < \gamma(t_0)$ 时

令 $\varepsilon_0 = 0.08$，$\varepsilon_1 = 1$，$\beta = 2$，$\tau_k = 0.002$，$k \in \mathbb{Z}^+$。取值 $\widehat{\rho}_k = 0.8$，$k \in \mathbb{Z}^+$，并选择初始条件为：$x(s) = [0.2, 1, 1]^T$，$y(s) = [-0.5, 1.5, 1]^T$，$\forall s \in [-1, 0]$。$\|e(t)\|$ 和 $\gamma(t)$ 的关系如图 3-10 所示。事件触发时刻和触发区间如图 3-11 所示。

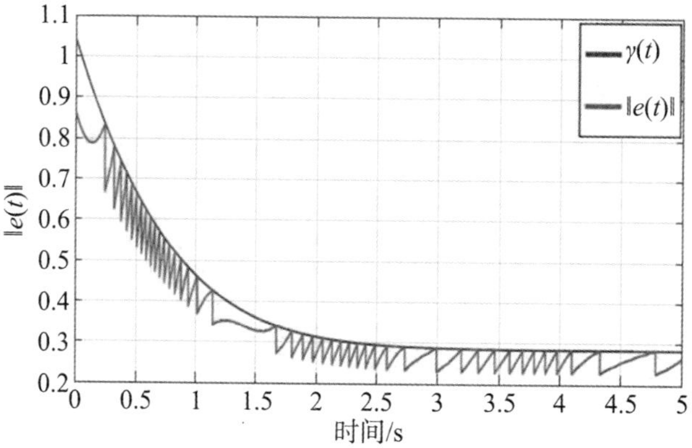

图 3-10　当 $\|e(t_0)\| < \gamma(t_0)$ 时，误差系统和阈值函数的范数的轨迹图

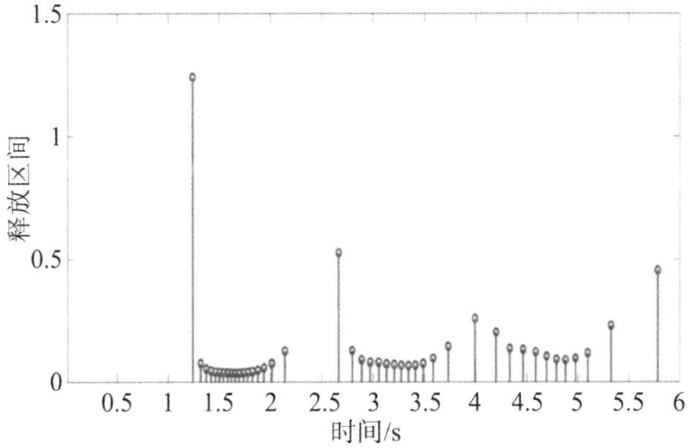

图 3-11　当 $\|e(t_0)\| < \gamma(t_0)$ 时的触发时刻和触发区间示意图

3.5 本章小结

本章主要研究了具有脉冲时延和外部扰动的神经网络的实际同步性及控制问题。首先，我们设计了一种混合触发脉冲控制方案，该方案由时间触发方案和事件触发方案组成。为了减少脉冲控制的次数，建立了时间触发脉冲方案和事件触发脉冲方案的切换规律，该切换模式依赖于误差状态范数和阈值函数之间的关系。其次，为了解决脉冲时延和外部扰动对系统稳定性所带来的影响，证明了具有脉冲时延和外部扰动的比较原理。再次，基于提出的比较引理和平均脉冲区间，以及平均脉冲增益的概念，给出了在混合触发脉冲控制方案下的神经网络取得实际同步的充分性条件。此外，我们也证明了所提出的混合触发脉冲控制方案排除了 Zeno 行为。最后，通过两个数值仿真验证了理论结果的有效性。

第四章

具有随机脉冲增益的有向耦合神经网络的几乎必然同步性分析

在第二、三章中，笔者分别采用了事件触发和混合触发脉冲控制机制研究了复杂环境下的神经网络的同步问题。所设计的脉冲控制器均是基于一种分散的脉冲控制策略，这意味着每个节点的脉冲控制器只依赖于该节点的局部状态信息，而忽略了其相邻节点的状态信息。同时，所设计的控制器中的脉冲增益均为固定的常数，这是相当保守的。事实上，由于传感器噪声等实际环境的干扰，脉冲控制系统中不可避免地存在不确定性，这可能导致控制增益的波动和变化。考虑到以上问题并延续前面对脉冲控制的探究，本章针对有向拓扑下的耦合神经网络的同步控制问题进行研究，提出了更具普适性的具有随机脉冲增益的分布脉冲控制方法。

4.1 引言

尽管无向耦合网络在模拟神经元间相互影响和信息传递方面具有价值，但在某些场景下，这种简单连接方式可能无法捕捉现实世界中复杂的关系。为了更好地模拟生物神经系统中信息的流动方式，以及考虑到网络的拓扑结构可能直接影响网络的动态行为、信息传递、同步性质以及稳定性等，学者们逐渐将注意力转移到有向耦合神经网络模型中，以利用网络的拓扑结构来建立相关性能准则[181-183]。基于此，本章将研究目标从无向耦合神经网络拓展到有向耦合神经网络。

延续前面两章的内容，本章将继续开展对脉冲控制方法的设计和耦合神经网络系统同步性的研究。实际上，脉冲控制的本质是利用稳定脉冲的特性，在一些特定的离散时刻将稳定脉冲作用于被控系统，而在相邻两个脉冲时刻之间不施加任何控制，通过这种方式最终达到预期目标的方法，也被广泛应用于耦合神经网络的同步问题中[184-185]。文献[184]采用脉冲控制方法研究了具有时延和不确定性的耦合神经网络的同步问题。为了分析同时具有离散和分布耦合时延的耦合神经网络的同步性能，我们设计了一种部分混合牵制脉冲控制器[185]。然而，上述脉冲同步结果是基于分散式脉冲控制策略，这表明每个子网络上的控制只依赖于自身的局部状态信息，而忽略了其相邻子网络的状态信息。因此，分散式脉冲控制只能用于研究耦合强度较弱的耦合神经网络，不足以处理耦合强度较强的网络。为了解决这个问题，学者们设计了分布式脉冲控制器[186-187]，在文献[186]中，通过分布式脉冲控制建立了耦合网络的 H_∞ 同步准则，文献[187]采用分布式脉冲控制研究了执行器饱和条件下 Lur’e 网络的同步问题。值得注意的是，在现存的分布式脉冲控制的研究结果中，所设计的脉冲控制器中的脉冲增益均假设是固定的常数或者一系列给定的常数，这种假设是非常保守的。实际上，由于传感器噪声等实际环境的干扰，脉冲控制系统中不可避免地存在不确定性，这可能导致控制增益的波动和变化。

为了刻画更符合实际的脉冲控制方法，且考虑到脉冲信息的采样和传输不可避免地存在延迟，首先，针对有向耦合神经网络系统设计了具有随机脉冲增益的分布延迟脉冲控制策略，这是一种同时将相邻子网络之间的状态信息和脉冲增益的波动因素考虑在内的一种改进的脉冲控制器，从而提高控制系统的适应性和鲁棒性。其次，考虑了控制对象中存在耦合时延和内部时延，进而构建了一种更普遍的耦合神经网络模型。基于 Lyapunov 泛函方法和数学分析法，建立了有向耦合神经网络在随机分布延迟脉冲控制下的几乎必然同步准则。最后，通过两个数值仿真，验证了理论结果的有效性和灵活性。

4.2 系统模型与问题描述

考虑由 N 个子网络组成的有向耦合神经网络，其动态方程如下：

$$\begin{aligned}\dot{r}_i(t) = &-\boldsymbol{C}r_i(t)+\boldsymbol{B}f(r_i(t))+\boldsymbol{D}g(r_i(t-l(t)))\\&+\kappa\sum_{j=1}^{N}\varphi_{ij}\boldsymbol{\Gamma}r_j(t-q(t))+u_i(t),\quad i\in\mathcal{J}\end{aligned}\tag{4-1}$$

其中，$r_i(t)=[r_{i1}(t),\ r_{i2}(t),\ \cdots,\ r_{in}(t)]^{\mathrm{T}}\in\mathbb{R}^n$，$f(r_i(t))=[f_1(r_{i1}(t)),\ f_2(r_{i2}(t)),\ \cdots,\ f_n(r_{in}(t))]^{\mathrm{T}}\in\mathbb{R}^n$ 和 $g(r_i(t-l(t)))=[g_1(r_{i1}(t-l(t))),\ g_2(r_{i2}(t-l(t))),\ \cdots,\ g_n(r_{in}(t-l(t)))]^{\mathrm{T}}\in\mathbb{R}^n$ 分别表示第 i 个子网络的状态向量，激活函数和时滞激活函数。$\boldsymbol{C}=\mathrm{diag}\{c_1,\ c_2,\ \cdots,\ c_n\}>0$ 表示自反馈矩阵，$l(t)$ 为时变时延且满足 $0\leqslant l(t)\leqslant l$ 和 $\dot{l}(t)\leqslant\iota_1<1$，$\boldsymbol{B}\in\mathbb{R}^{n\times n}$，$\boldsymbol{D}\in\mathbb{R}^{n\times n}$ 均为连接权矩阵，$\kappa>0$ 为耦合强度，$\boldsymbol{\Gamma}\in\mathbb{R}^{n\times n}$ 表示内耦合矩阵，$q(t)$ 为耦合时延且满足条件：$0\leqslant q(t)\leqslant q$，$\dot{q}(t)\leqslant\iota_2<1$，外耦合矩阵 $\boldsymbol{\Phi}=[\varphi_{ij}]_{N\times N}$（也称为负 Laplacian 矩阵），其定义如下：如果 $(\boldsymbol{v}_j,\ \boldsymbol{v}_i)\in\boldsymbol{\varepsilon}(i\neq j)$，则 $\varphi_{ij}>0$；否则，$\varphi_{ij}=0$ 且 $\varphi_{ii}=-\sum_{j=1,j\neq i}^{N}\varphi_{ij}$。$u_i(t)$ 为以下具有脉冲时延的随机分布脉冲控制器：

$$u_i(t)=\sum_{k=1}^{\infty}\mu_k\Big[\sum_{j=1}^{N}a_{ij}(r_j(t-\tau_k)-r_i(t-\tau_k))\Big]\delta(t-t_k)\tag{4-2}$$

其中，μ_k 为脉冲增益且所有的脉冲增益都服从于相同的高斯分布，即：对任意 $k\in\mathbb{Z}^+$，μ_k 的期望为：$\mathbb{E}\{\mu_k\}=\mu$，方差为：$\mathbb{D}\{\mu_k\}=\sigma^2$，$\tau_k$ 表示脉冲

时延且满足条件：$0 \leqslant \tau_k \leqslant \bar{\tau}$，$k \in \mathbb{Z}^+$，$a_{ij}$是邻接矩阵$\mathcal{A}$的第$(i, j)$项，$\delta(\cdot)$表示 Dirac Delta 函数，脉冲序列$\zeta = \{t_k\}_{k \in \mathbb{Z}^+}$满足$0 \leqslant t_0 < t_1 < t_2 < \cdots < t_k < \cdots$，且$\lim_{k \to \infty} t_k = \infty$。在本书中，假设存在常数$\theta_1 > 0$和$\theta_2 > 0$使得：对$\forall k \in \mathbb{Z}^+$，$\theta_1 \leqslant t_k - t_{k-1} \leqslant \theta_2$。

注 4.1 现有的基于分布式脉冲控制的同步性研究结果大多都假设脉冲增益为固定常数[188-189]，这种假设是非常保守的。相比在文献[188]、[189]中的控制器设计，本书假设脉冲增益在每个脉冲时刻是随机的，且服从高斯分布，这种随机的假设放松了对脉冲增益的限制，降低了结果的保守性。

基于所提出的控制器[式(4-2)]，系统[式(4-1)]可以写成如下脉冲系统：

$$
\begin{cases}
\dot{r}_i(t) = -\boldsymbol{C} r_i(t) + \boldsymbol{B} f(r_i(t)) + \boldsymbol{D} g(r_i(t - l(t))) - \kappa \sum\limits_{j=1}^{N} l_{ij} \boldsymbol{\Gamma} r_j(t - q(t)), & t \neq t_k \\
\Delta r_i(t) = -\mu_k \sum\limits_{j=1}^{N} l_{ij} r_j(t - \tau_k), \quad t = t_k, & k \in \mathbb{Z}^+ \\
r_i(t_0 + s) = \varphi_i(s), \quad s \in [-\tilde{d}, 0], & i \in \mathcal{J}
\end{cases}
\tag{4-3}
$$

其中，l_{ij}为 Laplacian 矩阵$\boldsymbol{L}$的第(i, j)项，$\varphi_i \in (\mathcal{PC}[-\tilde{d}, 0], \mathbb{R}^n)$为初始条件且$\tilde{d} = \max\{l, q, \bar{\tau}\}$。

假设 4.1 假设激活函数$f(\cdot)$和$g(\cdot)$满足$f_l(0) = g_l(0) = 0$，$l = 1, 2, \cdots, n$，且存在矩阵$\boldsymbol{H}_1 = \mathrm{diag}\{\boldsymbol{H}_{11}, \boldsymbol{H}_{12}, \cdots, \boldsymbol{H}_{1n}\} > 0$和$H_2 = \mathrm{diag}\{\boldsymbol{H}_{21}, \boldsymbol{H}_{22}, \cdots, \boldsymbol{H}_{2n}\} > 0$使得

$$
0 \leqslant \frac{f_l(\zeta_1) - f_l(\zeta_2)}{\zeta_1 - \zeta_2} \leqslant \boldsymbol{H}_{1l}, \quad 0 \leqslant \frac{g_l(\zeta_1) - g_l(\zeta_2)}{\zeta_1 - \zeta_2} \leqslant \boldsymbol{H}_{2l}
$$

其中，ζ_1，$\zeta_2 \in \mathbb{R}$且$\zeta_1 \neq \zeta_2$。

假设 4.2 网络拓扑G是强连接的。

引理 4.1[190] 强连接有向图$\mathcal{G}$所对应的 Laplacian 矩阵$\boldsymbol{L}$，满足以下条件：

（1）设 $\boldsymbol{\xi}=(\boldsymbol{\xi}_1, \boldsymbol{\xi}_2, \cdots, \boldsymbol{\xi}_N)^{\mathrm{T}}$ 为 $\boldsymbol{L}$ 的零特征值所对应的左特征向量且满足 $\sum_{i=1}^{N}\boldsymbol{\xi}_i=1$，则对任意 $i\in\mathcal{J}$，都有 $\boldsymbol{\xi}_i>0$。记 $\bar{\boldsymbol{\xi}}=\max_{i\in\mathcal{J}}\{\boldsymbol{\xi}_i\}$，$\underline{\boldsymbol{\xi}}=\min_{i\in\mathcal{J}}\{\boldsymbol{\xi}_i\}$。

（2）定义 $\Xi=\mathrm{diag}\{\boldsymbol{\xi}_1, \boldsymbol{\xi}_2, \cdots, \boldsymbol{\xi}_N\}>0$，则对称矩阵 $\widetilde{\boldsymbol{L}}=\frac{\Xi\boldsymbol{L}+\boldsymbol{L}^{\mathrm{T}}\Xi}{2}=[\tilde{l}_{ij}]_{N\times N}$ 满足 $\sum_{j=1}^{N}\tilde{l}_{ij}=\sum_{j=1}^{N}\tilde{l}_{ji}=0$，其中 $i\in\mathcal{J}$。

定义 4.1[190]　考虑强连接有向图 $\mathcal{G}$ 所对应的 Laplacian 矩阵 $\boldsymbol{L}$，其广义的代数连接度定义如下：

$$\lambda_{\xi}(\boldsymbol{L})=\min_{r^{\mathrm{T}}\xi=0,r\neq 0}\frac{r^{\mathrm{T}}\widetilde{\boldsymbol{L}}r}{r^{\mathrm{T}}\Xi r}$$

其中，$r=[r_1, r_2, \cdots, r_N]^{\mathrm{T}}$，$\widetilde{\boldsymbol{L}}=\frac{\Xi\boldsymbol{L}+\boldsymbol{L}^{\mathrm{T}}\Xi}{2}$，$\boldsymbol{\xi}=[\boldsymbol{\xi}_1, \boldsymbol{\xi}_2, \cdots, \boldsymbol{\xi}_N]^{\mathrm{T}}$ 以及 $\boldsymbol{\xi}_i>0$ 且满足 $I_N^{\mathrm{T}}\boldsymbol{\xi}=1$。

定义 4.2　若系统[式(4-3)]的状态向量满足

$$\mathbb{P}\left\{\lim_{t\to\infty}\|r_i(t)-r_j(t)\|=0\right\}=1, \quad i, j\in\mathcal{J}$$

则称系统[式(4-3)]取得几乎必然同步，记为：$\lim_{t\to\infty}\|r_i(t)-r_j(t)\|=0$，$a.s.$。

为了研究有向耦合神经网络[式(4-3)]的几乎必然同步性，记 $\bar{r}(t)=\sum_{i=1}^{N}\boldsymbol{\xi}_i r_i(t)$ 为系统[式(4-3)]的加权平均状态变量。定义 $\varrho_i(t)=r_i(t)-\bar{r}(t)$ 为同步误差状态。依据引理 4.1 可知 $\sum_{i=1}^{N}\boldsymbol{\xi}_i l_{ij}=0$，则误差系统可以表示为

$$\begin{cases}\dot{\varrho}_i(t)=-\boldsymbol{C}\varrho_i(t)+\boldsymbol{B}\left[f(r_i(t))-\sum_{i=1}^{N}\boldsymbol{\xi}_i f(r_i(t))\right]+\boldsymbol{D}[g(r_i(t-l(t)))\\ \qquad -\sum_{i=1}^{N}\boldsymbol{\xi}_i g(r_i(t-l(t)))]-\boldsymbol{\kappa}\sum_{j=1}^{N}l_{ij}\boldsymbol{\Gamma}\varrho_j(t-q(t)), \quad t\neq t_k\\ \Delta\varrho_i(t)=-\mu_k\sum_{j=1}^{N}l_{ij}\varrho_j(t-\tau_k), \quad t=t_k, \quad k\in\mathbb{Z}^+\\ \varrho_i(t_0+s)=\varphi_i(s), \quad s\in[-\tilde{d}, 0], \quad i\in\mathcal{J}\end{cases}$$

记$\varrho(t)=[\varrho_1^{\mathrm{T}}(t),\varrho_2^{\mathrm{T}}(t),\cdots,\varrho_N^{\mathrm{T}}(t)]^{\mathrm{T}}$，$F(r(t))=[f^{\mathrm{T}}(r_1(t)),f^{\mathrm{T}}(r_2(t)),\cdots,f^{\mathrm{T}}(r_N(t))]^{\mathrm{T}}$，$G(r(t-l(t)))=\left[g^{\mathrm{T}}(r_1(t-l(t))),g^{\mathrm{T}}(r_2(t-l(t))),\cdots,g^{\mathrm{T}}(r_N(t-l(t)))\right]^{\mathrm{T}}$，则以上误差系统可以写成如下向量形式：

$$
\begin{cases}
\dot{\varrho}(t)=-(I_N\otimes\boldsymbol{C})\varrho(t)+(I_N\otimes\boldsymbol{B})[F(r(t))-((I_N\xi^{\mathrm{T}})\otimes I_n)F(r(t))] \\
\qquad\qquad +(I_N\otimes\boldsymbol{D})[G(r(t-l(t)))-((I_N\xi^{\mathrm{T}})\otimes I_n)G(r(t-l(t)))] \\
\qquad\qquad -\kappa(\boldsymbol{L}\otimes\boldsymbol{\Gamma})\varrho(t-q(t)),\quad t\neq t_k \\
\Delta\varrho(t)=-\mu_k(\boldsymbol{L}\otimes I_n)\varrho(t-\tau_k),\quad t=t_k,\quad k\in\mathbb{Z}^+ \\
\varrho(t_0+s)=\varphi(s),\quad s\in[-\tilde{d},0]
\end{cases}
$$

其中，$\varphi=\varphi-(\Xi\otimes I_n)\varphi$ 为系统(4-4)的初始条件，且$\phi=[\phi_1^{\mathrm{T}},\phi_2^{\mathrm{T}},\cdots,\phi_N^{\mathrm{T}}]T$。

引理 4.2 对任意向量 $\boldsymbol{Y}_1\in\mathbb{R}^{nN}$，$\boldsymbol{Y}_2\in\mathbb{R}^{nN}$，$\boldsymbol{Y}_3\in\mathbb{R}^{nN}$，矩阵 $0<\boldsymbol{P}_1\in\mathbb{R}^{N\times N}$，$0<\boldsymbol{P}_2\in\mathbb{R}^{n\times n}$，常数$\chi_1>0$和$\chi_2>0$，以下不等式成立：

$$
\begin{aligned}
&(\boldsymbol{Y}_1+\boldsymbol{Y}_2+\boldsymbol{Y}_3)^{\mathrm{T}}(\boldsymbol{P}_1\otimes\boldsymbol{P}_2)(\boldsymbol{Y}_1+\boldsymbol{Y}_2+\boldsymbol{Y}_3) \\
&\leqslant(1+\chi_1)\boldsymbol{Y}_1^{\mathrm{T}}(\boldsymbol{P}_1\otimes\boldsymbol{P}_2)Y_1+(1+\chi_1^{-1})(1+\chi_2)\boldsymbol{Y}_2^{\mathrm{T}}(\boldsymbol{P}_1\otimes\boldsymbol{P}_2)Y_2 \\
&\quad+(1+\chi_1^{-1})(1+\chi_2^{-1})\boldsymbol{Y}_3^{\mathrm{T}}(\boldsymbol{P}_1\otimes\boldsymbol{P}_2)\boldsymbol{Y}_3
\end{aligned}
$$

证明： 通过不等式 $\boldsymbol{Y}_1^{\mathrm{T}}\boldsymbol{P}\boldsymbol{Y}_2+\boldsymbol{Y}_2^{\mathrm{T}}\boldsymbol{P}\boldsymbol{Y}_1\leqslant\chi_1\boldsymbol{Y}_1^{\mathrm{T}}\boldsymbol{P}\boldsymbol{Y}_1+\chi_1^{-1}\boldsymbol{Y}_2^{\mathrm{T}}\boldsymbol{P}\boldsymbol{Y}_2$ 容易得证。

引理 4.3[159] 如果随机变量$\mathbb{S}$的期望$\mathbb{E}(\mathbb{S})$和方差$\mathbb{D}(\mathbb{S})$存在，则对任意常数 $\vartheta>0$，以下不等式成立：

$$
\mathbb{P}\{|\mathbb{S}-\mathbb{E}(\mathbb{S})|\geqslant\vartheta\}\leqslant\frac{\mathbb{D}(\mathbb{S})}{\vartheta^2},\quad \mathbb{P}\{|\mathbb{S}-\mathbb{E}(\mathbb{S})|<\vartheta\}\geqslant 1-\frac{\mathbb{D}(\mathbb{S})}{\vartheta^2}
$$

引理 4.4(Borel-Cantelli **引理**[191]) $\{\mathbb{S}_k\}_{k\in\mathbb{Z}^+}$为概率空间上的事件序列。如果$\mathbb{S}_k$ 相互独立且满足$\sum_{i=1}^{\infty}\mathbb{P}(\mathbb{S}_i)<+\infty$，则

$$
\mathbb{P}\left(\limsup_{n\to\infty}\mathbb{S}_n\right)=0,\quad \limsup_{n\to\infty}\mathbb{S}_n=\bigcap_{n=1}^{\infty}\bigcup_{i=n}^{\infty}S_i
$$

4.3 随机分布脉冲控制下的同步

4.3.1 随机脉冲增益的有向耦合神经网络的同步准则

接下来，我们将利用所提出的随机分布延迟脉冲控制策略[式(4-2)]建立有向耦合神经网络[式(4-1)]的几乎必然同步准则。为了方便处理，定义

$$\delta=\begin{cases}\left\lfloor \dfrac{\bar{\tau}}{\theta_1} \right\rfloor, & \text{如果 } \operatorname{mod}(\bar{\tau},\ \theta_1)\neq 0\\[2ex] \dfrac{\bar{\tau}}{\theta_1}-1, & \text{如果 } \operatorname{mod}(\bar{\tau},\ \theta_1)=0\end{cases}$$

定理 4.1 基于假设 4.1 和假设 4.2，若存在矩阵 $0<\boldsymbol{P}\in\mathbb{R}^{n\times n}$，$0<\boldsymbol{Q}\in\mathbb{R}^{n\times n}$，$0<\boldsymbol{R}\in\mathbb{R}^{n\times n}$，对角矩阵 $0<\boldsymbol{M}_1\in\mathbb{R}^{n\times n}$，$0<\boldsymbol{M}_2\in\mathbb{R}^{n\times n}$，常数 $\alpha>0$，$\chi>0$ 和 $\lambda>0$ 使得以下不等式成立：

$$\begin{bmatrix}\boldsymbol{\Theta}_1 & 0 & -\kappa(\boldsymbol{\varXi}\boldsymbol{L}\otimes\boldsymbol{P}\boldsymbol{\Gamma}) & \boldsymbol{\varXi}\otimes\boldsymbol{PB} & \boldsymbol{\varXi}\otimes\boldsymbol{PD}\\ \star & \boldsymbol{\Theta}_2 & 0 & 0 & 0\\ \star & \star & -(1-\iota_2)(\boldsymbol{\varXi}\otimes\boldsymbol{R}) & 0 & 0\\ \star & \star & \star & -\boldsymbol{I}_N\otimes\boldsymbol{M}_1 & 0\\ \star & \star & \star & \star & -\boldsymbol{I}_N\otimes\boldsymbol{M}_2\end{bmatrix}\leqslant 0 \tag{4-5}$$

$$\ln\left(\rho_1+\rho_2+\frac{\alpha_3}{\alpha_1}\right)<-\alpha\,\theta_2 \tag{4-6}$$

其中

$$\boldsymbol{\Theta}_1=\boldsymbol{\varXi}\otimes(-\boldsymbol{PC}-\boldsymbol{C}^{\mathrm{T}}\boldsymbol{P}+\boldsymbol{Q}+\boldsymbol{R}-\alpha\boldsymbol{P})+\boldsymbol{I}_N\otimes(\boldsymbol{H}_1\boldsymbol{M}_1\boldsymbol{H}_1)$$

$$\boldsymbol{\Theta}_2=\boldsymbol{I}_N\otimes(\boldsymbol{H}_2\boldsymbol{M}_2\boldsymbol{H}_2)-(1-\iota_1)(\boldsymbol{\varXi}\otimes\boldsymbol{Q}),$$

$$\rho_1 = (1+\chi)\left[1-2\mu\lambda_{\xi}(\boldsymbol{L})+\frac{\alpha_2}{\alpha_1}(\mu^2+\sigma^2)\|\boldsymbol{L}\|^2\right]$$

$$\rho_2 = \frac{\alpha_2}{\alpha_1}(1+\chi^{-1})(1+\lambda)(\mu^2+\sigma^2)\|\boldsymbol{L}\|^2\bar{\tau}^2\omega^2+\frac{\alpha_2}{\alpha_1}(1+\chi^{-1})(1+\lambda^{-1})\delta^2$$

$$\times\|\boldsymbol{L}\|^4[(3\sigma^2+\mu^2)(\mu^2+\sigma^2)+2\mu^2\sigma^2]\omega$$

$$=\|\boldsymbol{C}\|+\|\boldsymbol{\Omega}\|(\|\boldsymbol{B}\|\|\boldsymbol{H}_1\|+\|\boldsymbol{D}\|\|\boldsymbol{H}_2\|)+\kappa\|\boldsymbol{L}\otimes\boldsymbol{\Gamma}\|,\ \boldsymbol{\Omega}=I_N-I_N\xi^{\mathrm{T}}$$

$$\alpha_1=\underline{\xi}\lambda_{\min}(\boldsymbol{P}),\ \alpha_2=\bar{\xi}\lambda_{\max}(\boldsymbol{P}),\ \alpha_3=\bar{\xi}(l\,\lambda_{\max}(\boldsymbol{Q})+q\,\lambda_{\max}(\boldsymbol{R}))$$

则称有向耦合神经网络[式(4-3)]取得几乎必然同步。

证明：根据不等式(4-5)和引理1.4，可得

$$\begin{bmatrix}\widetilde{\boldsymbol{\Theta}}_1 & 0 & -\kappa(\boldsymbol{\Xi}\boldsymbol{L}\otimes\boldsymbol{P}\boldsymbol{\Gamma})\\ \star & \boldsymbol{\Theta}_2 & 0\\ \star & \star & -(1-\iota_2)(\boldsymbol{\Xi}\otimes\boldsymbol{R})\end{bmatrix}\leqslant 0 \tag{4-7}$$

其中 $\widetilde{\boldsymbol{\Theta}}_1=\boldsymbol{\Theta}_1+(\boldsymbol{\Xi}\otimes\boldsymbol{PB})(I_N\otimes\boldsymbol{M}_1)^{-1}(\boldsymbol{\Xi}\otimes\boldsymbol{PB})^{\mathrm{T}}+(\boldsymbol{\Xi}\otimes\boldsymbol{PD})(I_N\otimes\boldsymbol{M}_2)^{-1}(\boldsymbol{\Xi}\otimes\boldsymbol{PD})^{\mathrm{T}}$。

对于误差系统(4-4)，构造如下 Lyapunov 泛函：

$$V(t)=V_1(t)+V_2(t)+V_3(t) \tag{4-8}$$

其中

$$V_1(t)=\varrho^{\mathrm{T}}(t)(\boldsymbol{\Xi}\otimes\boldsymbol{P})\varrho(t)$$

$$V_2(t)=\int_{t-l(t)}^{t}\varrho^{\mathrm{T}}(s)(\boldsymbol{\Xi}\otimes\boldsymbol{Q})\varrho(s)\,\mathrm{d}s$$

$$V_3(t)=\int_{t-q(t)}^{t}\varrho^{\mathrm{T}}(s)(\boldsymbol{\Xi}\otimes\boldsymbol{R})\varrho(s)\,\mathrm{d}s$$

当 $t\in[t_{k-1},t_k)$，$k\in\mathbb{Z}^+$时，沿着系统(4-4)的解对 $V(t)$ 求弱无穷算子，可得

$$\mathcal{L}V_1(t)=\varrho^{\mathrm{T}}(t)[\boldsymbol{\Xi}\otimes(-\boldsymbol{PC}-\boldsymbol{C}^{\mathrm{T}}\boldsymbol{P})]\varrho(t)+2\varrho^{\mathrm{T}}(t)(\boldsymbol{\Xi}\otimes\boldsymbol{PB})[F(r(t))-$$
$$I_N\otimes f(\bar{r}(t))]+2\varrho^{\mathrm{T}}(t)(\boldsymbol{\Xi}\otimes\boldsymbol{PD})[(I_N\otimes g(\bar{r}(t-l(t))))-((I_N$$
$$\xi^{\mathrm{T}})\otimes I_n)G(r(t-l(t)))]+2\varrho^{\mathrm{T}}(t)(\boldsymbol{\Xi}\otimes\boldsymbol{PB})[I_N\otimes f(\bar{r}(t))-$$

$$((I_N\xi^{\mathrm{T}})\otimes I_n)F(r(t))]+2\varrho^{\mathrm{T}}(t)(\Xi\otimes\boldsymbol{PD})[G(r(t-l(t)))-I_N\otimes g(\bar{r}(t-l(t)))]-2\kappa\varrho^{\mathrm{T}}(t)(\Xi\boldsymbol{L}\otimes\boldsymbol{P\Gamma})\varrho(t-q(t)) \tag{4-9}$$

$$\mathcal{L}V_2(t)=\varrho^{\mathrm{T}}(t)(\Xi\otimes\boldsymbol{Q})\varrho(t)-(1-\dot{l}(t))\varrho^{\mathrm{T}}(t-l(t))(\Xi\otimes\boldsymbol{Q})\varrho(t-l(t)) \tag{4-10}$$

$$\mathcal{L}V_3(t)=\varrho^{\mathrm{T}}(t)(\Xi\otimes\boldsymbol{R})\varrho(t)-(1-\dot{q}(t))\varrho^{\mathrm{T}}(t-q(t))(\Xi\otimes\boldsymbol{R})\varrho(t-q(t)) \tag{4-11}$$

根据假设4.1，可以得到

$$\begin{aligned}&2\varrho^{\mathrm{T}}(t)(\Xi\otimes\boldsymbol{PB})[F(r(t))-I_N\otimes f(\bar{r}(t))]\\&\leqslant\varrho^{\mathrm{T}}(t)(\Xi\otimes\boldsymbol{PB})(I_N\otimes M_1)^{-1}(\Xi\otimes\boldsymbol{PB})^{\mathrm{T}}\varrho(t)\\&\quad+[F(r(t))-I_N\otimes f(\bar{r}(t))]^{\mathrm{T}}(I_N\otimes M_1)[F(r(t))-I_N\otimes f(\bar{r}(t))]\\&\leqslant\varrho^{\mathrm{T}}(t)[(\Xi\otimes\boldsymbol{PB})(I_N\otimes M_1)^{-1}(\Xi\otimes\boldsymbol{PB})^{\mathrm{T}}]\varrho(t)+\varrho^{\mathrm{T}}(t)(I_N\otimes H_1M_1H_1)\varrho(t)\end{aligned} \tag{4-12}$$

同样，可得

$$\begin{aligned}&2\varrho^{\mathrm{T}}(t)(\Xi\otimes\boldsymbol{PD})[G(r(t-l(t)))-I_N\otimes g(\bar{r}(t-l(t)))]\\&\leqslant\varrho^{\mathrm{T}}(t)[(\Xi\otimes\boldsymbol{PD})(I_N\otimes\boldsymbol{M}_2)^{-1}(\Xi\otimes\boldsymbol{PD})^{\mathrm{T}}]\varrho(t)+\varrho^{\mathrm{T}}(t\varrho-\varrho l(t))(I_N\otimes\\&\quad\times\boldsymbol{H}_2\boldsymbol{M}_2\boldsymbol{H}_2)+\varrho^{\mathrm{T}}(t-l(t))(I_N\otimes\boldsymbol{H}_2\boldsymbol{M}_2\boldsymbol{H}_2)\varrho(t-l(t))\end{aligned} \tag{4-13}$$

根据$\varrho(t)=[(I_N-I_N\xi^{\mathrm{T}})\otimes I_n]r(t)$，可得以下等式成立：

$$\begin{aligned}&2\varrho^{\mathrm{T}}(t)(\Xi\otimes\boldsymbol{PB})[(I_N\otimes f(\bar{r}(t)))-(I_N\xi^{\mathrm{T}}\otimes I_n)F(r(t))]\\&=2r^{\mathrm{T}}(t)((I_N-\xi I_N^{\mathrm{T}})\otimes I_n)(\Xi\otimes\boldsymbol{PB})[(I_N\otimes f(\bar{r}(t)))-(I_N\xi^{\mathrm{T}}\otimes I_n)F(r(t))]\\&=2r^{\mathrm{T}}(t)[((I_N-\xi I_N^{\mathrm{T}})\Xi I_N)\otimes(\boldsymbol{PB}f(\bar{r}(t)))]-2r^{\mathrm{T}}(t)[((I_N-\xi I_N^{\mathrm{T}})\Xi I_N\xi^{\mathrm{T}})\\&\quad\otimes(\boldsymbol{PB})]F(r(t))\\&=0\end{aligned} \tag{4-14}$$

$$2\varrho^{\mathrm{T}}(t)(\Xi\otimes\boldsymbol{PD})(I_N\otimes g(\bar{r}(t-\ell(t))))-2\varrho^{\mathrm{T}}(t)(\Xi\otimes\boldsymbol{PD})(I_N\xi^{\mathrm{T}}\otimes I_n)G(r(t-\ell(t)))=0 \tag{4-15}$$

记$\eta(t)=[\varrho^{\mathrm{T}}(t),\ \varrho^{\mathrm{T}}(t-l(t)),\ \varrho^{\mathrm{T}}(t-q(t))]^{\mathrm{T}}$。将式(4-12)至式(4-

15)代入式(4-9)，并结合式(4-7)、式(4-10)和式(4-11)，可得

$$\ell V(t)-\alpha V_1(t)\leqslant \eta^{\mathrm{T}}(t)\begin{bmatrix}\widetilde{\Theta}_1 & 0 & -\kappa(\varXi \boldsymbol{L}\otimes \boldsymbol{P\Gamma}) \\ \star & \Theta_2 & 0 \\ \star & \star & -(1-\iota_2)(\varXi\otimes \boldsymbol{R})\end{bmatrix}\eta(t)$$

这表明$\ell V(t)\leqslant \alpha V(t)$，则可得到：$\mathbb{E}\{\ell V(t)\}\leqslant \alpha\mathbb{E}\{V(t)\}$。因此可得

$$\mathbb{E}\{V(t)\}\leqslant \mathrm{e}^{\alpha(t-t_{k-1})}\mathbb{E}\{V(t_{k-1})\} \tag{4-16}$$

假设区间$[t_k-\tau_k, t_k)$上存在δ_k个脉冲，则$\delta_k\leqslant\delta$，$k\in\mathbb{Z}^+$。接下来，将通过以下三个步骤来估计时滞状态$\varrho(t_k-\tau_k)$：

第一步：当$t\in[t_k-\tau_k, t_{k-\delta_k})$，对误差系统[式(4-4)]的第一个方程从$t_k-\tau_k$到$t_{k-\delta_k}$进行两边同时积分可得

$$\begin{aligned}&\varrho(t_{k-\delta_k}^-)-\varrho(t_k-\tau_k)\\&=\int_{t_k-\tau_k}^{t_{k-\delta_k}}\{-(I_N\otimes \boldsymbol{C})\varrho(s)+(I_N\otimes \boldsymbol{B})[(I_{nN}-I_N\xi^{\mathrm{T}}\otimes I_n)F(r(s))]\\&\quad+(I_N\otimes \boldsymbol{D})[(I_{nN}-I_N\xi^{\mathrm{T}}\otimes I_n)G(r(s-l(s)))]-\kappa(\boldsymbol{L}\otimes\boldsymbol{\Gamma})\varrho(s-q(s))\}\mathrm{d}s\end{aligned}$$

当$t=t_k-\varrho_k$时，根据系统[式(4-4)]的第二个方程，可得

$$\varrho(t_{k-\delta_k})-\varrho(t_{k-\delta_k}^-)=-\mu_k(\boldsymbol{L}\otimes I_n)\varrho(t_{k-\delta_k}-\tau_k)$$

第二步：同样地，当$t\in[t_{k-l}, t_{k-l+1})$，$l=\delta_k$，(δ_k-1)，…，3，2，对误差系统[式(4-4)]的第一个方程从t_{k-l}到t_{k-l+1}进行两边同时积分，得到

$$\begin{aligned}&\varrho(t_{k-l+1}^-)-\varrho(t_{k-l})\\&=\int_{t_{k-l}}^{t_{k-l+1}}\{-(I_N\otimes \boldsymbol{C})\varrho(s)+(I_N\otimes \boldsymbol{B})[(I_{nN}-I_N\xi^{\mathrm{T}}\otimes I_n)F(r(s))]\\&\quad+(I_N\otimes \boldsymbol{D})[(I_{nN}-I_N\xi^{\mathrm{T}}\otimes I_n)G(r(s-l(s)))]-\kappa(\boldsymbol{L}\otimes\boldsymbol{\Gamma})\varrho(s-q(s))\}\mathrm{d}s\end{aligned}$$

当$t=t_{k-l+1}$，$l=\delta_k$，(δ_k-1)，…，3，2时，根据系统[式(4-4)]的第二个方程，可知

$$\varrho(t_{k-l+1})-\varrho(t_{k-l+1}^-)=-\mu_k(\boldsymbol{L}\otimes I_n)\varrho(t_{k-l+1}-\tau_k)$$

其中，$l=\delta_k$，(δ_k-1)，…，3，2。

第三步：当$t\in[t_{k-1},\ t_k)$时，对误差系统[式(4-4)]从t_{k-1}到t_k进行两边同时积分，可得

$$\begin{aligned}&\varrho(t_k^-)-\varrho(t_{k-1})\\&=\int_{t_{k-1}}^{t_k}\{-(I_N\otimes\boldsymbol{C})\varrho(s)+(I_N\otimes\boldsymbol{B})[(I_{nN}-I_N\xi^{\mathrm{T}}\otimes I_n)F(r(s))]\\&\quad+(I_N\otimes\boldsymbol{D})[(I_{nN}-I_N\xi^{T}\otimes I_n)G(r(s-l(s)))]-\kappa(\boldsymbol{L}\otimes\boldsymbol{\Gamma})\varrho(s-q(s))\}\mathrm{d}s\end{aligned}$$

将上述三个步骤的方程相加，则可以得到

$$\begin{aligned}&\varrho(t_k-\tau_k)\\&=\varrho(t_k^-)-\int_{t_k-\tau_k}^{t_k}\{-(I_N\otimes\boldsymbol{C})\varrho(s)+(I_N\otimes\boldsymbol{B})[(I_{nN}-I_N\xi^{\mathrm{T}}\otimes I_n)F(r(s))]\\&\quad+(I_N\otimes\boldsymbol{D})[(I_{nN}-I_N\xi^{\mathrm{T}}\otimes I_n)G(r(s-l(s)))]-\kappa(\boldsymbol{L}\otimes\boldsymbol{\Gamma})\varrho(s-q(s))\}\mathrm{d}s\\&\quad+\mu_k(\boldsymbol{L}\otimes I_n)\sum_{j=1}^{\delta_k}\varrho(t_{k-j}-\tau_k)\end{aligned}$$

即可得到

$$\varrho(t_k)=\varrho(t_k^-)-\mu_k(\boldsymbol{L}\otimes I_n)\varrho(t_k-\tau_k)=\boldsymbol{Y}_1+\boldsymbol{Y}_2+\boldsymbol{Y}_3$$

其中

$$\boldsymbol{Y}_1=(I_{nN}-\mu_k(\boldsymbol{L}\otimes I_n))\varrho(t_k^-)$$

$$\begin{aligned}\boldsymbol{Y}_2=&-\mu_k(\boldsymbol{L}\otimes I_n)\int_{t_k-\tau_k}^{t_k}\{(I_N\otimes\boldsymbol{C})\varrho(s)-(I_N\otimes\boldsymbol{B})[(I_{nN}-I_N\xi^{\mathrm{T}}\otimes I_n)F(r(s))]\\&-(I_N\otimes\boldsymbol{D})[(I_{nN}-I_N\xi^{\mathrm{T}}\otimes I_n)G(r(s-l(s)))]+\kappa(\boldsymbol{L}\otimes\boldsymbol{\Gamma})\varrho(s-q(s))\}\mathrm{d}s\end{aligned}$$

$$\boldsymbol{Y}_3=-\mu_k^2(\boldsymbol{L}\otimes I_n)^2\sum_{j=1}^{\delta_k}\varrho(t_{k-j}-\tau_k)$$

对任意常数$\chi>0$，$\lambda>0$，依据引理4.2可得

$$\begin{aligned}\mathbb{E}\{V_1(t_k)\}&=\mathbb{E}\{\varrho^{\mathrm{T}}(t_k)(\boldsymbol{\varXi}\otimes\boldsymbol{P})\varrho(t_k)\}\\&=\mathbb{E}\{(\boldsymbol{Y}_1+\boldsymbol{Y}_2+\boldsymbol{Y}_3)^{\mathrm{T}}(\boldsymbol{\varXi}\otimes\boldsymbol{P})(\boldsymbol{Y}_1+\boldsymbol{Y}_2+\boldsymbol{Y}_3)\}\\&\leqslant\mathbb{E}\{(1+\chi)\boldsymbol{Y}_1^{\mathrm{T}}(\boldsymbol{\varXi}\otimes\boldsymbol{P})\boldsymbol{Y}_1+(1+\chi^{-1})(1+\lambda)\boldsymbol{Y}_2^{\mathrm{T}}(\boldsymbol{\varXi}\otimes\boldsymbol{P})\boldsymbol{Y}_2\\&\quad+(1+\chi^{-1})(1+\lambda^{-1})\boldsymbol{Y}_3^{\mathrm{T}}(\boldsymbol{\varXi}\otimes\boldsymbol{P})\boldsymbol{Y}_3\}\end{aligned}\tag{4-17}$$

其中

$$\begin{aligned}\mathbb{E}\{\boldsymbol{Y}_1^{\mathrm{T}}(\boldsymbol{\Xi}\otimes\boldsymbol{P})\boldsymbol{Y}_1\} &= \mathbb{E}\Big\{\varrho^{\mathrm{T}}(t_k^-)(\boldsymbol{\Xi}\otimes\boldsymbol{P})\varrho(t_k^-) - 2\mu_k\varrho^{\mathrm{T}}(t_k^-)(L^{\mathrm{T}}\boldsymbol{\Xi}\otimes\boldsymbol{P})\varrho(t_k^-) \\ &\quad + \mu_k^2\varrho^{\mathrm{T}}(t_k^-)(\boldsymbol{L}\otimes I_n)^{\mathrm{T}}(\boldsymbol{\Xi}\otimes\boldsymbol{P})(\boldsymbol{L}\otimes I_n)\varrho(t_k^-)\Big\} \\ &\leqslant \Big[1 - 2\mu\lambda_{\xi}(\boldsymbol{L}) + \frac{\alpha_2}{\alpha_1}(\mu^2+\sigma^2)\|\boldsymbol{L}\|^2\Big]\mathbb{E}\{V_1(t_k^-)\}\end{aligned} \tag{4-18}$$

$$\begin{aligned}\mathbb{E}\{Y_2^{\mathrm{T}}(\boldsymbol{\Xi}\otimes\boldsymbol{P})\boldsymbol{Y}_2\} &\leqslant \mathbb{E}\Bigg\{\frac{\mu_k^2\bar{\tau}\alpha_2\|\boldsymbol{L}\|^2}{\alpha_1}\int_{t_k-\tau_k}^{t_k}\big[(1+\chi_1)\|\boldsymbol{C}\|^2V_1(s) + (1+\chi_1^{-1})(1+\chi_2) \\ &\quad \times\|\boldsymbol{B}\|^2\|\boldsymbol{\Omega}\|^2\|\boldsymbol{H}_1\|^2V_1(s) + (1+\chi_1^{-1})(1+\chi_2^{-1})(1+\lambda_1) \\ &\quad \times\|\boldsymbol{D}\|^2\|\boldsymbol{\Omega}\|^2\|\boldsymbol{H}_2\|^2V_1(s-l(s)) + (1+\chi_1^{-1})(1+\chi_2^{-1}) \\ &\quad \times(1+\lambda_1^{-1})\kappa^2\|\boldsymbol{L}\otimes\boldsymbol{\Gamma}\|^2V_1(s-q(s))\big]\mathrm{d}s\Bigg\} \\ &\leqslant \frac{\alpha_2}{\alpha_1}(\mu^2+\sigma^2)\|\boldsymbol{L}\|^2\bar{\tau}^2\omega^2\,\mathbb{E}\Big\{\sup_{s\in[-\bar{d}-\tau,0]}V_1(t_k^-+s)\Big\}\end{aligned} \tag{4-19}$$

其中

$$\chi_1 = \frac{\|\boldsymbol{\Omega}\|(\|\boldsymbol{B}\|\|\boldsymbol{H}_1\| + \|\boldsymbol{D}\|\|\boldsymbol{H}_2\|) + \kappa\|\boldsymbol{L}\otimes\boldsymbol{\Gamma}\|}{\|\boldsymbol{C}\|}$$

$$\chi_2 = \frac{\|\boldsymbol{D}\|\|\boldsymbol{\Omega}\|\|\boldsymbol{H}_2\| + \kappa\|\boldsymbol{L}\otimes\boldsymbol{\Gamma}\|}{\|\boldsymbol{B}\|\|\boldsymbol{\Omega}\|\|\boldsymbol{H}_1\|}$$

$$\lambda_1 = \frac{\kappa\|\boldsymbol{L}\otimes\boldsymbol{\Gamma}\|}{\|\boldsymbol{D}\|\|\boldsymbol{\Omega}\|\|\boldsymbol{H}_2\|}$$

$$\begin{aligned}\mathbb{E}\{\boldsymbol{Y}_3^{\mathrm{T}}(\boldsymbol{\Xi}\otimes\boldsymbol{P})\boldsymbol{Y}_3\} &\leqslant \mathbb{E}\Big\{\alpha_2\mu_k^4\|\boldsymbol{L}\|^4\Big(\sum_{j=1}^{\delta_k}\varrho^{\mathrm{T}}(t_{k-j}-\boldsymbol{\tau}_k)\Big)\Big(\sum_{j=1}^{\delta_k}\varrho(t_{k-j}-\boldsymbol{\tau}_k)\Big)\Big\} \\ &\leqslant \mathbb{E}\Big\{\delta_k\alpha_2\mu_k^4\|\boldsymbol{L}\|^4\sum_{j=1}^{\delta_k}\varrho^{\mathrm{T}}(t_{k-j}-\boldsymbol{\tau}_k)\varrho(t_{k-j}-\boldsymbol{\tau}_k)\Big\} \\ &\leqslant \mathbb{E}\Big\{\frac{\alpha_2\delta^2\mu_k^4\|\boldsymbol{L}\|^4}{\alpha_1}\sup_{s\in[-2\bar{\tau},0]}V_1(t_k^-+s)\Big\}\end{aligned}$$

根据高斯分布的概率密度函数，可得

$$\mathbb{E}\{\mu_k^4\} = \int_{-\infty}^{+\infty}\mu_k^4\frac{1}{\sqrt{2\pi}\sigma}\mathrm{e}^{-\frac{(\mu_k-\mu)^2}{2\sigma^2}}\mathrm{d}\mu_k$$

$$= -\int_{-\infty}^{+\infty}\mu_k^3 \frac{\sigma}{\sqrt{2\pi}}\mathrm{d}\left(\mathrm{e}^{-\frac{(\mu_k-\mu)^2}{2\sigma^2}}\right) + \int_{-\infty}^{+\infty}\mu_k^3 \frac{\mu}{\sqrt{2\pi}\sigma}\mathrm{e}^{-\frac{(\mu_k-\mu)^2}{2\sigma^2}}\mathrm{d}\mu_k$$

$$= 3\sigma^2\mathbb{E}\{\mu_k^2\} + \mu\mathbb{E}\{\mu_k^3\}$$

类似地，由计算可得

$$\mathbb{E}\{\mu_k^3\} = 2\sigma^2\mathbb{E}\{\mu_k\} + \mu\mathbb{E}\{\mu_k^2\}$$

则有$\mathbb{E}\{\mu_k^4\} = (3\sigma^2+\mu^2)(\mu^2+\sigma^2)+2\mu^2\sigma^2$。

因此，以下不等式成立：

$$\mathbb{E}\left\{\boldsymbol{Y}_3^{\mathrm{T}}(\boldsymbol{\Xi}\otimes\boldsymbol{P})\boldsymbol{Y}_3\right\} \leqslant \frac{\alpha_2}{\alpha_1}\delta^2\|\boldsymbol{L}\|^4 \quad \Delta_\mu^\sigma\,\mathbb{E}\left\{\sup_{s\in[-2\bar{\tau},0]}V_1(t_k^-+s)\right\} \tag{4-20}$$

其中，$\Delta_\mu^\sigma = (3\sigma^2+\mu^2)(\mu^2+\sigma^2)+2\mu^2\sigma^2$。

将式(4-18)~式(4-20)代入不等式(4-17)，可以导出：

$$\mathbb{E}\{V_1(t_k)\} \leqslant \rho_1\mathbb{E}\{V_1(t_k^-)\} + \rho_2\mathbb{E}\left\{\sup_{s\in[-\tilde{d}-\tau,0]}V_1(t_k^-+s)\right\} \tag{4-21}$$

其中

$$\rho_1 = (1+\chi)\left(1-2\mu\lambda_\xi(\boldsymbol{L}) + \frac{\alpha_2}{\alpha_1}(\mu^2+\sigma^2)\|\boldsymbol{L}\|^2\right)$$

$$\rho_2 = \frac{\alpha_2}{\alpha_1}(1+\chi^{-1})(1+\lambda)(\mu^2+\sigma^2)\|\boldsymbol{L}\|^2\bar{\tau}^2\omega^2 + \frac{\alpha_2}{\alpha_1}(1+\chi^{-1})(1+\lambda^{-1})\delta^2$$
$$\times\|\boldsymbol{L}\|^4[(3\sigma^2+\mu^2)(\mu^2+\sigma^2)+2\mu^2\sigma^2]$$

基于不等式(4-16)和(4-21)，可得

$$\begin{cases}\mathbb{E}\{V(t)\} \leqslant \mathrm{e}^{\alpha(t-t_{k-1})}\mathbb{E}\{V(t_{k-1})\}, & t\in[t_{k-1},\ t_k) \\ \mathbb{E}\{V_1(t_k)\} \leqslant \rho_1\mathbb{E}\{V_1(t_k^-)\} + \rho_2\mathbb{E}\{\sup\limits_{-\tilde{d}-\bar{\tau}\leqslant s\leqslant 0}V_1(t_k^-+s)\}\end{cases} \tag{4-22}$$

从条件(4-6)可知，存在常数$\beta>0$使得

$$\ln\left(\rho_1+\rho_2\mathrm{e}^{\beta(\tilde{d}+\tau)}+\frac{\alpha_3}{\alpha_1}\mathrm{e}^{\beta d}\right) = -(\alpha+\beta)\theta_2$$

由于$\{t_k\}_{k\in\mathbb{Z}^+}$是一个无界序列，则存在整数$m\geqslant 1$，使得$t_m-\tilde{d}-\bar{\tau}\geqslant t_0$。因此，可以得到

$$\mathbb{E}\{V(t)\}=\mathbb{E}\{V(t)\}\mathrm{e}^{\alpha(t-t_0)}\mathrm{e}^{-\alpha(t-t_0)}\leqslant M_0\mathrm{e}^{-\alpha(t-t_0)},\quad t\in[t_0,\ t_m) \tag{4-23}$$

其中，$M_0=e^{\alpha(t_m-t_0)}\mathbb{E}\{\sup_{t_0\leqslant t<t_m}\{V(t)\}\}$。接下来，证明对任意 $k\geqslant m$，以下不等式成立：

$$\mathbb{E}\{V(t)\}\leqslant M_0\mathrm{e}^{-(\alpha+\beta)(t_{k+1}-t_0)}\mathrm{e}^{\beta(t-t_0)},\qquad t\in[t_k,\ t_{k+1}) \tag{4-24}$$

当 $k=m$ 时，从不等式(4-21)可得

$$\begin{aligned}\mathbb{E}\{V_1(t_m)\}&\leqslant\rho_1\,\mathbb{E}\{V(t_m)\}+\rho_2\,\mathbb{E}\left\{\sup_{-\check{d}-\bar{\tau}\leqslant s\leqslant 0}\{V(t_m^-+s)\}\right\}\\&\leqslant(\rho_1+\rho_2\mathrm{e}^{\beta(\check{d}+\bar{\tau})})M_0\mathrm{e}^{-\beta(t_m-t_0)}\end{aligned} \tag{4-25}$$

由式(4-8)可知

$$\alpha_1\,\mathbb{E}\{\|\varrho(t)\|^2\}\leqslant\mathbb{E}\{V_1(t)\}\leqslant\alpha_2\,\mathbb{E}\{\|\varrho(t)\|^2\}$$

$$0\leqslant\mathbb{E}\{V_2(t)\}\leqslant l\,\bar{\xi}\lambda_{\max}(Q)\mathbb{E}\left\{\sup_{-\ell\leqslant s\leqslant 0}\|\varrho(t+s)\|^2\right\}$$

$$0\leqslant\mathbb{E}\{V_3(t)\}\leqslant q\,\bar{\xi}\lambda_{\max}(R)\mathbb{E}\left\{\sup_{-q\leqslant s\leqslant 0}\|\varrho(t+s)\|^2\right\}$$

因此，$0\leqslant\mathbb{E}\{V_2(t)\}+\mathbb{E}\{V_3(t)\}\leqslant\alpha_3\,\mathbb{E}\{\sup_{-d\leqslant s\leqslant 0}\|\varrho(t+s)\|^2\}$，其中 $d=\max\{\ell,\ q\}$。由此可得

$$\begin{aligned}\mathbb{E}\{V_2(t_m)\}+\mathbb{E}\{V_3(t_m)\}&\leqslant\alpha_3\,\mathbb{E}\left\{\sup_{-d\leqslant s\leqslant 0}\|\varrho(t_m+s)\|^2\right\}\\&\leqslant\frac{\alpha_3}{\alpha_1}\mathbb{E}\left\{\sup_{-d\leqslant s\leqslant 0}\{V_1(t_m^-+s)\}\right\}\\&\leqslant\frac{\alpha_3}{\alpha_1}\mathrm{e}^{\beta d}M_0\mathrm{e}^{-\beta(t_m-t_0)}\end{aligned}$$

结合式(4-25)，可得

$$\begin{aligned}\mathbb{E}\{V(t_m)\}&\leqslant\left(\rho_1+\rho_2\mathrm{e}^{\beta(\check{d}+\bar{\tau})}+\frac{\alpha_3}{\alpha_1}\right)M_0\mathrm{e}^{-\beta(t_m-t_0)}\\&\leqslant\mathrm{e}^{-(\alpha+\beta)\theta_2}M_0\mathrm{e}^{-\beta(t_m-t_0)}\\&\leqslant\mathrm{e}^{-(\alpha+\beta)(t_{m+1}-t_0)}M_0\mathrm{e}^{\alpha(t_m-t_0)}\end{aligned}$$

这表明，当 $t=t_m$ 时，式(4-24)成立。当 $t\in(t_m,\ t_{m+1})$时，可得

$$\mathbb{E}\{V(t)\}\leqslant\mathbb{E}\{V(t_m)\}e^{\alpha(t-t_m)}\leqslant M_0e^{-(\alpha+\beta)(t_{m+1}-t_0)}e^{\alpha(t-t_0)}$$

因此，当 $k=m$ 时，式(4-24)成立。

假设当 $k\leqslant n(n>m)$，式(4-24)均成立，接下来证明：当 $k=n+1$ 时，式(4-24)成立。在 $t=t_{n+1}$时刻，分别从以下两种情况估计$\mathbb{E}\{V(t_{n+1}^-+s)\}$的上界。

(1)当 $s\in[-\widetilde{d}-\bar{\tau},0]$，如果 $t_{n+1}^-+s<t_m$，从式(4-23)，可得

$$\begin{aligned}\mathbb{E}\{V(t_{n+1}^-+s)\}&\leqslant M_0e^{-\beta(t_{n+1}-\widetilde{d}-\bar{\tau}-t_0)}\\&=M_0e^{-(\alpha+\beta)(t_{n+1}-t_0)}e^{\alpha(t_{n+1}-t_0)}e^{\beta(\widetilde{d}+\bar{\tau})}\end{aligned}$$

(2)当 $s\in[-\widetilde{d}-\bar{\tau},0]$，如果 $t_{n+1}^-+s\geqslant t_m$，则存在整数$\hat{q}(\hat{q}\geqslant m)$，使得 $t_{n+1}^-+s\in[t_{\hat{q}},t_{\hat{q}+1})$，可以得到

$$\begin{aligned}\mathbb{E}\{V(t_{n+1}^-+s)\}&\leqslant M_0e^{-(\alpha+\beta)(t_{q+1}-t_0)}e^{\alpha(t_{n+1}+s-t_0)}\\&\leqslant M_0e^{-(\alpha+\beta)(t_{n+1}+s-t_0)}e^{\alpha(t_{n+1}+s-t_0)}\\&\leqslant M_0e^{-(\alpha+\beta)(t_{n+1}-t_0)}e^{\alpha(t_{n+1}-t_0)}e^{\beta(\widetilde{d}+\bar{\tau})}\end{aligned}$$

结合以上两种情况可得

$$\mathbb{E}\{V(t_{n+1}^-+s)\}\leqslant M_0e^{-(\alpha+\beta)(t_{n+1}-t_0)}e^{\alpha(t_{n+1}-t_0)}e^{\beta(\widetilde{d}+\bar{\tau})}$$

成立。接着，类似于$\mathbb{E}\{V_1(t_m)\}$和$\mathbb{E}\{V_2(t_m)\}$的证明，可知

$$\mathbb{E}\{V_1(t_{n+1})\}\leqslant(\rho_1+\rho_2e^{\beta(\widetilde{d}+\bar{\tau})})M_0e^{-(\alpha+\beta)(t_{n+1}-t_0)}e^{\alpha(t_{n+1}-t_0)}$$

和

$$\mathbb{E}\{V_2(t_{n+1})\}\leqslant\frac{\alpha_3}{\alpha_1}e^{\beta d}M_0e^{-(\alpha+\beta)(t_{n+1}-t_0)}e^{\alpha(t_{n+1}-t_0)}$$

因此，以下不等式成立：

$$\begin{aligned}\mathbb{E}\{V(t_{n+1})\}&\leqslant\left(\rho_1+\rho_2e^{\beta(\widetilde{d}+\bar{\tau})}+\frac{\alpha_3}{\alpha_1}e^{\beta d}\right)M_0e^{-(\alpha+\beta)(t_{n+1}-t_0)}e^{\alpha(t_{n+1}-t_0)}\\&=e^{-(\alpha+\beta)\theta_2}M_0e^{-(\alpha+\beta)(t_{n+1}-t_0)}e^{\alpha(t_{n+1}-t_0)}\\&\leqslant M_0e^{-(\alpha+\beta)(t_{n+2}-t_0)}e^{\alpha(t_{n+1}-t_0)}\end{aligned}$$

这表明，当 $t=t_{n+1}$时，式(4-24)成立。对于 $t\in(t_{n+1},\ t_{n+2})$，可得

$$\mathbb{E}\{V(t)\}\leqslant\mathbb{E}\{V(t_{n+1})\}e^{\alpha(t-t_{n+1})}\leqslant M_0\mathrm{e}^{-(\alpha+\beta)(t_{n+2}-t_0)}\mathrm{e}^{\alpha(t-t_0)}$$

因此，当 $t\in(t_{n+1},\ t_{n+2})$时，式(4-24)成立，即：当 $k=n+1$ 时，式(4-24)成立。因此，由数学归纳法可知：对任意 $k\geqslant m$，式(4-24)成立。

由于

$$M_0=\mathrm{e}^{\beta(t_m-t_0)}\mathbb{E}\left\{\sup_{t_0\leqslant t\leqslant t_m}\{V(t)\}\right\}\leqslant\mathbb{E}\{V(t_0)\}\mathrm{e}^{(\alpha+\beta)(t_m-t_0)}$$
$$\leqslant(\alpha_2+\alpha_3)\mathbb{E}\left\{\sup_{-\tilde{d}\leqslant s\leqslant 0}\|\varphi(s)\|^2\right\}\mathrm{e}^{(\alpha+\beta)m\theta_2}$$

可得

$$\mathbb{E}\{\|\varrho(t)\|^2\}\leqslant M\,\mathbb{E}\{\sup_{-\tilde{d}\leqslant s\leqslant 0}\|\varphi(s)\|^2\}\mathrm{e}^{-\beta(t-t_0)},\quad t\geqslant t_0 \tag{4-26}$$

其中，$M=\dfrac{\alpha_2+\alpha_3}{\alpha_1}\mathrm{e}^{(\alpha+\beta)m\theta_2}>1$。

接下来，选择一个充分小的常数$\epsilon>0$ 满足 $0<\epsilon<\theta_1<t_{k+1}-t_k$，$k\in\mathbb{Z}^+$。定义 $T_\epsilon=\left\lfloor\dfrac{t_{k+1}-t_k}{\epsilon}\right\rfloor$，则对任意 $t\in[t_k,\ t_{k+1})$，存在一个整数$\hat{l}(1\leqslant\hat{l}\leqslant T_\epsilon)$使得 $t_k+(\hat{l}-1)\epsilon\leqslant t<t_k+\hat{l}\epsilon$。因此可知

$$[t_k,\ t_{k+1})=[t_k,\ t_k+\epsilon)\cup[t_k+\epsilon,\ t_k+2\epsilon)\cup\cdots\cup[t_k\epsilon+\epsilon(T_\epsilon-1)\epsilon,$$
$$t_k+T_\epsilon\epsilon)\cup[t_k\epsilon+T_\epsilon\epsilon,\ t_{k+1})$$

则有

$$\mathbb{E}\left\{\sup_{t_k\leqslant t<t_{k+1}}\|\varrho(t)\|^2\right\}\leqslant\sum_{\hat{l}=1}^{T_\epsilon}\mathbb{E}\left\{\sup_{t_k+(\hat{l}-1)\epsilon\leqslant t<t_k+\hat{l}\epsilon}\|\varrho(t)\|^2\right\}$$
$$+\mathbb{E}\left\{\sup_{t_k+\epsilon T_\epsilon\leqslant t<t_{k+1}}\|\varrho(t)\|^2\right\} \tag{4-27}$$

由式(4-26)，可得

$$\mathbb{E}\{\|\varrho(t_k+(\hat{l}-1)\epsilon)\|^2\}\leqslant M\,\mathbb{E}\left\{\sup_{-\tilde{d}\leqslant s\leqslant 0}\|\varphi(s)\|^2\right\}\mathrm{e}^{-\beta(t_k-t_0)} \tag{4-28}$$

依据不等式(4-27)和(4-28)中可知

$$\mathbb{E}\left\{\sup_{t_k\leqslant t<t_{k+1}}\|\varrho(t)\|^2\right\}\leqslant(T_\epsilon+1)M\,\mathbb{E}\left\{\sup_{-\gamma\leqslant s\leqslant 0}\|\varphi(s)\|^2\right\}\mathrm{e}^{-\beta(t_k-t_0)} \tag{4-29}$$

对任意常数$\varpi\in(0,\ \beta)$，定义

$$\mathcal{S}=\sup_{t_k<t\leqslant t_{k+1}}\|\varrho(t)\|,\qquad \vartheta=\sqrt{(T_\epsilon+1)M}\,\mathbb{E}\left\{\sup_{-\gamma\leqslant s\leqslant 0}\|\varphi(s)\|\right\}\mathrm{e}^{\frac{\varpi-\beta}{2}(t_k-t_0)}$$

依据式(4-29)，可得

$$\mathbb{E}\{\mathcal{S}\}\leqslant\sqrt{(T_\epsilon+1)M}\,\mathbb{E}\{\sup_{-\gamma\leqslant s\leqslant 0}\|\varphi(s)\|\}\mathrm{e}^{-\frac{\beta}{2}(t_k-t_0)}:=\Delta$$

则$\Delta\leqslant\vartheta$。根据引理4.3可得

$$\mathbb{P}\{|\mathcal{S}-\mathbb{E}\{\mathcal{S}\}|\geqslant\vartheta\}\leqslant\frac{\mathbb{D}\{\mathcal{S}\}}{\vartheta^2}\leqslant\mathrm{e}^{-\varpi(t_k-t_0)}$$

为了估计$\mathbb{P}\{|\mathcal{S}-\mathbb{E}\{\mathcal{S}\}|\geqslant\vartheta\}$，考虑以下两种情况。

(1)当$\mathcal{S}-\mathbb{E}\{\mathcal{S}\}\geqslant\vartheta$时，有$\mathcal{S}\geqslant\vartheta+\Delta\geqslant\vartheta+\mathbb{E}\{\mathcal{S}\}$。同时，不等式：$\mathbb{P}\{\mathcal{S}\geqslant\vartheta+\Delta\}\leqslant\mathbb{P}\{\mathcal{S}\geqslant\vartheta+\mathbb{E}\{\mathcal{S}\}\}\leqslant\mathrm{e}^{-\varpi(t_k-t_0)}$成立。由此可得

$$\mathbb{P}\left\{\sup_{t_k\leqslant t<t_{k+1}}\|\varrho(t)\|\geqslant 2\sqrt{(T_\epsilon+1)M}\sup_{-\gamma\leqslant s\leqslant 0}\|\varphi(s)\|\mathrm{e}^{\frac{\varpi-\beta}{2}(t_k-t_0)}\right\}\leqslant\mathrm{e}^{-\varpi(t_k-t_0)}$$

(2)当$\mathcal{S}-\mathbb{E}\{\mathcal{S}\}\leqslant-\vartheta$时，有$\mathcal{S}\leqslant-\vartheta\leqslant-\vartheta+\mathbb{E}\{\mathcal{S}\}$。同时得到：$\mathbb{P}\{\mathcal{S}\leqslant-\vartheta\}\leqslant\mathbb{P}\{\mathcal{S}\leqslant\mathbb{E}\{\mathcal{S}\}-\vartheta\}\leqslant\mathrm{e}^{-\varpi(t_k-t_0)}$。由此可得

$$\mathbb{P}\left\{\sup_{t_k\leqslant t<t_{k+1}}\|\varrho(t)\|\leqslant-\sqrt{(T_\epsilon+1)M}\sup_{-\gamma\leqslant s\leqslant 0}\|\varphi(s)\|\mathrm{e}^{\frac{\varpi-\beta}{2}(t_k-t_0)}\right\}\leqslant\mathrm{e}^{-\varpi(t_k-t_0)}$$

从以上两种情况，可以得到

$$\mathbb{P}\{|\mathcal{S}-\mathbb{E}\{\mathcal{S}\}|\geqslant\vartheta\}=\mathbb{P}\{\mathcal{S}\geqslant\vartheta+\mathbb{E}\{\mathcal{S}\}\}+\mathbb{P}\{\mathcal{S}\leqslant-\vartheta+\mathbb{E}\{\mathcal{S}\}\}$$

则有以下不等式成立：

$$\begin{aligned}&\mathbb{P}\left\{\mathcal{S}\geqslant 2\sqrt{(T_\epsilon+1)M}\sup_{-\gamma\leqslant s\leqslant 0}\|\varphi(s)\|\mathrm{e}^{\frac{\varpi-\beta}{2}(t_k-t_0)}\right\}\\&\quad+\mathbb{P}\left\{\mathcal{S}\leqslant-\sqrt{(T_\epsilon+1)M}\sup_{-\gamma\leqslant s\leqslant 0}\|\varphi(s)\|\mathrm{e}^{\frac{\varpi-\beta}{2}(t_k-t_0)}\right\}\\&\leqslant\mathbb{P}\{\mathcal{S}\geqslant\vartheta+\mathbb{E}\{\mathcal{S}\}\}+\mathbb{P}\{\mathcal{S}\leqslant-\vartheta+\mathbb{E}\{\mathcal{S}\}\}\\&=\mathbb{P}\{|\mathcal{S}-\mathbb{E}\{\mathcal{S}\}|\geqslant\vartheta\}\leqslant\mathrm{e}^{-\varpi(t_k-t_0)}\end{aligned}$$

由此可得

$$\mathbb{P}\{-\vartheta<\mathcal{S}<2\mathcal{S}\}\geqslant\mathbb{P}\{-\vartheta+\mathbb{E}\{\mathcal{S}\}<\mathcal{S}<\vartheta+\mathbb{E}\{\mathcal{S}\}\}$$
$$=\mathbb{P}\{|\mathcal{S}-\mathbb{E}\{\mathcal{S}\}|<\vartheta\}\geqslant 1-\mathrm{e}^{-\varpi(t_k-t_0)}$$

当$\varpi\to 0$，由于$k\to\infty$时，$t_k\to\infty$，可知$\sqrt{(T_\epsilon+1)M}\sup\limits_{-\tilde{d}\leqslant s\leqslant 0}\|\varphi(s)\|\mathrm{e}^{\frac{-\beta}{2}(t_k-t_0)}\to 0$。

基于引理4.4，可得

$$\lim_{k\to\infty}\left\{\sup_{t_k\leqslant t<t_{k+1}}\|\varrho(t)\|\right\}=0,\quad a.s.\Rightarrow\lim_{t\to\infty}\|\varrho(t)\|=0,\ a.s.$$

因此，可以得出有向耦合神经网络[式(4-3)]实现了几乎必然同步。

注4.2 根据定理4.1中的条件(4-6)，参数ρ_2、α_3与系统时延和脉冲时延的大小是密切相关的。时延越小(即参数$\bar{\tau}$、l和q的值越小)，则式(4-6)对服从于高斯分布的随机脉冲增益的期望μ和方差σ^2的选择越松弛。

注4.3 当$\delta=0$时，则脉冲时延的大小是脉冲区间的一个下界，也即：$\tau_k\leqslant t_k-t_{k-1}$，$k\in\mathbb{Z}^+$；当$\delta>0$时，区间$[t_k-\tau_k, t_k)$上可能存在多个脉冲，即：对于一些$k\in\mathbb{Z}^+$，$\tau_k\leqslant t_k-t_{k-1}$可能不成立。不同于文献[192]和[193]中的延迟脉冲控制，定理4.1放松了脉冲时延不能超过任意脉冲区间长度的限制(小规模脉冲时延)，因此本章得到的结果的保守性更小。

注4.4 根据脉冲增益μ的大小，文献[176]首次提出了同步脉冲和去同步脉冲的概念，即：当$|\mu|<1$时，脉冲为同步脉冲，当$|\mu|>1$，脉冲为去同步脉冲。与文献[175]和[194]中的脉冲增益相比，本章中所设计的脉冲增益μ_k是随机的且服从于高斯分布，这意味着脉冲可能是混合脉冲。因此，所提出的随机脉冲控制方案可以进一步放宽对脉冲增益的限制，从而拓宽了在脉冲系统中的应用范围。

4.3.2 固定脉冲增益的有向耦合神经网络的同步准则

当所考虑的脉冲增益为固定常数时，即$\mu_k=\mu$，$k\in\mathbb{Z}^+$，可得如下同步结果：

推论 4.1 基于假设 4.1 和假设 4.2，若存在矩阵 $0<\boldsymbol{P}\in\mathbb{R}^{n\times n}$，$0<\boldsymbol{Q}\in\mathbb{R}^{n\times n}$，$0<\boldsymbol{R}\in\mathbb{R}^{n\times n}$，对角矩阵 $0<\boldsymbol{M}_1\in\mathbb{R}^{n\times n}$，$0<\boldsymbol{M}_2\in\mathbb{R}^{n\times n}$，常数 $\alpha>0$，$\tilde{\chi}>0$，$\tilde{\lambda}>0$，使得 LMI(4-5)以及如下不等式成立：

$$\ln\left(\tilde{\rho}_1+\tilde{\rho}_2+\frac{\alpha_3}{\alpha_1}\right)<-\alpha\theta_2 \tag{4-30}$$

其中

$$\tilde{\rho}_1=(1+\tilde{\chi})\left(1-2\mu\lambda_{\xi}(\boldsymbol{L})+\frac{\alpha_2}{\alpha_1}\mu^2\|\boldsymbol{L}\|^2\right)$$

$$\tilde{\rho}_2=(1+\tilde{\chi}^{-1})(1+\tilde{\lambda})\frac{\alpha_2}{\alpha_1}\mu^2\|\boldsymbol{L}\|^2\bar{\tau}^2\omega^2+(1+\tilde{\chi}^{-1})(1+\tilde{\lambda}^{-1})\frac{\alpha_2}{\alpha_1}\delta^2\mu^4\|\boldsymbol{L}\|^4$$

$$\omega=\|\boldsymbol{C}\|+\|\boldsymbol{\Omega}\|(\|\boldsymbol{B}\|\|\boldsymbol{H}_1\|+\|\boldsymbol{D}\|\|\boldsymbol{H}_2\|)+\boldsymbol{\kappa}\|\boldsymbol{L}\otimes\boldsymbol{\Gamma}\|,\quad \boldsymbol{\Omega}=I_N-I_N\xi^{\mathrm{T}}$$

$$\alpha_1=\underline{\xi}\lambda_{\min}(\boldsymbol{P}),\quad \alpha_2=\bar{\xi}\lambda_{\max}(\boldsymbol{P}),\quad \alpha_3=\bar{\xi}(\ell\lambda_{\max}(Q)+q\lambda_{\max}(R))$$

则有向耦合神经网络[式(4-3)]取得同步。

特别地，当耦合网络[式(4-1)]不考虑系统时延和耦合时延时，可得以下系统：

$$\dot{r}_i(t)=-\boldsymbol{C}r_i(t)+\boldsymbol{B}f(r_i(t))+\boldsymbol{\kappa}\sum_{j=1}^{N}\varphi_{ij}\boldsymbol{\Gamma}r_j(t))+\tilde{u}_i(t),\quad i\in\mathcal{J} \tag{4-31}$$

则可以得到无时延的有向耦合神经网络[式(4-31)]的几乎必然同步结果。考虑以下随机分布脉冲控制器：

$$\tilde{u}_i(t)=\sum_{k=1}^{\infty}\mu_k\left(\sum_{j=1}^{N}a_{ij}(r_j(t)-r_i(t))\right)\delta(t-t_k)$$

则可得如下误差系统：

$$\begin{cases}\dot{\varrho}(t)=-(I_N\otimes\boldsymbol{C})\varrho(t)+(\boldsymbol{\Omega}\otimes\boldsymbol{B})F(r(t))-\boldsymbol{\kappa}(\boldsymbol{L}\otimes\boldsymbol{\Gamma})\varrho(t),\quad t\neq t_k\\ \Delta\varrho(t)=-\boldsymbol{\mu}_k(\boldsymbol{L}\otimes I_n)\varrho(t^-),\quad t=t_k,\quad k\in\mathbb{Z}^+\\ \varrho(t_0)=\tilde{\varphi}\end{cases} \tag{4-32}$$

其中，$\boldsymbol{\Omega}=I_N-I_N\xi^{\mathrm{T}}$，$\tilde{\varphi}\in\mathbb{R}^{nN}$为初始条件。

定理 4.2 基于假设 4.1 和假设 4.2，若存在矩阵 $0<\boldsymbol{P}\in\mathbb{R}^{n\times n}$，对角矩

阵 $0<\boldsymbol{M}_1\in\mathbb{R}^{n\times n}$，常数 $\alpha>0$ 和 $\beta>0$ 使得以下不等式成立：

$$\begin{bmatrix}\hat{\boldsymbol{\Theta}} & \boldsymbol{\Xi}\otimes(\boldsymbol{PB})\\ \star & -(\boldsymbol{\Xi}\otimes\boldsymbol{M}_1)\end{bmatrix}\leqslant 0 \tag{4-33}$$

$$\frac{\ln\left(1-2\mu\lambda_{\xi}(\boldsymbol{L})+\dfrac{\alpha_2}{\alpha_1}(\mu^2+\sigma^2)\|\boldsymbol{L}\|^2\right)}{\theta_2}+\alpha\leqslant-\beta \tag{4-34}$$

其中

$$\hat{\boldsymbol{\Theta}}=\boldsymbol{\Xi}\otimes(-\boldsymbol{PC}-\boldsymbol{C}^{\mathrm{T}}\boldsymbol{P}+\boldsymbol{H}_1\boldsymbol{M}_1\boldsymbol{H}_1-\alpha\boldsymbol{P})-\kappa[(\boldsymbol{\Xi L}\otimes\boldsymbol{P\Gamma})+(\boldsymbol{\Xi L}\otimes\boldsymbol{P\Gamma})^{\mathrm{T}}]$$

$$\alpha_1=\underline{\xi}\lambda_{\min}(\boldsymbol{P}),\quad \alpha_2=\bar{\xi}\lambda_{\max}(\boldsymbol{P})$$

则耦合神经网络[式(4-31)]实现了几乎必然同步。

证明：构造以下 Lyapunov 泛函：

$$V(t)=\varrho^{\mathrm{T}}(t)(\boldsymbol{\Xi}\otimes\boldsymbol{P})\varrho(t),\quad t\in[t_{k-1},t_k),\quad k\in\mathbb{Z}^+$$

则有 $\mathcal{L}V(t)\leqslant\alpha V(t)$。当 $t=t_k$ 时，可得

$$\mathbb{E}\{V(t_k)\}\leqslant\left[1-2\mu\lambda_{\xi}(\boldsymbol{L})+\frac{\alpha_2}{\alpha_1}(\mu^2+\sigma^2)\|\boldsymbol{L}\|^2\right]\mathbb{E}\{V(t_k^-)\}$$

当 $t\in[t_k,t_{k+1})$ 时，以下不等式成立：

$$\begin{aligned}\mathbb{E}\{V(t)\}&\leqslant\mathbb{E}\{V(t_k)\}\mathrm{e}^{\alpha(t-t_k)}\\&\leqslant\mathrm{e}^{\ln\left(1-2\mu\lambda_{\xi}(\boldsymbol{L})+\frac{\alpha_2}{\alpha_1}(\mu^2+\sigma^2)\|\boldsymbol{L}\|^2\right)}\mathbb{E}\left\{V(t_k^-)\right\}\mathrm{e}^{\alpha(t-t_k)}\\&\leqslant\mathrm{e}^{2\ln\left(1-2\mu\lambda_{\xi}(\boldsymbol{L})+\frac{\alpha_2}{\alpha_1}(\mu^2+\sigma^2)\|\boldsymbol{L}\|^2\right)}\mathbb{E}\left\{V(t_{k-1}^-)\right\}\mathrm{e}^{\alpha(t-t_{k-1})}\\&\quad\vdots\\&\leqslant\mathrm{e}^{k\ln\left(1-2\mu\lambda_{\xi}(\boldsymbol{L})+\frac{\alpha_2}{\alpha_1}(\mu^2+\sigma^2)\|\boldsymbol{L}\|^2\right)}\mathbb{E}\left\{V(t_1^-)\right\}\mathrm{e}^{\alpha(t-t_1)}\\&\leqslant\mathbb{E}\left\{V(t_0)\right\}\mathrm{e}^{\frac{t-t_0}{\theta_2}\ln\left(1-2\mu\lambda_{\xi}(\boldsymbol{L})+\frac{\alpha_2}{\alpha_1}(\mu^2+\sigma^2)\|\boldsymbol{L}\|^2\right)}\mathrm{e}^{\alpha(t-t_0)}\\&\leqslant\widetilde{M}\mathbb{E}\left\{V(t_0)\right\}\mathrm{e}^{-\beta(t-t_0)}\end{aligned}$$

其中，$\widetilde{M}=\left(1-2\mu\lambda_{\xi}(\boldsymbol{L})+\dfrac{\alpha_2}{\alpha_1}(\mu^2+\sigma^2)\|\boldsymbol{L}\|^2\right)$。该证明的其余部分与定理 4.1 类似。因此可得 $\lim\limits_{t\to\infty}\|\varrho(t)\|=0$，*a.s.*，这表明网络(4-31)取得几乎必然同步。

4.4 数值仿真

例 4.1 考虑由 5 个子网络组成的有向耦合神经网络(4-1)，每个子网络的参数如下：

$$C=\begin{bmatrix}1.8 & 0\\ 0 & 0.4\end{bmatrix},\quad B=\begin{bmatrix}1.2 & 0\\ -0.5 & 0.3\end{bmatrix},\quad D=\begin{bmatrix}-0.6 & 1\\ 0.4 & 0.2\end{bmatrix}$$

$$f(r_i)=(0.01(|r_{i1}+1|-|r_{i1}-1|),\ 0.01(|r_{i2}+1|-|r_{i2}-1|))^{\mathrm{T}}$$

$$g(r_i)=(0.01\tanh(r_{i1}),\ 0.01\tanh(r_{i2}))^{T},\quad l(t)=0.03\sin^2(t)$$

由此可得

$$\ell=0.03,\ \iota_1=0.03$$

显然，设 4.1 成立且 $H_1=0.02I_2$，$H_2=0.01I_2$。令

$$\kappa=0.1,\ \Gamma=I_2,\ q(t)=\frac{0.05\mathrm{e}^t}{\mathrm{e}^t+1}$$

则有 $q=0.05$，$\iota_2=0.012\,5$。假设网络[式(4-1)]的边权值为 0 ~ 0.05，且有向网络[式(4-1)]的拓扑结构如图 4-1 所示。

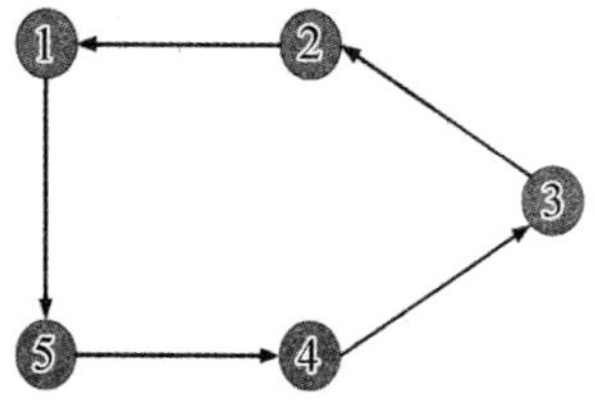

图 4-1 有向耦合神经网络[式(4-1)]的拓扑结构图

从图 4-1 中，可以看出有向耦合神经网络[式(4-1)]所对应的有向图 $\mathcal{G}$ 是强连接的且有向图 $\mathcal{G}$ 所对应的 Laplacian 矩阵为

$$\boldsymbol{L}=\begin{bmatrix} 0.05 & -0.05 & 0 & 0 & 0 \\ 0 & 0.05 & -0.05 & 0 & 0 \\ 0 & 0 & 0.05 & -0.05 & 0 \\ 0 & 0 & 0 & 0.05 & -0.05 \\ -0.05 & 0 & 0 & 0 & 0.05 \end{bmatrix}$$

从定义4.1可得$\lambda_{\xi}(\boldsymbol{L})=0.034$。令$\alpha=0.01$，则可得LMI(4-5)的可行解为

$$\boldsymbol{P}=\begin{bmatrix} 95.738\,0 & 0.007\,4 \\ 0.007\,4 & 95.730\,2 \end{bmatrix}$$

$$\boldsymbol{Q}=\begin{bmatrix} 0.888\,0 & 0 \\ 0 & 0.887\,3 \end{bmatrix}$$

$$\boldsymbol{R}=\begin{bmatrix} 0.079\,4 & -0.000\,2 \\ -0.000\,2 & 0.080\,0 \end{bmatrix}$$

$$\boldsymbol{M}_1=\begin{bmatrix} 2\,685.7 & 0 \\ 0 & 2\,555.7 \end{bmatrix}$$

$$\boldsymbol{M}_2=\begin{bmatrix} 954.817\,8 & 0 \\ 0 & 953.074\,2 \end{bmatrix}$$

通过简单计算可得$\alpha_1=19.145\,2$，$\alpha_2=19.148\,5$，$\alpha_3=0.006\,1$，$\|\boldsymbol{L}\|=0.095\,1$以及$\omega=1.847\,3$。

对任意$k\in\mathbb{Z}^+$，设$\tau_k=\bar{\tau}=0.06$，选择脉冲序列为：$t_{3k-2}=0.22k-0.14$，$t_{3k-1}=0.22k-0.1$，$t_{3k}=0.22k$，$k\in\mathbb{Z}^+$，则可以得到：$\theta_1=0.04$，$\theta_2=0.1$，$\delta=1$。接下来，考虑两种不同类型的脉冲增益。

类型一：服从于高斯分布的随机脉冲增益。

选择脉冲增益$\mu_k\sim\mathcal{N}(0.8,0.3)$，$k\in\mathbb{Z}^+$。与此同时，选择：

$$\chi=\frac{\sqrt{\frac{\alpha_2}{\alpha_1}}\left(\|\boldsymbol{L}\|\bar{\tau}\omega\sqrt{\mu^2+\sigma^2}+\delta\|\boldsymbol{L}\|^2\sqrt{(3\sigma^2+\mu^2)(\mu^2+\sigma^2)+2\mu^2\sigma^2}\right)}{\sqrt{1-2\mu\lambda_{\xi}(\boldsymbol{L})+\frac{\alpha_2}{\alpha_1}(\mu^2+\sigma^2)\|\boldsymbol{L}\|^2}}=0.023$$

$$\lambda=\frac{\delta\|\boldsymbol{L}\|\sqrt{(3\sigma^2+\mu^2)(\mu^2+\sigma^2)+2\mu^2\sigma^2}}{\bar{\tau}\omega\sqrt{\mu^2+\sigma^2}}=1.198$$

使得定理4.1中的条件[式(4-6)]成立。从定理4.1可知，有向耦合神经网络[式(4-3)]取得了几乎必然同步。

有向耦合神经网络[式(4-3)]的初始条件随机选择为

$$\varphi_1(s)=[2,\ -4]^{\mathrm{T}}$$

$$\varphi_2(s)=[1,\ -1]^{\mathrm{T}}$$

$$\varphi_3(s)=[3,\ 8]^{\mathrm{T}}$$

$$\varphi_4(s)=[-2,\ 4]^{\mathrm{T}}$$

$$\varphi_5(s)=[-5,\ 6.5]^{\mathrm{T}}$$

其中，$s\in[-0.06,\ 0]$。

图4-2和图4-3表明在具有随机脉冲增益$\mu_k\sim N(0.8,\ 0.3)$的分布延迟脉冲控制器[式(4-2)]下，有向耦合神经网络[式(4-1)]的误差轨迹图。图4-4描述了分布延迟脉冲控制器[式(4-2)]下的脉冲增益μ_k服从高斯分布的情况。图4-2和图4-3的仿真结果表明了有向耦合神经网络[式(4-1)]在随机分布脉冲控制下可以实现几乎必然同步。保证有向耦合神经网络[式(4-3)]实现几乎必然同步的随机脉冲增益分布的均值和方差的可行域如图4-5所示。图4-5中的阴影区域为同步的可行域。从图中可以看出，$(\mu,\ \sigma^2)=(0.8,\ 0.3)$在阴影区域内，再次验证了有向耦合神经网络[式(4-3)]实现了几乎必然同步。

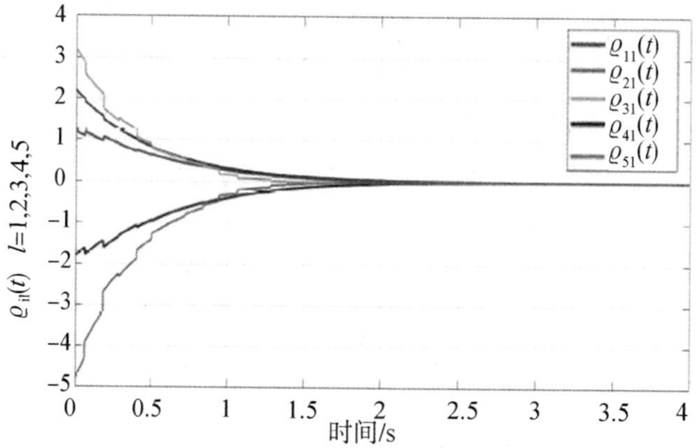

图4-2　随机脉冲增益服从于$\mu_k\sim\mathcal{N}(0.8,\ 0.3)$下的误差状态$\varrho_{i1}(t)$的轨迹图

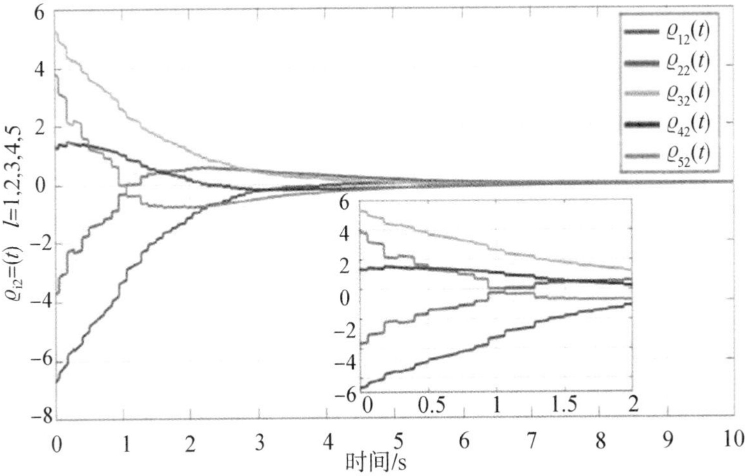

图 4-3 随机脉冲增益服从于 $\mu_k \sim \mathcal{N}(0.8, 0.3)$ 下的误差状态 $\varrho_{i2}(t)$ 的轨迹图

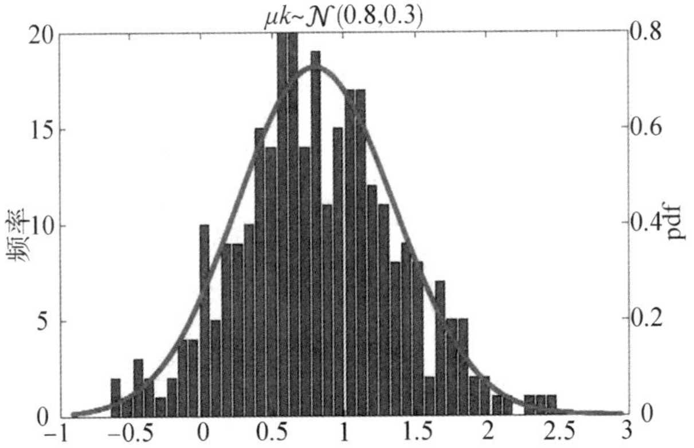

图 4-4 随机脉冲增益 μ_k 服从于高斯分布 $\mathcal{N}(0.8, 0.3)$ 的分布图

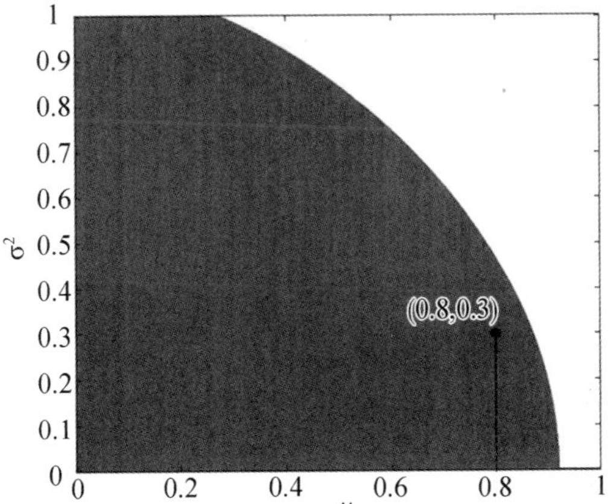

图 4-5 几乎必然同步下的 μ 和 σ^2 的可行域

类型二：固定脉冲增益。

选择常数脉冲增益 $\mu_k = \mu = 0.8$，$k \in \mathbb{Z}^+$。与此同时，选择：

$$\tilde{\chi} = \frac{\sqrt{\frac{\alpha_2}{\alpha_1}}\mu \|\boldsymbol{L}\|(\bar{\tau}\omega + \delta\mu\|\boldsymbol{L}\|)}{\sqrt{1 - 2\mu\lambda_{\xi}(\boldsymbol{L}) + \frac{\alpha_2}{\alpha_1}\mu^2\|\boldsymbol{L}\|^2}} = 0.015$$

$$\tilde{\lambda} = \frac{\delta\mu\|\boldsymbol{L}\|}{\bar{\tau}\omega} = 0.686$$

使得推论 4.1 中的条件[式(4-30)]成立，则可知耦合神经网络[式(4-3)]可以取得指数同步。

选择与类型一相同的初始条件。图 4-6 和图 4-7 表明了当脉冲增益 $\mu = 0.8$ 时，在分布延迟脉冲控制器[式(4-2)]下，有向耦合神经网络[式(4-1)]的状态 $\varrho_{i1}(t)$、$\varrho_{i2}(t)$ $(i = 1, 2, \cdots, 5)$ 的轨迹图。从图 4-6 和图 4-7 可知当脉冲增益为常数时，耦合神经网络[式(4-1)]实现了同步，即：有向耦合神经网络[式(4-3)]实现了指数同步。

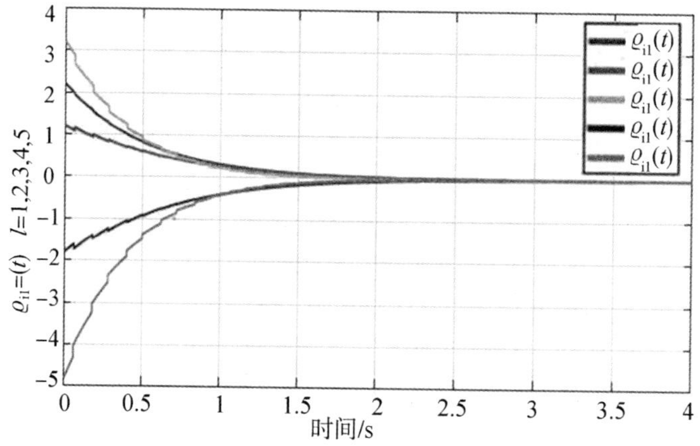

图 4-6　当 $\mu = 0.8$，时，系统[式(4-4)]的状态 $\varrho_{i1}(t)$ 的轨迹图

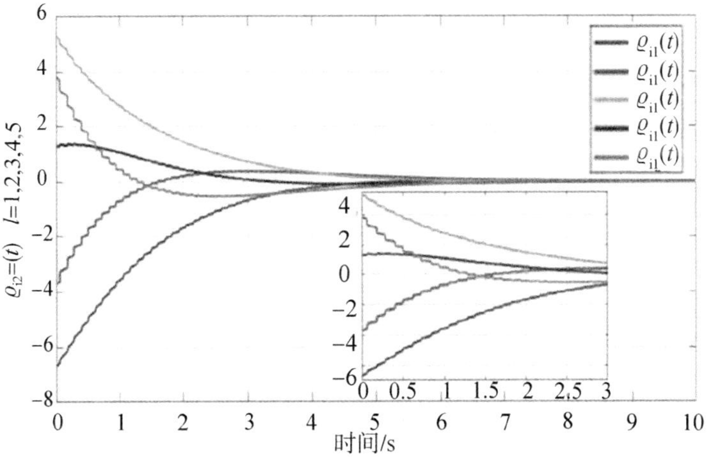

图 4-7　当 $\mu=0.8$，系统[式(4-4)]的状态 $\varrho_{i2}(t)$ 的轨迹图

例 4.2　考虑由四个混沌子神经网络组成的耦合神经网络[式(4-1)]，其系统参数如下：

$$\boldsymbol{C}=\begin{bmatrix}1&0&0\\0&1&0\\0&0&1\end{bmatrix},\quad \boldsymbol{B}=\begin{bmatrix}0.8&-0.4&0\\0.5&0.3&0.6\\0&1&0.5\end{bmatrix},\quad \boldsymbol{D}=\begin{bmatrix}0.4&-1.2&0\\0.75&0.7&0.3\\0&1.2&1\end{bmatrix}$$

$f(r_i)=g(r_i)=[0.5(|r_{i1}+1|-|r_{i1}-1|)\,0.5(|r_{i2}+1|-|r_{i2}-1|)\,0.5(|r_{i3}+1|-|r_{i3}-1|)]^T$

$$\ell(t)=0.001$$

则可得 $l=0.001$，$\iota_1=0$。同时，容易验证 $f(\cdot)$ 和 $g(\cdot)$ 满足假设 4.1 且 $H_1=H_2=I_3$。耦合神经网络[式(4-1)]中第一个子神经网络的混沌吸引图如图 4-8 所示。

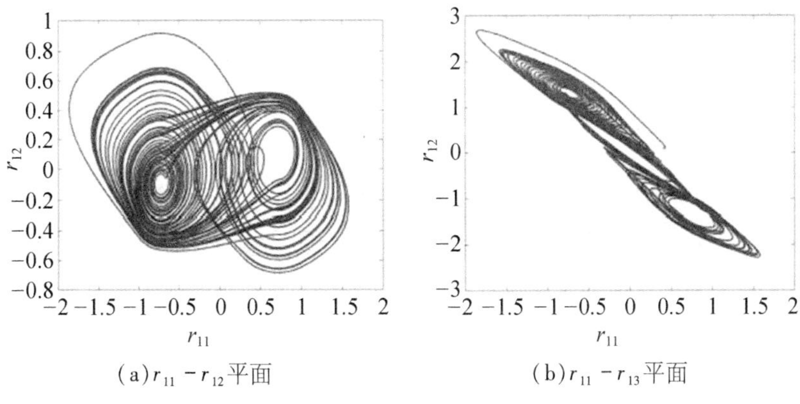

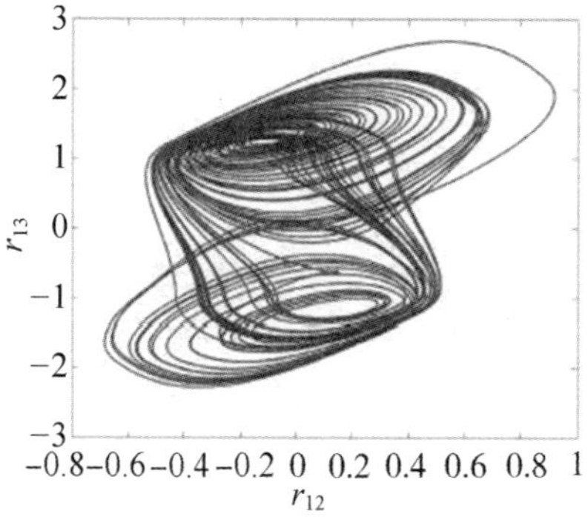

(c) $r_{12}-r_{13}$平面

图 4-8　耦合神经网络[式(4-1)]的第一个子神经网络的混沌吸引图

令 $\kappa=0.05$，$\Gamma=I_3$，$q(t)=0.002\cos^2(t)$，则有 $q=0.002$，$\iota_2=0.002$。混沌耦合神经网络[式(4-1)]的网络拓扑图如图 4-9 所示。

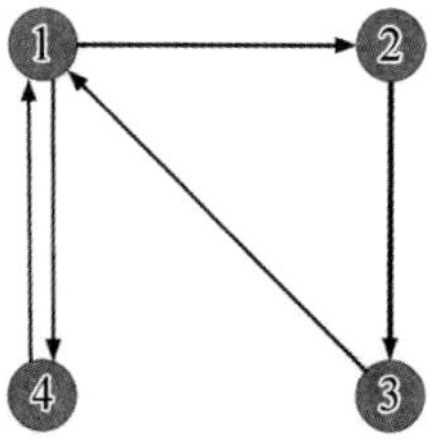

图 4-9　混沌耦合神经网络[式(4-1)]的网络拓扑图

从图 4-9 可知，混沌耦合神经网络[式(4-1)]的有向图$\mathcal{G}$是强连接的且有向图$\mathcal{G}$所对应的 Laplacian 矩阵为

$$\boldsymbol{L}=\begin{bmatrix}0.06 & 0 & -0.03 & -0.03\\ -0.03 & 0.03 & 0 & 0\\ 0 & -0.03 & 0.03 & 0\\ -0.03 & 0 & 0 & 0.03\end{bmatrix}$$

根据定义 4.1，可以计算出$\lambda_{\xi}(\boldsymbol{L})=0.021\,5$。令 $\alpha=4$，则 LMI(4-5)有以下可行解：

$$\boldsymbol{P}=\begin{bmatrix}0.440\,5 & 0.006\,4 & 0.039\,4\\ 0.006\,4 & 0.472\,9 & -0.034\,7\\ 0.039\,4 & -0.034\,7 & 0.319\,5\end{bmatrix}$$

$$Q=\begin{bmatrix}0.7167 & 0.0047 & 0.0665\\ 0.0047 & 0.7860 & -0.0297\\ 0.0665 & -0.0297 & 0.4379\end{bmatrix}$$

$$R=\begin{bmatrix}0.0794 & 0.0107 & 0.0152\\ 0.0107 & 0.0610 & -0.0323\\ 0.0152 & -0.0323 & 0.0409\end{bmatrix}$$

$$M_1=\begin{bmatrix}0.0849 & 0 & 0\\ 0 & 0.1427 & 0\\ 0 & 0 & 0.0834\end{bmatrix}$$

$$M_2=\begin{bmatrix}0.1262 & 0 & 0\\ 0 & 0.1857 & 0\\ 0 & 0 & 0.0952\end{bmatrix}$$

通过简单计算可得：$\alpha_1=0.0752$，$\alpha_2=0.1201$，$\alpha_3=0.00024$，$\|L\|=0.0871$，$\omega=4.3134$。

当$k\in\mathbb{Z}^+$，令$\tau_k=\bar{\tau}=0.003$，选择脉冲序列为$t_k=0.005k$，$k\in\mathbb{Z}^+$，则可得$\theta_1=\theta_2=0.005$，$\delta=0$。取脉冲增益$\mu_k\sim\mathcal{N}(0.9,\ 0.1)$，$k\in\mathbb{Z}^+$，则选取$\chi=0.0014$，$\lambda=0.0437$。使得其满足定理4.1中所提出的条件[式(4-6)]。因此，从定理4.1可知基于随机分布延迟脉冲控制[式(4-2)]混沌耦合神经网络[式(4-1)]能实现几乎必然同步。

混沌耦合神经网络(4-1)的初始条件为

$$\varphi_1(s)=[0.4,\ -0.1,\ 0.1]^{\mathrm{T}}$$
$$\varphi_2(s)=[0.6,\ -0.2,\ 0.2]^{\mathrm{T}}$$
$$\varphi_3(s)=[0.5,\ -1,\ 1]^{\mathrm{T}}$$
$$\varphi_4(s)=[1.2,\ -0.8,\ -2]^{\mathrm{T}}$$
$$s\in[-0.003,\ 0]$$

图4-10、图4-11和图4-12展示了混沌耦合神经网络[式(4-1)]在具有随机脉冲增益$\mu_k\sim\mathcal{N}(0.9,\ 0.1)$的分布延迟脉冲控制器[式(4-2)]下的三

维误差轨迹图。图 4-13 给出了脉冲增益 μ_k 服从于高斯分布$\mathcal{N}(0.9, 0.1)$的分布图。从图 4-10，图 4-11 和图 4-12 的仿真结果可以看出：混沌耦合神经网络[式(4-1)]在分布脉冲控制器下可以取得几乎必然同步。保证混沌耦合神经网络几乎必然同步的随机脉冲增益分布的均值和方差的可行域如图 4-14 所示。图 4-14 中的阴影区域为同步的可行域。从图中可以看出，$(\mu, \sigma^2)=(0.9, 0.1)$在阴影区域内，再次验证了有向耦合神经网络[式(4-1)]在服从于高斯分布$(\mu, \sigma^2)=(0.9, 0.1)$的随机分布延迟脉冲控制下实现了几乎必然同步。

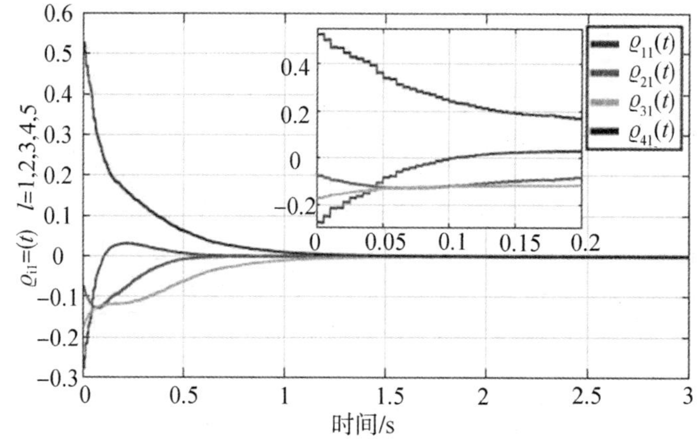

图 4-10 混沌耦合神经网络[式(4-3)]的状态$\varrho_{i1}(t)$轨迹图

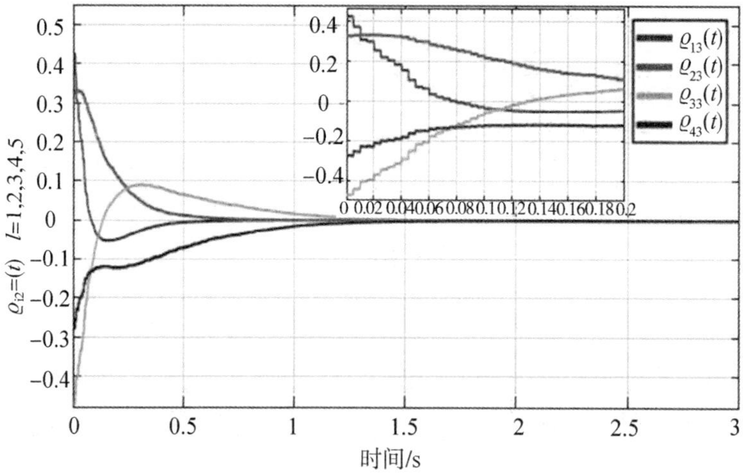

图 4-11 混沌耦合神经网络[式(4-3)]的状态$\varrho_{i2}(t)$轨迹图

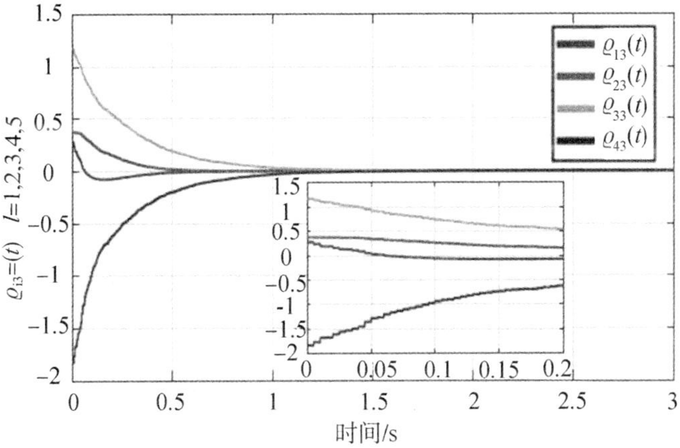

图 4-12　混沌耦合神经网络[式(4-3)]的状态ϱ_{i3}(t)轨迹图

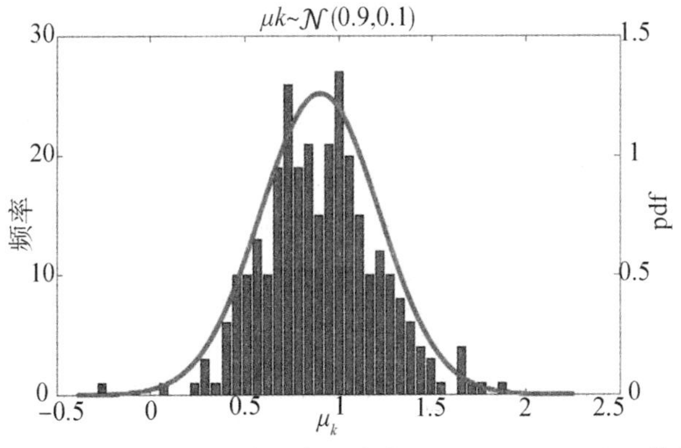

图 4-13　脉冲增益μ_k服从于高斯分布$\mathcal{N}\sim(0.9,0.1)$下的分布图

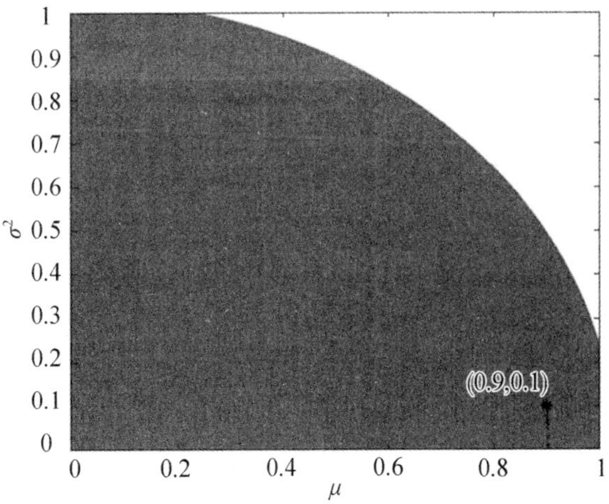

图 4-14　几乎必然同步下的μ和σ^2的可行域图

4.5 本章小结

本章通过随机分布延迟脉冲控制研究了有向耦合神经网络的几乎必然同步问题。首先，所构建的网络模型充分考虑了网络内部时延，耦合时延以及脉冲时延的影响。其次，为了拓宽脉冲系统的实际应用范围，设计了服从于高斯分布的随机脉冲增益的分布延迟脉冲控制器。基于 Lyapunov 泛函方法和数学分析法，给出了有向耦合神经网络在随机分布延迟脉冲控制下实现几乎必然同步的充分性条件。

本章验证了在脉冲时延大于任意脉冲区间情况下的有向耦合神经网络仍能实现几乎必然同步。此外，作为一种特殊情况，对于具有固定脉冲增益的有向耦合神经网络，也得到了同步的结果。最后，通过两个数值进行仿真，验证了理论结果的有效性。

第五章

基于牵制脉冲控制的多层异构复杂网络的同步性分析

在第四章中，笔者采用脉冲控制策略对有向耦合神经网络的同步性进行了分析。然而，研究目标为单层网络，从而忽略了可能存在的多种结构和功能，以及网络与网络之间的相互作用关系。延续对有向网络的研究，为了模拟由不同结构和功能耦合而成的现实复杂系统，本章将以有向拓扑下的多层异构复杂网络为研究对象，借助于网络间的拓扑结构关系和连接方式来深入探讨其在层间通信时延影响下的相关同步性能。同时，考虑到多层网络的节点数目庞大，若继续采用对每个节点都施以控制是不现实的，为此笔者设计了只需在脉冲时刻对网络上的部分节点进行控制，而其余节点通过网络上的耦合作用，最终实现整个复杂网络的同步控制方法。

5.1 引言

在对实际系统的研究中，学者们通常将复杂系统模拟为单层网络进行分析。事实上，在现实世界中存在着众多复杂系统，大多数节点具有不同的功能、属性和行为，不能简单地叠加或用单层来表示，还需考虑它们之间的耦合作用和多层结构。因此，研究者们逐渐将注意力从单层网络转向对多层网络的研究，以更好地捕捉系统的多层次复杂性和模拟现实系统。目前，多层复杂网络的研究已经成为复杂网络领域的研究热点之一[64,87,195]。由于同步在保密通信、图形图像处理以及网络安全的广泛应用，网络的同步问题相关研究引起了学者们的浓厚兴趣。

然而，具有异构节点的复杂网络在现实中是普遍存在的。例如，如果神经元之间存在参数不匹配，耦合神经网络就会出现异构性。值得一提的是，异构网络中的节点可能具有不同的特性，从而导致其因动态上的差异而难以实现完全同步。但是，可以保证同步误差收敛到一个有界区域内，这也称为准同步问题。本章将针对具有异构节点的多层复杂网络，对其准同步控制问题进行分析和应用。

延续前面章节对脉冲控制的研究，本节将继续开展脉冲控制对多层异构复杂网络的准同步控制研究。我们注意到，前面所设计的脉冲控制器都是针对网络中的每一个节点设计相应的脉冲控制。通常，在多层网络中，每层网络的节点数目庞大，若继续采用之前的脉冲控制研究会造成控制代价和能耗大，这在实际应用中极其不现实。为了解决这种问题，研究者们设计了牵制脉冲控制[196]，其控制原理为：只在脉冲时刻按照一定的牵制律对网络中的部分节点进行控制，其余节点通过网络中的耦合作用，最终实现多层复杂网络的同步。例如，文献[197]采用牵制脉冲控制研究了多层复杂网络的层内同步问题，其中多层复杂网络之间的层间耦合被忽略。同时，由于脉冲系统在采样和传输信息时，以及与层间网络进行通信时都不可避免地存在着时延，这也是影响系统性能的一个关键因素。因此，脉冲时延在牵制脉冲控制中，以及通信时延在网络系统中都应该被考虑。现阶段，关于采用具有脉冲时延的牵制脉冲控制策略解决具有通信时延的异构多层复杂网络准同步的研究还相对较少，此方面的研究工作有待进一步扩展。

根据以上问题，本章研究了多层异构动态网络的准同步问题。首先，在有向拓扑下，考虑了各层网络节点的内在动态是异构的，以及层间耦合受通信时延的影响，建立了多层动态网络模型。其次，笔者考虑到控制代价、能耗以及时延等问题，设计了具有脉冲时延的牵制脉冲控制策略。再次，不同于现有的文献中的方法，本章利用 Razumikhin 技术，从脉冲控制的角度证明了具有灵活脉冲时延的扩展脉冲微分不等式。同时，利用该不等式建立了具有时滞的多层异构动态网络的准同步准则，并得到了同步误差的收敛域。最后，作为实际应用，笔者给出了多层异构单连杆机械臂网络准同步的充分性条件和相应的数值算例，验证了理论结果的有效性。

5.2 系统模型与牵制脉冲控制器设计

有向图$\mathcal{G}^{(h)}=(V^{(h)}, E^{(h)}, C^{(h)})$表示第 h 层网络的拓扑结构，权值矩阵$\boldsymbol{C}^{(h)}=[c_{ij}^{(h)}]_{N\times N}$，$i, j\in\mathcal{J}$，$h\in\mathcal{M}$。$(G_1, \boldsymbol{C})$为有向图$\mathcal{G}^{(h)}$的投影，其中$\boldsymbol{C}=[\boldsymbol{C}_{ij}]_{N\times N}$，$\boldsymbol{C}_{ij}=\max_{h\in\mathcal{M}}\{c_{ij}^{(h)}\}$，$i\neq j$ 且$\boldsymbol{C}_{ii}=0$，其所对应的 Laplacian 矩阵$\boldsymbol{L}=[l_{ij}]_{N\times N}=P_1-\boldsymbol{C}$，$P_1=\mathrm{diag}\{\Xi_1, \Xi_2, \cdots, \Xi_N\}$，$\Xi_i=\sum_{j=1,j\neq i}^{N}\boldsymbol{C}_{ij}$，$i\in\mathcal{J}$。$(G_2, D)$为层间网络拓扑，其中 $D=[d_{hl}]_{M\times M}$，其定义如下：如果从第 l 层网络到第 h 层网络的节点之间存在一对一的连接$(h\neq l)$，则 $d_{hl}>0$；否则，$d_{hl}=0$ 且 $d_{hh}=0$，其对应的 Laplacian 矩阵$\tilde{\boldsymbol{L}}=[\tilde{l}_{ij}]_{M\times M}=P_2-D$，且 $P_2=\mathrm{diag}\{\Sigma_1, \Sigma_2, \cdots, \Sigma_M\}$，$\Sigma_h=\sum_{l=1,l\neq h}^{M}d_{hl}$，$h\in\mathcal{M}$。

考虑一类由 $M(M\geqslant 2)$层组成的多层动态网络，其中每层有 $N(N\geqslant 2)$个不相同节点，其动态方程可以表述为

$$\begin{aligned}\dot{r}_i^{(h)}(t)=&A_i r_i^{(h)}(t)+B_i g(r_i^{(h)}(t))+v\sum_{j=1,j\neq i}^{N}c_{ij}^{(h)}(r_j^{(h)}(t)-r_i^{(h)}(t))\\&+w\sum_{l=1,l\neq h}^{M}d_{hl}(r_i^{(l)}(t-\varpi(t))-r_i^{(h)}(t-\varpi(t)))+u_i^{(h)}(t)\\&i\in\mathcal{J},\ h\in\mathcal{M}\end{aligned}\tag{5-1}$$

其中，$r_i^{(h)}(t)=(r_{i1}^{(h)}(t),\ r_{i2}^{(h)},\ \cdots,\ r_{in}^{(h)}(t))^{\mathrm{T}}\in\mathbb{R}^n$ 为第 h 层网络的第 i 个节点的状态向量，$g(r_i^{(h)}(t))=(g_1(r_i^{(h)}(t)),\ g_2(r_i^{(h)}(t)),\ \cdots,\ g_n(r_i^{(h)}(t)))^{\mathrm{T}}\in\mathbb{R}^n$ 表示第 h 层网络的第 i 个节点的非线性函数。$\boldsymbol{A}_i$，$\boldsymbol{B}_i\in\mathbb{R}^{n\times n}$为常数矩阵，$v>0$ 和 $w>0$ 分别为层内耦合强度和层间耦合强度，$\varpi(t)$表示层间通信时延且满足$0\leqslant\varpi(t)\leqslant\varpi$。$\boldsymbol{C}^{(h)}=[c_{ij}^{(h)}]_{N\times N}$表示第 h 层网络的层内耦合权值矩阵，其定义如下：对$\forall i\in\mathcal{J}$，$c_{ii}^{(h)}=0$；当第 h 层网络中的节点 i 能接收到节点 j $(i\neq j)$的信息时，$c_{ij}^{(h)}>0$；否则，$c_{ij}^{(h)}=0$。$\boldsymbol{D}=[d_{hl}]_{M\times M}$为层间耦合权值矩阵，其定义如下：对$\forall h\in\mathcal{M}$，$d_{hh}=0$；如果从第 l 层到第 h 层的节点之间存在连接，则 $d_{hl}>0$；否则 $d_{hl}=0$。$u_i^{(h)}(t)$为第 h 层网络的第 i 个节点的控制输入。

目标系统的动力学表述为

$$\dot{s}(t)=A_0s(t)+B_0g(s(t))\tag{5-2}$$

其中，$s(t)=(s_1(t),\ s_2(t),\ \cdots,\ s_n(t))\in\mathbb{R}^n$ 表示目标系统的状态向量，A_0，$B_0\in\mathbb{R}^{n\times n}$为常数矩阵。假设$s(t)$是有界的，即：当$t\geqslant t_0$时，存在常数$F>0$ 使得$\|s(t)\|\leqslant F$。

定义$\varrho_i^{(h)}(t)=r_i^{(h)}(t)-s(t)$作为第 h 层网络第 i 个节点的误差状态，则由多层网络系统[式(5-1)]和目标系统[式(5-2)]可得以下误差系统：

$$\begin{gathered}\dot{\varrho}_i^{(h)}(t)=A_i\,\varrho_i^{(h)}(t)+B_i\,\tilde{g}(\varrho_i^{(h)}(t))+v\sum_{j=1}^{N}c_{ij}^{(h)}(\varrho_j^{(h)}(t)-\varrho_i^{(h)}(t))+w\sum_{l=1}^{M}d_{hl}\\ \times(\varrho_i^{(l)}(t-\varpi(t))-\varrho_i^{(h)}(t-\varpi(t)))+Q_i(s(t))+u_i^{(h)}(t)\\ i\in\mathcal{J},\quad h\in\mathcal{M}\end{gathered}$$

其中，$\tilde{g}(\varrho_i^{(h)}(t))=g(r_i^{(h)}(t))-g(s(t))$，$Q_i(s(t))=(A_i-A_0)s(t)+(B_i-B_0)g(s(t))$。

定义 5.1 $r(t)=(r_1^{(1)}(t),\ r_2^{(1)}(t),\ \cdots,\ r_N^{(1)}(t),\ \cdots,\ r_1^{(M)}(t),\ r_2^{(M)}(t),\ \cdots,\ r_N^{(M)}(t))^{\mathrm{T}}$，$\varrho(t)=r(t)-1_{NM}\otimes s(t)$，若对任意初始条件，存在一个紧集$\mathbb{S}$使得：当 $t\to\infty$ 时，误差信号$\varrho(t)$收敛到集合$\mathbb{S}=\{\varrho\in\mathbb{R}^{nNM}\mid\|\varrho(t)\|\leqslant\varrho_r\}$，则称多层动态网络[式(5-1)]和目标系统[式(5-2)]可以实

现准同步。

由于各层节点间的异质性，误差系统[式(5-3)]的平衡点是非零的。因此，多层动态网络[式(5-1)]和目标系统[式(5-2)]很难实现完全同步。然而，通过设计如下的牵制延迟脉冲控制器，可以使同步误差收敛到一个足够小的有界区域内：

$$u_i^{(h)}(t)=\begin{cases}\sum_{k=1}^{\infty}[\varphi_i^{(h)}\varrho_i^{(h)}(t)+\mu_i^{(h)}\varrho_i^{(h)}(t-\tau)]\delta(t-t_k), & i\in I_D^{(h)}(t_k)\\ 0, \quad i\notin I_D^{(h)}(t_k), \quad h\in\mathcal{M}\end{cases} \tag{5-4}$$

其中，$\varphi_i^{(h)}$、$\mu_i^{(h)}$ 为脉冲强度，τ 为脉冲时延，$\delta(\cdot)$表示 Dirac Delta 函数，脉冲序列$\varsigma=\{t_k\}_{k\in\mathbb{Z}^+}$满足 $0\leqslant t_0<t_1<t_2<\cdots<t_k<\cdots$，且$\lim_{k\to\infty}t_k=\infty$。$I_D^{(h)}(t_k)$表示第 h 层网络在脉冲时刻 t_k 的牵制节点集合，其定义如下：在 t_k 时刻，将第 h 层节点的误差状态$\varrho_1^{(h)}(t_k)$，$\varrho_2^{(h)}(t_k)$，…，$\varrho_N^{(h)}(t_k)$重新排序满足 $\|\varrho_{\epsilon_1}^{(h)}(t_k)\|\geqslant\|\varrho_{\epsilon_2}^{(h)}(t_k)\|\geqslant\cdots\geqslant\|\varrho_{\epsilon_p}^{(h)}(t_k)\|\geqslant\|\varrho_{\epsilon_{p+1}}^{(h)}(t_k)\|\geqslant\cdots\geqslant\|\varrho_{\epsilon_N}^{(h)}(t_k)\|$，则集合$\mathcal{I}_D^{(h)}(t_k)=\{\epsilon_1,\epsilon_2,\cdots,\epsilon_p\}$且$\mathcal{I}_D^{(h)}(t_k)=p$。多层动态网络的拓扑结构和牵制脉冲控制方案框架如图 5-1 所示。

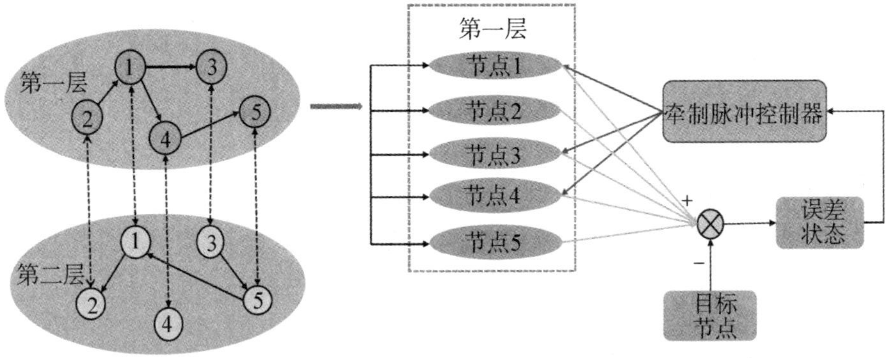

图 5-1　多层动态网络的拓扑结构和牵制脉冲控制方案框架图

基于具有脉冲时延的牵制脉冲控制器[式(5-4)]，误差系统[式(5-3)]也可以写为如下形式：

$$\begin{cases}\dot{\varrho}_i^{(h)}(t)=A_i\varrho_i^{(h)}(t)+B_i\tilde{g}(\varrho_i^{(h)}(t))+v\sum_{j=1}^{N}c_{ij}^{(h)}(\varrho_j^{(h)}(t)-\varrho_i^{(h)}(t))\\ \qquad +w\sum_{l=1}^{M}d_{hl}(\varrho_i^{(l)}(t-\varpi(t))-\varrho_i^{(h)}(t-\varpi(t)))+Q_i^{(h)}(s(t)),\quad t\neq t_k\\ \Delta\varrho_i^{(h)}(t)=\varphi_i^{(h)}\varrho_i^{(h)}(t^-)+\mu_i^{(h)}\varrho_i^{(h)}(t^--\tau),\quad t=t_k,\quad i\in I_D^{(h)}(t_k)\\ \varrho_i^{(h)}(t)=\varrho_i^{(h)}(t^-),\quad t=t_k,\quad k\in\mathbb{Z}^+,\quad i\notin I_D^{(h)}(t_k),\quad h\in\mathcal{M}\end{cases}\tag{5-5}$$

其中，$\Delta\varrho_i^{(h)}(t)=\varrho_i^{(h)}(t_k^+)-\varrho_i^{(h)}(t_k^-)$。

系统的初始条件为$\varrho_i^{(h)}(t_0+s)=\psi_i^{(h)}(s)$，其中$\psi_i\in\mathcal{PC}([-\sigma,0],\mathbb{R}^n)$关于$\sigma=\max\{\varpi,\tau\}$。本书假设在脉冲时刻$t=t_k$，$k\in\mathbb{Z}^+$时，$\varrho_i^{(h)}(t)$是右连续的，即：$\varrho_i^{(h)}(t_k^+)=\varrho_i^{(h)}(t_k)$，$\varrho_i^{(h)}(t_k^-)=\lim_{t\to t_k^-}\varrho_i^{(h)}(t)$。

假设 5.1 函数$g(\cdot)$满足$g(0)=0$，存在常数$L_g>0$满足以下不等式：

$$\|g(u)-g(v)\|\leqslant L_g\|u-v\|$$

其中，u，$v\in\mathbb{R}^n u-v$。

假设 5.2 有向图$(\mathcal{G}_1,\mathrm{C})$和$(\mathcal{G}_2,\mathrm{D})$是强连接的。

定义 5.2 假设脉冲序列$\varsigma=\{t_k\}_{k\in Z+}$的平均脉冲区间为$T_a$，则存在整数$N_0>0$使得

$$\frac{t-t_0}{T_a}-N_0\leqslant N_\varsigma(t,t_0)\leqslant\frac{t-t_0}{T_a}+N_0,\quad t\geqslant t_0\geqslant0$$

其中，$N_\varsigma(t,t_0)$为区间$(t_0,t]$上的脉冲数量。

引理 5.1 考虑以下具有时延的脉冲微分不等式：

$$\begin{cases}\dot{W}(t)\leqslant\alpha W(t)+\beta W(t-\varpi(t))+\chi,\quad t\neq t_k\\ W(t)\leqslant\rho_1W(t^-)+\rho_2W(t^--\tau),\quad t=t_k,\quad k\in\mathbb{Z}^+\\ W(t_0+s)=\psi(s),\quad s\in[-\sigma,0]\end{cases}\tag{5-6}$$

其中，$W(t)\in\mathcal{PC}([t_0-\sigma,+\infty),\mathbb{R}^+)$，常数$\alpha>0$，$\beta>0$，$\rho_1>0$，$\rho_2>0$，$\chi>0$。若

$$\frac{1}{\rho_1+\rho_2}>\mathrm{e}^{(\alpha+\frac{2\beta}{\rho_1+\rho_2})(t_{k+1}-t_k)}>1,\quad k\in\mathbb{Z}^+\tag{5-7}$$

则存在常数 $M \geqslant 1$ 和 $\vartheta > \zeta > 0$ 使得

$$W(t) \leqslant \left(\|\psi\|_{\sigma} + \frac{\chi}{\vartheta - \zeta} \right) M e^{-\zeta(t-t_0)} + \frac{\chi M}{\vartheta - \zeta} \left[1 + e^{-\zeta(t-t_1)} + e^{-\zeta(t-t_2)} + \cdots + e^{-\zeta(t-t_k)} \right]$$

$$t \in [t_k, t_{k+1}), \quad k \in \mathbb{Z}^+ \tag{5-8}$$

证明： 定义 $f(s) = \left(2s + \alpha + \frac{2\beta e^{s\sigma}}{\rho_1 + \rho_2 e^{s\sigma}} \right)(t_{k+1} - t_k) + \ln(\rho_1 + \rho_2 e^{s\sigma})$，由条件[式(5-7)]可知：$f(0) = \left(\alpha + \frac{2\beta}{\rho_1 + \rho_2} \right)(t_{k+1} - t_k) + \ln(\rho_1 + \rho_2) < 0$，$f(+\infty) = +\infty$。依据函数 $f(s)$ 的连续性可知，存在常数 $\zeta > 0$ 使得 $f(\zeta) < 0$，即：

$$\left(2\zeta + \alpha + \frac{2\beta e^{\zeta\sigma}}{\rho_1 + \rho_2 e^{\zeta\sigma}} \right)(t_{k+1} - t_k) < -\ln(\rho_1 + \rho_2 e^{\zeta\sigma}), \quad k \in \mathbb{Z}^+ \tag{5-9}$$

记 $\gamma = \frac{1}{\rho_1 + \rho_2 e^{\zeta\sigma}} \geqslant 1$，则存在常数 $\vartheta > 0$ 使得

$$\alpha + 2\beta\gamma e^{\zeta\sigma} \leqslant \vartheta - \zeta \tag{5-10}$$

$$(\vartheta + \zeta)(t_{k+1} - t_k) < -\ln(\rho_1 + \rho_2 e^{\zeta\sigma}) = \ln\gamma \tag{5-11}$$

根据式(5-11)，选择 $M \geqslant 1$ 满足

$$1 < e^{(\vartheta + \zeta)(t_{k+1} - t_k)} \leqslant M \leqslant \gamma e^{\zeta\sigma} \tag{5-12}$$

由此可得

$$\|\psi\|_{\sigma} < \|\psi\|_{\sigma} e^{\vartheta(t_{k+1} - t_k)} \leqslant \|\psi\|_{\sigma} M e^{-\zeta(t_{k+1} - t_k)} \tag{5-13}$$

接下来，将通过以下三步来证明不等式(5-8)成立。

第一步：

当 $t \in [t_0 - \sigma, t_0]$ 时，以下不等式显然成立：

$$W(t) \leqslant \|\psi\|_{\sigma} + \frac{\chi}{\vartheta - \zeta} \leqslant \left(\|\psi\|_{\sigma} + \frac{\chi}{\vartheta - \zeta} \right) M e^{-\zeta(t-t_0)} + \frac{\chi M}{\vartheta - \zeta}, \quad t \in [t_0 - \sigma, t_0] \tag{5-14}$$

当 $t \in [t_0, t_1)$ 时，根据式(5-8)，证明以下不等式成立：

$$W(t) \leqslant \left(\|\psi\|_{\sigma} + \frac{\chi}{\vartheta - \zeta} \right) M e^{-\zeta(t-t_0)} + \frac{\chi M}{\vartheta - \zeta}, \quad t \in [t_0, t_1) \tag{5-15}$$

则只需证明以下不等式成立：

$$W(t) \leqslant \left(\|\psi\|_{\sigma} + \frac{\chi}{\vartheta - \zeta} \right) M\mathrm{e}^{-\zeta(t_1 - t_0)} + \frac{\chi M}{\vartheta - \zeta}, \quad t \in [t_0, t_1) \tag{5-16}$$

如果式(5-16)不成立，则存在 $\bar{t} \in (t_0, t_1)$ 使得

$$\begin{aligned} W(t_0 + s) &\leqslant \|\psi\|_{\sigma} < \|\psi\|_{\sigma}\mathrm{e}^{\vartheta(t_1 - t_0)} + \frac{\chi M}{\vartheta - \zeta} \\ &\leqslant \left(\|\psi\|_{\sigma} + \frac{\chi}{\vartheta - \zeta} \right) M\mathrm{e}^{-\zeta(t_1 - t_0)} + \frac{\chi M}{\vartheta - \zeta} \\ &< W(\bar{t}), \quad s \in [-\sigma, 0] \end{aligned} \tag{5-17}$$

从式(5-17)可知，存在 $t^{\#} \in (t_0, \bar{t})$ 使得

$$\begin{aligned} &W(t^{\#}) = \left(\|\psi\|_{\sigma} + \frac{\chi}{\vartheta - \zeta} \right) M\mathrm{e}^{-\zeta(t_1 - t_0)} + \frac{\chi M}{\vartheta - \zeta} \\ &W(t) < W(t^{\#}), \quad t \in [t_0 - \sigma, t^{\#}) \end{aligned} \tag{5-18}$$

同时，存在 $t^{\#\#} \in [t_0, t^{\#})$ 使得

$$W(t^{\#\#}) = \|\psi\|_{\sigma}, \quad W(t^{\#\#}) \leqslant W(t) \leqslant W(t^{\#}), \quad t \in [t^{\#\#}, t^{\#}] \tag{5-19}$$

根据式(5-19)，可得

$$\begin{aligned} W(t - \varpi(t)) &\leqslant \left(\|\psi\|_{\sigma} + \frac{\chi}{\vartheta - \zeta} \right) M\mathrm{e}^{-\zeta(t_1 - t_0)} + \frac{\chi M}{\vartheta - \zeta} \\ &\leqslant \gamma\mathrm{e}^{\zeta\sigma}\|\psi\|_{\sigma}\mathrm{e}^{-\zeta(t_1 - t_0)} + \frac{2\chi M}{\vartheta - \zeta} \\ &\leqslant \gamma\mathrm{e}^{\zeta\sigma}W(t) + \frac{2\chi M}{\vartheta - \zeta}, \quad t \in [t^{\#\#}, t^{\#}] \end{aligned} \tag{5-20}$$

因此，从式(5-10)和式(5-20)，可以得到

$$\begin{aligned} D^{+}W(t) &\leqslant \alpha W(t) + \beta W(t - \varpi(t)) + \chi \\ &\leqslant (\alpha + \beta\gamma\mathrm{e}^{\zeta\sigma}) W(t) + \frac{2\beta\chi M}{\vartheta - \zeta} + \chi \\ &\leqslant (\vartheta - \zeta) W(t) + \frac{2\beta\chi M}{\vartheta - \zeta} + \chi, \quad t \in [t^{\#\#}, t^{\#}] \end{aligned} \tag{5-21}$$

依据式(5-18)、式(5-19)和式(5-21)，可以得到

$$W(t^{\#}) \leqslant \left(W(t^{\#\#}) + \frac{\frac{2\beta\chi M}{\vartheta-\zeta}+\chi}{\vartheta-\zeta} \right) e^{(\vartheta-\zeta)(t^{\#}-t^{\#\#})} - \frac{\frac{2\beta\chi M}{\vartheta-\zeta}+\chi}{\vartheta-\zeta}$$

$$< \left(\|\psi\|_{\sigma} + \frac{\chi}{\vartheta-\zeta} \right) M e^{-\zeta(t_1-t_0)} + \frac{2\beta\gamma e^{\zeta\sigma}}{\vartheta-\zeta} \cdot \frac{\chi M}{\vartheta-\zeta}$$

$$\leqslant \left(\|\psi\|_{\sigma} + \frac{\chi}{\vartheta-\zeta} \right) M e^{-\zeta(t_1-t_0)} + \frac{\chi M}{\vartheta-\zeta}$$

$$= W(t^{\#})$$

显然，上式矛盾。因此，式(5-15)成立。同时这也表明：当 $k=0$ 时，式(5-8)成立。

第二步：

假设当 $t\in[t_k,\ t_{k+1})$，$k\leqslant\iota-1(\iota\geqslant 1)$ 时，式(5-8)成立，即以下不等式成立：

$$W(t) \leqslant \left(\|\psi\|_{\sigma} + \frac{\chi}{\vartheta-\zeta} \right) M e^{-\zeta(t-t_0)} + \frac{\chi M}{\vartheta-\zeta}[1 + e^{-\zeta(t-t_1)} + e^{-\zeta(t-t_2)} + \cdots + e^{-\zeta(t-t_k)}],$$
$$t\in[t_k,\ t_{k+1}),\quad k\leqslant\iota-1 \tag{5-22}$$

第三步：

证明当 $k=\iota$ 时，式(5-8)成立，即有

$$W(t) \leqslant \left(\|\psi\|_{\sigma} + \frac{\chi}{\vartheta-\zeta} \right) M e^{-\zeta(t-t_0)} + \frac{\chi M}{\vartheta-\zeta}[1 + e^{-\zeta(t-t_1)} + \cdots + e^{-\zeta(t-t_{\iota-1})} + e^{-\zeta(t-t_\iota)}],\quad t\in[t_\iota,\ t_{\iota+1}) \tag{5-23}$$

如果式(5-23)不成立，定义

$$\tilde{t} = \inf\left\{ t\in[t_\iota,\ t_{\iota+1}) \mid W(t) > \left(\|\psi\|_{\sigma} + \frac{\chi}{\vartheta-\zeta} \right) M e^{-\zeta(t-t_0)} + \frac{\chi M}{\vartheta-\zeta} \times [1 + e^{-\zeta(t-t_1)} + \cdots + e^{-\zeta(t-t_{\iota-1})} + e^{-\zeta(t-t_\iota)}] \right\}$$

注意到 $t_\iota-\tau\in[t_0-\sigma,\ t_0]$ 或存在整数 $\hat{r}(0\leqslant\hat{r}\leqslant\iota-1)$，使得 $t_\iota-\tau\in[t_{\hat{r}},\ t_{\hat{r}+1})$，则可以从以下两种情况估计 $W(t_\iota-\tau)$：

(*i*)当$t_\iota-\tau\in[t_0-\sigma,\ t_0]$时，依据式(5-14)，可得

$$W(t_\iota-\tau)\leqslant\left(\|\psi\|_\sigma+\frac{\chi}{\vartheta-\zeta}\right)M\mathrm{e}^{-\zeta(t_\iota-\tau-t_0)}+\frac{\chi M}{\vartheta-\zeta}$$

$$\leqslant\left(\|\psi\|_\sigma+\frac{\chi}{\vartheta-\zeta}\right)M\mathrm{e}^{-\zeta(t_\iota-\tau-t_0)}+\frac{\chi M}{\vartheta-\zeta}(1+\mathrm{e}^{-\zeta(t_\iota-\tau-t_1)}+\cdots+\mathrm{e}^{-\zeta(t_\iota-\tau-t_{\iota-1})})$$

(*ii*)当$t_\iota-\tau\in[t_r,\ t_{r+1})$时，依据式(5-22)可得

$$W(t_\iota-\tau)\leqslant\left(\|\psi\|_\sigma+\frac{\chi}{\vartheta-\zeta}\right)M\mathrm{e}^{-\zeta(t_\iota-\tau-t_0)}+\frac{\chi M}{\vartheta-\zeta}(1+\mathrm{e}^{-\zeta(t_\iota-\tau-t_1)}$$

$$+\cdots+\mathrm{e}^{-\zeta(t_\iota-\tau-t_r)})$$

$$\leqslant\left(\|\psi\|_\sigma+\frac{\chi}{\vartheta-\zeta}\right)M\mathrm{e}^{-\zeta(t_\iota-\tau-t_0)}+\frac{\chi M}{\vartheta-\zeta}(1+\mathrm{e}^{-\zeta(t_\iota-\tau-t_1)}+\cdots+\mathrm{e}^{-\zeta(t_\iota-\tau-t_{\iota-1})})$$

因此，可以得

$$W(t_\iota-\tau)$$

$$\leqslant\left(\|\psi\|_\sigma+\frac{\chi}{\vartheta-\zeta}\right)M\mathrm{e}^{-\zeta(t_\iota-\tau-t_0)}+\frac{\chi M}{\vartheta-\zeta}(1+\mathrm{e}^{-\zeta(t_\iota-\tau-t_1)}+\cdots+\mathrm{e}^{-\zeta(t_\iota-\tau-t_{\iota-1})})\tag{5-24}$$

依据式(5-11)和式(5-24)，可得以下不等式：

$$W(t_\iota)\leqslant\rho_1W(t_\iota^-)+\rho_2W(t_\iota^--\tau)$$

$$\leqslant\rho_1\left[\left(\|\psi\|_\sigma+\frac{\chi}{\vartheta-\zeta}\right)M\mathrm{e}^{-\zeta(t_\iota-t_0)}+\frac{\chi M}{\vartheta-\zeta}(1+\mathrm{e}^{-\zeta(t_\iota-t_1)}\right.$$

$$\left.+\cdots+\mathrm{e}^{-\zeta(t_\iota-t_{\iota-1})})\right]+\rho_2\left[\left(\|\psi\|_\sigma+\frac{\chi}{\vartheta-\zeta}\right)M\mathrm{e}^{-\zeta(t_\iota-\tau-t_0)}\right.$$

$$\left.+\frac{\chi M}{\vartheta-\zeta}(1+\mathrm{e}^{-\zeta(t_\iota-\tau-t_1)}+\cdots+\mathrm{e}^{-\zeta(t_\iota-\tau-t_{\iota-1})})\right]$$

$$\leqslant(\rho_1+\rho_2\mathrm{e}^{\zeta\sigma})\left[\left(\|\psi\|_\sigma+\frac{\chi}{\vartheta-\zeta}\right)M\mathrm{e}^{-\zeta(t_\iota-t_0)}+\frac{\chi M}{\vartheta-\zeta}(1+\mathrm{e}^{-\zeta(t_\iota-t_1)}\right.$$

$$\left.+\cdots+\mathrm{e}^{-\zeta(t_\iota-t_{\iota-1})})\right]$$

$$\leqslant\mathrm{e}^{-(\vartheta+\zeta)(t_{\iota+1}-t_\iota)}\left[\left(\|\psi\|_\sigma+\frac{\chi}{\vartheta-\zeta}\right)M\mathrm{e}^{\zeta(t_{\iota+1}-t_\iota)}\mathrm{e}^{-\zeta(\check{t}-t_0)}+\frac{\chi M}{\vartheta-\zeta}\mathrm{e}^{\zeta(t_{\iota+1}-t_\iota)}(1+\right.$$

$$e^{-\zeta(\check{t}-t_1)}+\cdots+e^{-\zeta(\check{t}-t_{\iota-1})})\Big]$$

$$\leqslant\left(\|\psi\|_\sigma+\frac{\chi}{\vartheta-\zeta}\right)Me^{-\zeta(\check{t}-t_0)}+\frac{\chi M}{\vartheta-\zeta}\left[1+e^{-\zeta(\check{t}-t_1)}+\cdots+e^{-\zeta(\check{t}-t_{\iota-1})}\right]$$

$$<\left(\|\psi\|_\sigma+\frac{\chi}{\vartheta-\zeta}\right)Me^{-\zeta(\check{t}-t_0)}+\frac{\chi M}{\vartheta-\zeta}\left[1+e^{-\zeta(\check{t}-t_1)}+\cdots+e^{-\zeta(\check{t}-t_{\iota})}\right]$$

(5-25)

上式表明 $\tilde{t}\neq t_\iota$。由 $W(t)$ 在区间 $[t_\iota,\ t_{\iota+1})$ 上的连续性，可得以下不等式：

$$W(\tilde{t})=\left(\|\psi\|_\sigma+\frac{\chi}{\vartheta-\zeta}\right)Me^{-\zeta(\check{t}-t_0)}+\frac{\chi M}{\vartheta-\zeta}\left[1+e^{-\zeta(\check{t}-t_1)}+\cdots+e^{-\zeta(\check{t}-t_\iota)}\right]$$

(5-26)

以及

$$W(t)\leqslant W(\tilde{t}),\quad t\in[t_\iota,\ \tilde{t})$$

根据式(5-25)，存在 $t^\star\in(t_\iota,\ \tilde{t})$ 使得

$$W(t^\star)=(\rho_1+\rho_2e^{\zeta\sigma})\Big[\Big(\|\psi\|_\sigma+\frac{\chi}{\vartheta-\zeta}\Big)Me^{\zeta(t_{\iota+1}-t_\iota)}e^{-\zeta(\check{t}-t_0)}$$

$$+\frac{\chi M}{\vartheta-\zeta}e^{\zeta(t_{\iota+1}-t_\iota)}\big(1+e^{-\zeta(\check{t}-t_1)}+\cdots+e^{-\zeta(\check{t}-t_{\iota-1})}\big)\Big] \tag{5-28}$$

和

$$W(t^\star)\leqslant W(t)\leqslant W(\tilde{t}),\quad t\in[t^\star,\ \tilde{t}] \tag{5-29}$$

与此同时，对任意 $t\in[t^\star,\ \tilde{t}]$，可知 $t-\varpi(t)\in[t_0-\sigma,\ t_\iota)$ 或 $t-\varpi(t)\in[t_\iota,\ \tilde{t}]$。接下来，将从以下两种情况来估计 $W(t-\varpi(t))$ 的上界：

(i) 当 $t_0-\sigma\leqslant t-\varpi(t)<t_\iota$，则 $t-\varpi(t)\in[t_0-\sigma,\ t_0]$ 或 $t-\varpi(t)\in[t_{\tilde{w}},\ t_{\tilde{w}+1})$ 关于整数 $\tilde{w}(0\leqslant\tilde{w}\leqslant\iota-1)$；

(i^1) 当 $t-\varpi(t)\in[t_0-\sigma,\ t_0]$，根据式(5-14)，可得

$$W(t-\varpi(t))\leqslant\left(\|\psi\|_\sigma+\frac{\chi}{\vartheta-\zeta}\right)Me^{-\zeta(t-\varpi(t)-t_0)}+\frac{\chi M}{\vartheta-\zeta}$$

$$\leqslant 2\left(\|\psi\|_\sigma+\frac{\chi}{\vartheta-\zeta}\right)e^{\zeta(t_{\iota+1}-t_\iota)}e^{\zeta\sigma}Me^{-\zeta(\check{t}-t_0)}$$

$$+\frac{2\chi M}{\vartheta-\zeta}\mathrm{e}^{\zeta(t_{\iota+1}-t_{\iota})}\mathrm{e}^{\zeta\sigma}\left[1+\mathrm{e}^{-\zeta(\check{t}-t_1)}+\cdots+\mathrm{e}^{-\zeta(\check{t}-t_{\iota-1})}\right]$$

(i^2)当 $t-\varpi(t)\in[t_{\hat{\iota}},\ t_{\hat{\iota}+1})$，从式(5-22)可得

$$\begin{aligned}
W(t-\varpi(t)) &\leqslant \left(\|\psi\|_{\sigma}+\frac{\chi}{\vartheta-\zeta}\right)M\mathrm{e}^{-\zeta(t-\varpi(t)-t_0)} \\
&\quad +\frac{\chi M}{\vartheta-\zeta}\left[1+\mathrm{e}^{-\zeta(t-\varpi(t)-t_1)}+\cdots+\mathrm{e}^{-\zeta(t-\varpi(t)-t_{\hat{\iota}-1})}\right] \\
&\leqslant \left(\|\psi\|_{\sigma}+\frac{\chi}{\vartheta-\zeta}\right)M\mathrm{e}^{-\zeta(\check{t}-t_0)}\mathrm{e}^{\zeta(\check{t}-t)}\mathrm{e}^{\zeta\sigma} \\
&\quad +\frac{\chi M}{\vartheta-\zeta}\mathrm{e}^{\zeta(\check{t}-t)}\mathrm{e}^{\zeta\sigma}\left[1+\mathrm{e}^{-\zeta(\check{t}-t_1)}+\cdots+\mathrm{e}^{-\zeta(\check{t}-t_{\hat{\iota}-1})}\right] \\
&\leqslant 2\left(\|\psi\|_{\sigma}+\frac{\chi}{\vartheta-\zeta}\right)\mathrm{e}^{\zeta(t_{\iota+1}-t_{\iota})}\mathrm{e}^{\zeta\sigma}M\mathrm{e}^{-\zeta(\check{t}-t_0)} \\
&\quad +\frac{2\chi M}{\vartheta-\zeta}\mathrm{e}^{\zeta(t_{\iota+1}-t_{\iota})}\mathrm{e}^{\zeta\sigma}\left[1+\mathrm{e}^{-\zeta(\check{t}-t_1)}+\cdots+\mathrm{e}^{-\zeta(\check{t}-t_{\iota-1})}\right]
\end{aligned}$$

(ii)当 $t_{\iota}\leqslant t-\varpi(t)\leqslant\tilde{t}$ 时，从式(5-27)可得

$$\begin{aligned}
W(t-\varpi(t)) &\leqslant \left(\|\psi\|_{\sigma}+\frac{\chi}{\vartheta-\zeta}\right)M\mathrm{e}^{-\zeta(\check{t}-t_0)} \\
&\quad +\frac{\chi M}{\vartheta-\zeta}\left[1+\mathrm{e}^{-\zeta(\check{t}-t_1)}+\cdots+\mathrm{e}^{-\zeta(\check{t}-t_{\iota-1})}+\mathrm{e}^{-\zeta(\check{t}-t_{\iota})}\right] \\
&\leqslant \left(\|\psi\|_{\sigma}+\frac{\chi}{\vartheta-\zeta}\right)\mathrm{e}^{\zeta(t_{\iota+1}-t_{\iota})}\mathrm{e}^{\zeta\sigma}M\mathrm{e}^{-\zeta(\check{t}-t_0)}+\frac{\chi M}{\vartheta-\zeta}\mathrm{e}^{-\zeta(\check{t}-t_{\iota})} \\
&\quad +\frac{\chi M}{\vartheta-\zeta}\mathrm{e}^{\zeta(t_{\iota+1}-t_{\iota})}\mathrm{e}^{\zeta\sigma}\left[1+\mathrm{e}^{-\zeta(\check{t}-t_1)}+\cdots+\mathrm{e}^{-\zeta(\check{t}-t_{\iota-1})}\right] \\
&\leqslant 2\left(\|\psi\|_{\sigma}+\frac{\chi}{\vartheta-\zeta}\right)\mathrm{e}^{\zeta(t_{\iota+1}-t_{\iota})}\mathrm{e}^{\zeta\sigma}M\mathrm{e}^{-\zeta(\check{t}-t_0)} \\
&\quad +\frac{2\chi M}{\vartheta-\zeta}\mathrm{e}^{\zeta(t_{\iota+1}-t_{\iota})}\mathrm{e}^{\zeta\sigma}\left[1+\mathrm{e}^{-\zeta(\check{t}-t_1)}+\cdots+\mathrm{e}^{-\zeta(\check{t}-t_{\iota-1})}\right]
\end{aligned}$$

根据情况(i)和情况(ii)，可以得

$$W(t-\varpi(t))\leqslant\frac{2\mathrm{e}^{\zeta\sigma}}{\rho_1+\rho_2\mathrm{e}^{\zeta\sigma}}W(t^{\star})\leqslant\frac{2\mathrm{e}^{\zeta\sigma}}{\rho_1+\rho_2\mathrm{e}^{\zeta\sigma}}W(t)=2\gamma\mathrm{e}^{\zeta\sigma}W(t),\qquad t\in[t^{\star},\ \tilde{t}]$$

由此可知，以下不等式成立：

$$\begin{aligned} D^{+}W(t) &\leqslant \alpha W(t)+\beta W(t-\varpi(t))+\chi \\ &\leqslant (\alpha+2\beta\gamma e^{\zeta\sigma})W(t)+\chi \\ &\leqslant (\vartheta-\zeta)W(t)+\chi, \qquad t\in[t^{\star},\ \tilde{t}] \end{aligned}$$

从 $t^{\star}$ 到 $\tilde{t}$ 对上述不等式积分，依据式(5-26)和式(5-28)，可得

$$\begin{aligned} W(\tilde{t}) &\leqslant \left(W(t^{\star})+\frac{\chi}{\vartheta-\zeta}\right)e^{(\vartheta-\zeta)(\tilde{t}-t^{\star})}-\frac{\chi}{\vartheta-\zeta} \\ &\leqslant (\rho_1+\rho_2 e^{\zeta\sigma})\left[\left(\|\psi\|_{\sigma}+\frac{\chi}{\vartheta-\zeta}\right)Me^{\zeta(t_{\iota+1}-t_{\iota})}e^{-\zeta(\tilde{t}-t_0)}e^{(\vartheta-\zeta)(\tilde{t}-t^{\star})}\right] \\ &\quad +(\rho_1+\rho_2 e^{\zeta\sigma})\frac{\chi M}{\vartheta-\zeta}\times e^{\zeta(t_{\iota+1}-t_{\iota})}\left[1+e^{-\zeta(\tilde{t}-t_1)}+\cdots+e^{-\zeta(\tilde{t}-t_{\iota-1})}\right] \\ &\quad e^{(\vartheta-\zeta)(\tilde{t}-t^{\star})}+\frac{\chi}{\vartheta-\zeta}e^{(\vartheta-\zeta)(\tilde{t}-t^{\star})} \\ &< e^{-\vartheta(t_{\iota+1}-t_{\iota})}e^{(\vartheta-\zeta)(\tilde{t}-t^{\star})}\left(\|\psi\|_{\sigma}+\frac{\chi}{\vartheta-\zeta}\right)Me^{-\zeta(\tilde{t}-t_0)}+e^{-\vartheta(t_{\iota+1}-t_{\iota})}e^{(\vartheta-\zeta)(\tilde{t}-t^{\star})} \\ &\quad \times\frac{\chi M}{\vartheta-\zeta}\left[1+e^{-\zeta(\tilde{t}-t_1)}+\cdots+e^{-\zeta(\tilde{t}-t_{\iota-1})}\right]+\frac{\chi}{\vartheta-\zeta}e^{(\vartheta-\zeta)(t_{\iota+1}-t_{\iota})} \\ &< \left(\|\psi\|_{\sigma}+\frac{\chi}{\vartheta-\zeta}\right)Me^{-\zeta(\tilde{t}-t_0)}+\frac{\chi M}{\vartheta-\zeta}\left[1+e^{-\zeta(\tilde{t}-t_1)}+\cdots+e^{-\zeta(\tilde{t}-t_{\iota-1})}\right. \\ &\quad \left.+e^{-\zeta(\tilde{t}-t_{\iota})}\right] \end{aligned}$$

显然上式与式(5-26)矛盾，可知式(5-23)成立。由数学归纳法可知，式(5-8)成立。

注 5.1 在引理 5.1 中，参数 α、β 和 χ 均大于零，这表明了系统的连续动态可能是不稳定的。另一方面，参数 ρ_1 和 ρ_2 刻画了脉冲效应的影响，由于 $0<\rho_1+\rho_2<1$，这意味着脉冲起到控制作用来稳定系统。因此，引理 5.1 中的条件[式(5-7)]平衡了连续动力学和脉冲效应之间的关系，以确保 $W(t)$ 能收敛到有界区域。

注 5.2 不同于文献[198]和[199]中的定理 1，引理 5.1 中的式(5-6)

考虑了脉冲时延的影响。若在式(5-6)中忽略脉冲时延的影响，即：$\rho_1 \neq 0$ 且 $\rho_2 = 0$，则引理5.1退化到文献[198]和[199]的定理1。对于方程(5-6)只有脉冲时延状态的情况，即：$\rho_1 = 0$，$\rho_2 \neq 0$。对 $\forall k \in \mathbb{Z}^+$，若 $\frac{1}{\rho_2} > e^{(\alpha + \frac{2\beta}{\rho_2})(t_{k+1} - t_k)} > 1$，则引理5.1表明：存在常数 $M \geqslant 1$ 和 $\vartheta > \zeta > 0$ 使得不等式(5-8)仍然成立。而且，与文献[200]中的引理3相比较，本书引理5.1中移除了 $t_k - t_{k-1} \geqslant \tau$ 的限制。因此，引理5.1更普遍，更灵活且保守性更小。

5.3 脉冲控制下的同步

5.3.1 牵制脉冲控制下的多层复杂网络的同步准则

在该部分中，根据提出的引理5.1和提出的具有脉冲时延的牵制脉冲控制策略得到了多层动态网络准同步的充分性条件。

定理5.1 设 $\varXi_i$ 和 Σ_h，$i \in \mathcal{J}$，$h \in \mathcal{M}$，分别为 L 和 $\tilde{L}$ 的对角元素。假设 T_a 为脉冲序列 $\zeta = \{t_k\}_{k \in \mathbb{Z}^+}$ 的平均脉冲区间。基于假设5.1和假设5.2，对任意 $i \in \mathcal{J}$，$h \in \mathcal{M}$，如果 $-1 - \frac{1}{\sqrt{2}} < \varphi_i^{(h)} < -1 + \frac{1}{\sqrt{2}}$，以及

$$\left(\alpha + \frac{2\beta}{\rho_1 + \rho_2}\right)(1 + N_0) T_a < -\ln(\rho_1 + \rho_2) \tag{5-30}$$

且存在常数 $\vartheta > \zeta > 0$ 和 $M > 1$ 使得式(5-9)、式(5-10)和式(5-12)成立，其中

$$\alpha = \max_{i \in \mathcal{J}, h \in \mathcal{M}} \left\{2\sqrt{\lambda_{\max}(A_i A_i^{\mathrm{T}})} + 2L_g \sqrt{\lambda_{\max}(B_i B_i^{\mathrm{T}})} + 4v\,\varXi_i + 2w\,\Sigma_h + 1\right\}$$

$$\beta = 2w \max_{h \in \mathcal{M}}\{\Sigma_h\},\ \rho_1 = \max_{i \in \mathcal{J}, h \in \mathcal{M}}\left\{1 - \frac{p}{N}\left[1 - 2\left(1 + \varphi_i^{(h)}\right)^2\right]\right\},\ \rho_2 = \max_{i \in \mathcal{J}, h \in \mathcal{M}}\left\{2\left(\mu_i^{(h)}\right)^2\right\}$$

则多层动态网络[式(5-1)]与目标系统[式(5-2)]可以在以下有界区域内实现准同步：

$$\mathbb{S}=\left\{\varrho(t)\in\mathbb{R}^{nNM}\ \middle|\ \|\varrho\|\leqslant\sqrt{\frac{\chi M}{\Phi(\vartheta-\zeta)}\left(\frac{e^{\zeta N_0 T_a}}{1-e^{-\zeta T_a}}+1\right)}\right\}$$

其中，$\chi=\sum_{h=1}^{M}\sum_{i=1}^{N}\Sigma_h\Xi_i F^2(\|A_i-A_0\|+L_g\|B_i-B_0\|)^2$，$\Phi=\min_{i\in\mathcal{J},h\in\mathcal{M}}\{\Sigma_h\Xi_i\}$。

证明：对于系统[式(5-5)]，考虑以下 Lyapunov 泛函：

$$V(t)=\sum_{h=1}^{M}\sum_{i=1}^{N}\Sigma_h\Xi_i V_i^{(h)}(t)$$

其中，Σ_h和Ξ_i分别为有向图$\mathcal{G}_1$和$\mathcal{G}_2$所对应的 Laplacian 矩阵对角元素的辅因子，且

$$V_i^{(h)}(t)=(\varrho_i^{(h)}(t))^{\mathrm{T}}\varrho_i^{(h)}(t)$$

当$t\in[t_k,t_{k+1})$，$k\in\mathbb{Z}^+$时，可得

$$\boldsymbol{D}^+V(t)=\sum_{h=1}^{M}\sum_{i=1}^{N}\Sigma_h\Xi_i\boldsymbol{D}^+V_i^{(h)}(t)\tag{5-31}$$

其中，

$$\begin{aligned}\boldsymbol{D}^+V_i^{(h)}(t)&=2(\varrho_i^{(h)}(t))^{\mathrm{T}}\dot{\varrho}_i^{(h)}(t)\\&=2(\varrho_i^{(h)}(t))^{\mathrm{T}}[A_i\varrho_i^{(h)}(t)+B_i\tilde{g}(\varrho_i^{(h)}(t))+v\sum_{j=1}^{N}c_{ij}^{(h)}(\varrho_j^{(h)}(t)-\varrho_i^{(h)}(t))\\&\quad+w\sum_{l=1}^{M}d_{hl}(\varrho_i^{(l)}(t-\widetilde{w}(t))-\varrho_i^{(h)}(t-\widetilde{w}(t)))+Q_i(s(t))]\end{aligned}\tag{5-32}$$

根据引理 1.3，对任意常数$\varepsilon_i>0$，可以得到如下不等式：

$$\begin{aligned}2(\varrho_i^{(h)}(t))^{\mathrm{T}}A_i\varrho_i^{(h)}(t)&\leqslant\varepsilon_i\lambda_{\max}(A_iA_i^{\mathrm{T}})(\varrho_i^{(h)}(t))^{\mathrm{T}}\varrho_i^{(h)}(t)\\&\quad+\varepsilon_i^{-1}(\varrho_i^{(h)}(t))^{\mathrm{T}}\varrho_i^{(h)}(t)\\&\leqslant2\sqrt{\lambda_{\max}(A_iA_i^{\mathrm{T}})}\|\varrho_i^{(h)}(t)\|^2\end{aligned}\tag{5-33}$$

其中，$\varepsilon_i=\dfrac{1}{\sqrt{\lambda_{\max}(A_iA_i^{\mathrm{T}})}}$。

基于假设 5.1 和引理 1.3，对任意常数$\tilde{\varepsilon}_i>0$，可以得到

$$2(\varrho_i^{(h)}(t))^{\mathrm{T}}B_i\tilde{g}(\varrho_i^{(h)}(t))\leqslant\tilde{\varepsilon}_i(\varrho_i^{(h)}(t))^{\mathrm{T}}B_iB_i^{\mathrm{T}}\varrho_i^{(h)}(t)+\tilde{\varepsilon}_i^{-1}\tilde{g}^{\mathrm{T}}(\varrho_i^{(h)}(t))\tilde{g}(\varrho_i^{(h)}(t))$$

$$\leqslant \tilde{\varepsilon}_i \lambda_{\max}(B_i B_i^{\mathrm{T}}) \|\varrho_i^{(h)}(t)\|^2 + \tilde{\varepsilon}_i^{-1} L_g^2 \|\varrho_i^{(h)}(t)\|^2$$
$$\leqslant 2L_g \sqrt{\lambda_{\max}(B_i B_i^{\mathrm{T}})} \|\varrho_i^{(h)}(t)\|^2$$

其中，$\tilde{\varepsilon}_i = \dfrac{L_g}{\sqrt{\lambda_{\max}(B_i B_i^T)}}$。依据引理1.3，以下不等式成立：

$$\begin{aligned}
&2v(\varrho_i^{(h)}(t))^{\mathrm{T}} \sum_{j=1}^{N} c_{ij}^{(h)} (\varrho_j^{(h)}(t) - \varrho_i^{(h)}(t)) \\
&\leqslant 2v \sum_{j=1}^{N} c_{ij}^{(h)} \|\varrho_i^{(h)}(t)\| \|\varrho_j^{(h)}(t) - \varrho_i^{(h)}(t)\| \\
&\leqslant 2v \sum_{j=1}^{N} \boldsymbol{C}_{ij} \|\varrho_i^{(h)}(t)\|^2 + \frac{v}{2} \sum_{j=1}^{N} \boldsymbol{C}_{ij} (\|\varrho_j^{(h)}(t) - \varrho_i^{(h)}(t)\|^2) \\
&\leqslant 4v \sum_{j=1}^{N} \boldsymbol{C}_{ij} \|\varrho_i^{(h)}(t)\|^2 + v \sum_{j=1}^{N} \boldsymbol{C}_{ij} (\|\varrho_j^{(h)}(t)\|^2 - \|\varrho_i^{(h)}(t)\|^2)
\end{aligned} \tag{5-35}$$

和

$$\begin{aligned}
&2(\varrho_i^{(h)}(t))^{\mathrm{T}} w \sum_{l=1}^{M} d_{hl} (\varrho_i^{(l)}(t - \varpi(t)) - \varrho_i^{(h)}(t - \varpi(t))) \\
&\leqslant 2w \sum_{l=1}^{M} d_{hl} \|\varrho_i^{(h)}(t)\| \|\varrho_i^{(l)}(t - \varpi(t)) - \varrho_i^{(h)}(t - \varpi(t))\| \\
&\leqslant 2w \sum_{l=1}^{M} d_{hl} \|\varrho_i^{(h)}(t)\|^2 + \frac{1}{2} w \sum_{l=1}^{M} d_{hl} \|\varrho_i^{(l)}(t - \varpi(t)) - \varrho_i^{(h)}(t - \varpi(t))\|^2 \\
&\leqslant 2w \sum_{l=1}^{M} d_{hl} \|\varrho_i^{(h)}(t)\|^2 + 2w \sum_{l=1}^{M} d_{hl} \|\varrho_i^{(h)}(t - \varpi(t))\|^2 \\
&\quad + w \sum_{l=1}^{M} d_{hl} (\|\varrho_i^{(l)}(t - \tilde{w}(t))\|^2 - \|\varrho_i^{(h)}(t - \varpi(t))\|^2)
\end{aligned} \tag{5-36}$$

根据假设5.1和引理1.3，对任意常数$\eta_i > 0$，有以下不等式：

$$\begin{aligned}
&2(\varrho_i^{(h)}(t))^{\mathrm{T}} \boldsymbol{Q}_i(s(t)) \\
&\leqslant \|\varrho_i^{(h)}(t)\|^2 + \|\boldsymbol{Q}_i(s(t))\|^2 \\
&= \|\varrho_i^{(h)}(t)\|^2 + \|(A_i - A_0)s(t) + (B_i - B_0)g(s(t))\|^2 \\
&\leqslant \|\varrho_i^{(h)}(t)\|^2 + (1 + \eta_i)\|A_i - A_0\|^2 \|s(t)\|^2 + (1 + \eta_i^{-1}) \times \|B_i - B_0\|^2 \|g(s(t))\|^2 \\
&\leqslant \|\varrho_i^{(h)}(t)\|^2 + F^2 (\|A_i - A_0\| + L_g \|B_i - B_0\|)^2
\end{aligned} \tag{5-37}$$

其中，$\eta_i=\dfrac{L_g\|B_i-B_0\|}{\|A_i-A_0\|}$。

将式(5-34)、式(5-37)代入式(5-32)，可以得到

$$
\begin{aligned}
D^+V_i^{(h)}(t)\leqslant&\Big(2\sqrt{\lambda_{\max}(A_iA_i^{\mathrm{T}})}+2L_g\sqrt{\lambda_{\max}(B_iB_i^{\mathrm{T}})}+4v\sum_{j=1}^{N}\boldsymbol{C}_{ij}+2w\sum_{l=1}^{M}d_{hl}+1\Big)\\
&\|\varrho_i^{(h)}(t)\|^2+2w\sum_{l=1}^{M}d_{hl}\|\varrho_i^{(h)}(t-\varpi(t))\|^2+v\sum_{j=1}^{N}\boldsymbol{C}_{ij}(\|\varrho_j^{(h)}(t)\|^2-\\
&\|\varrho_i^{(h)}(t)\|^2)+w\sum_{l=1}^{M}d_{hl}(\|\varrho_i^{(l)}(t-\varpi(t))\|^2-\|\varrho_i^{(h)}(t-\varpi(t))\|^2)\\
&+F^2(\|A_i-A_0\|+L_g\|B_i-B_0\|)^2
\end{aligned}\tag{5-38}
$$

根据文献[201]中的定理2.3，可知

$$\sum_{h=1}^{M}\sum_{i=1}^{N}\sum_{j=1}^{N}\Sigma_h\Xi_i\boldsymbol{C}_{ij}(\|\varrho_j^{(h)}(t)\|^2-\|\varrho_i^{(h)}(t)\|^2)=0\tag{5-39}$$

$$\sum_{h=1}^{M}\sum_{i=1}^{N}\sum_{l=1}^{M}\Sigma_h\Xi_i d_{hl}(\|\varrho_i^{(l)}(t-\varpi(t))\|^2-\|\varrho_i^{(h)}(t-\varpi(t))\|^2)=0\tag{5-40}$$

依据式(5-32)～式(5-40)，可得

$$
\begin{aligned}
D^+V(t)\leqslant&\sum_{h=1}^{M}\sum_{i=1}^{N}\Sigma_h\Xi_i(2\sqrt{\lambda_{\max}(A_iA_i^{\mathrm{T}})}+2L_g\sqrt{\lambda_{\max}(B_iB_i^{\mathrm{T}})}+4v\sum_{j=1}^{N}\boldsymbol{C}_{ij}\\
&+2w\sum_{l=1}^{M}d_{hl}+1)\|\varrho_i^{(h)}(t)\|^2+\sum_{h=1}^{M}\sum_{i=1}^{N}\sum_{l=1}^{M}2w\,\Sigma_h\Xi_i d_{hl}\|\varrho_i^{(h)}(t-\varpi(t))\|^2\\
&+\sum_{h=1}^{M}\sum_{i=1}^{N}\Sigma_h\Xi_i F^2(\|A_i-A_0\|+L_g\|B_i-B_0\|)^2\\
\leqslant&\alpha V(t)+\beta V(t-\varpi(t))+\chi
\end{aligned}
$$

另一方面，在 $t=t_k$，$k\in\mathbb{Z}^+$ 时，由牵制准则和 $-1-\dfrac{1}{\sqrt{2}}<\varphi_i^{(h)}<-1+\dfrac{1}{\sqrt{2}}$，$i\in\mathcal{J}$，$h\in\mathcal{M}$，可得

$$
\begin{aligned}
V(t_k)=&\sum_{h=1}^{M}\sum_{i=1}^{N}\Sigma_h\Xi_i(\varrho_i^{(h)}(t_k))^{\mathrm{T}}\varrho_i^{(h)}(t_k)\\
=&\sum_{h=1}^{M}\sum_{i\in I_D^{(h)}(t_k)}\Sigma_h\Xi_i[(1+\varphi_i^{(h)})\varrho_i^{(h)}(t_k^-)+\mu_i^{(h)}\varrho_i^{(h)}(t_k^--\tau)]^{\mathrm{T}}[(1+\varphi_i^{(h)})\\
&\times\varrho_i^{(h)}(t_k^-)+\mu_i^{(h)}\varrho_i^{(h)}(t_k^--\tau)]+\sum_{h=1}^{M}\sum_{i\notin I_D^{(h)}(t_k)}\Sigma_h\Xi_i(\varrho_i^{(h)}(t_k^-))^{\mathrm{T}}\varrho_i^{(h)}(t_k^-)\\
\leqslant&\sum_{h=1}^{M}\sum_{i\in I_D^{(h)}(t_k)}2\,\Sigma_h\Xi_i(1+\varphi_i^{(h)})^2(\varrho_i^{(h)}(t_k^-))^{\mathrm{T}}\varrho_i^{(h)}(t_k^-)\\
&+\sum_{h=1}^{M}\sum_{i\in I_D^{(h)}(t_k)}2\,\Sigma_h\Xi_i(\mu_i^{(h)})^2(\varrho_i^{(h)}(t_k^--\tau))^{\mathrm{T}}\varrho_i^{(h)}(t_k^--\tau)
\end{aligned}
$$

$$
\begin{aligned}
&+\sum_{h=1}^{M}\sum_{i\notin I_D^{(h)}(t_k)}2\,\Sigma_h\Xi_i\,(1+\varphi_i^{(h)})^2\,(\varrho_i^{(h)}(t_k^-))^{\mathrm{T}}\varrho_i^{(h)}(t_k^-)\\
&+\sum_{h=1}^{M}\sum_{i\notin I_D^{(h)}(t_k)}\Sigma_h\Xi_i[1-2\,(1+\varphi_i^{(h)})^2](\varrho_i^{(h)}(t_k^-))^{\mathrm{T}}\varrho_i^{(h)}(t_k^-)\\
\leqslant&\sum_{h=1}^{M}\sum_{i=1}^{N}2\,\Sigma_h\Xi_i\,(1+\varphi_i^{(h)})^2\,(\varrho_i^{(h)}(t_k^-))^{\mathrm{T}}\varrho_i^{(h)}(t_k^-)\\
&+\sum_{h=1}^{M}\sum_{i\in I_D^{(h)}(t_k)}2\,\Sigma_h\Xi_i\,(\mu_i^{(h)})^2\,(\varrho_i^{(h)}(t_k^--\tau))^{\mathrm{T}}\varrho_i^{(h)}(t_k^--\tau)\\
&+\sum_{h=1}^{M}\sum_{i=1}^{N}\Sigma_h\Xi_i\frac{[1-2\,(1+\varphi_i^{(h)})^2](N-p)}{N}(\varrho_i^{(h)}(t_k^-))^{\mathrm{T}}\varrho_i^{(h)}(t_k^-)\\
\leqslant&\rho_1V(t_k^-)+\rho_2V(t_k^--\tau)
\end{aligned}
$$

其中，$\rho_1=\max_{i\in\mathcal{J},h\in\mathcal{M}}\left\{1-\frac{p}{N}[1-2\,(1+\varphi_i^{(h)})^2]\right\}$，$\rho_2=\max_{i\in\mathcal{J},h\in\mathcal{M}}\{2\,(\mu_i^{(h)})^2\}$。

由定义 5.2 和式(5-30)，可知如下不等式成立：

$$
\left(\alpha+\frac{2\beta}{\rho_1+\rho_2}\right)(t_{k+1}-t_k)<\left(\alpha+\frac{2\beta}{\rho_1+\rho_2}\right)(1+N_0)T_a<-\ln(\rho_1+\rho_2)
$$

因此，引理 5.1 中的式(5-7)成立。然后，由引理 5.1 可得

$$
\begin{aligned}
V(t)\leqslant&\left(\|V(t_0)\|_\sigma+\frac{\chi}{\vartheta-\zeta}\right)M\mathrm{e}^{-\zeta(t-t_0)}+\frac{\chi M}{\vartheta-\zeta}\\
&\times[1+\mathrm{e}^{-\zeta(t-t_1)}+\mathrm{e}^{-\zeta(t-t_2)}+\cdots+\mathrm{e}^{-\zeta(t-t_k)}],\quad t\in[t_k,\ t_{k+1}),\quad k\in\mathbb{Z}^+
\end{aligned}
$$

由定义 5.2 可知：对任意 $t\geqslant s\geqslant t_0$，有 $t-s\geqslant(N_\zeta(t,\ s)-N_0)T_a$。因此，当 $t\in[t_k,\ t_{k+1})$时，可得

$$
\begin{aligned}
V(t)\leqslant&\left(\|V(t_0)\|_\sigma+\frac{\chi}{\vartheta-\zeta}\right)M\mathrm{e}^{-\zeta(t-t_0)}+\frac{\chi M}{\vartheta-\zeta}\\
&\times\left[\mathrm{e}^{-\zeta(k-1-N_0)T_a}+\mathrm{e}^{-\zeta(k-2-N_0)T_a}+\cdots+\mathrm{e}^{-\zeta(-N_0T_a)}\right]+\frac{\chi M}{\vartheta-\zeta}\\
=&\left(\|V(t_0)\|_\sigma+\frac{\chi}{\vartheta-\zeta}\right)M\mathrm{e}^{-\zeta(t-t_0)}+\frac{\chi M}{\vartheta-\zeta}\sum_{m=1}^{k}\mathrm{e}^{-\zeta(k-m-N_0)T_a}+\frac{\chi M}{\vartheta-\zeta}\\
=&\left(\|V(t_0)\|_\sigma+\frac{\chi}{\vartheta-\zeta}\right)M\mathrm{e}^{-\zeta(t_k-t_0)}+\frac{\chi M}{\vartheta-\zeta}\left[\mathrm{e}^{\zeta N_0T_a}\frac{1-(\mathrm{e}^{-\zeta T_a})^k}{1-\mathrm{e}^{-\zeta T_a}}+1\right]
\end{aligned}\tag{5-41}
$$

由于以下不等式显然成立：

$$
V(t)=\sum_{h=1}^{M}\sum_{i=1}^{N}\Sigma_h\Xi_iV_i^{(h)}(t)\geqslant\Phi\|\varrho(t)\|^2\tag{5-42}
$$

因此，从式(5-41)和式(5-42)可知：对任意 $t\in[t_k, t_{k+1})$，$k\in\mathbb{Z}^+$，可得

$$\|\varrho(t)\|\leqslant\sqrt{\left(\|V(t_0)\|_\sigma+\frac{\chi}{\vartheta-\zeta}\right)\frac{M}{\Phi}e^{-\frac{\zeta}{2}(t_k-t_0)}}+\sqrt{\frac{\chi M}{\Phi(\vartheta-\zeta)}\left[e^{\zeta N_0T_a}\frac{1-(e^{-\zeta T_a})^k}{1-e^{-\zeta T_a}}+1\right]}$$

当 $k\to\infty$，有 $t_k\to\infty$，可得：当 $t\to\infty$，以下不等式成立：

$$\|\varrho(t)\|\leqslant\sqrt{\frac{\chi M}{\Phi(\vartheta-\zeta)}\left(\frac{e^{\zeta N_0T_a}}{1-e^{-\zeta T_a}}+1\right)}$$

这表明 $\|\varrho(t)\|$ 收敛到域 $\mathbb{S}=\left\{\varrho(t)\in\mathbb{R}^{nNM}\mid\|\varrho\|\leqslant\sqrt{\frac{\chi M}{\Phi(\vartheta-\zeta)}\left(\frac{e^{\zeta N_0T_a}+1}{1-e^{-\zeta T_a}}+1\right)}\right\}$。因此，多层动态网络[式(5-1)]与目标系统[式(5-2)]实现了准同步。

注 5.3 将 Lyapunov 泛函方法应用于研究多层动态网络的同步问题时，不仅要考虑各层网络的内部拓扑结构，而且要考虑层与层之间的网络拓扑结构。因此，选择合适的网络拓扑依赖的 Lyapunov 泛函至关重要。相比于文献[88]和文献[202]中一般的二次型形式 Lyapunov 泛函的选择，本书构造了一个网络拓扑依赖的 Lyapunov 泛函，其形式为

$$V(t)=\sum_{h=1}^{M}\sum_{i=1}^{N}\Sigma_h\Xi_i\left(\varrho_i^{(h)}(t)\right)^{\mathrm{T}}\varrho_i^{(h)}(t)$$

其中，Σ_h 和 Ξ_i 与多层动态网络的层间和层内网络拓扑相关联，分别表示为有向图$(\mathcal{G}_1, \boldsymbol{C})$和$(\mathcal{G}_2, \boldsymbol{D})$对应的 Laplacian 矩阵的第 i 个和第 h 个对角元素。

注 5.4 根据定理 5.1 中的式(5-30)可知，充分性条件 $T_a<-\frac{\ln(\rho_1+\rho_2)}{\left(\alpha+\frac{2\beta}{\rho_1+\rho_2}\right)(1+N_0)}$ 给出了平均脉冲区间的上界，这表明：为了克服连续动态对多层动态网络实现准同步的消极影响，稳定脉冲必须频繁出现。除此之外，注意到文献[154]中的定理 3.1 对脉冲区间的上界有限制，即：$t_k-t_{k-1}\leqslant\delta$，$k\in\mathbb{Z}^+$，这个限制对于非均匀分布的脉冲序列可能是非常保守的。本章采用了平均脉冲区间的概念，它不仅适用于均匀分布的脉冲序列，

而且适用于非均匀分布的脉冲序列。因此，定理 5.1 得到的结果保守性较小。

注 5.5 基于引理 5.1，定理 5.1 为设计合适的牵制脉冲控制(5-4)提供了充分性条件。只需在每个脉冲时刻控制各层网络的 $p(1 \leqslant p < N)$ 个节点，即可实现多层动态网络[式(5-1)]与目标系统[式(5-2)]的准同步。式(5-30)表明在每个脉冲时刻的固定节点数与系统参数、脉冲控制增益、平均脉冲区间的长度以及颤振界有关。从式(5-30)可以看出，在每个脉冲时刻，每层选择控制的节点越少，则脉冲控制增益越强或者所需的平均脉冲区间的长度越小。

特别地，如果在 t_k 时刻控制每层网络中所有的节点，即：$p=N$，则控制器[式(5-4)]可以表示为如下脉冲控制器：

$$u_i^{(h)}(t)=\sum_{k=1}^{\infty}[\varphi_i^{(h)}\varrho_i^{(h)}(t)+\mu_i^{(h)}\varrho_i^{(h)}(t-\tau)]\delta(t-t_k),\quad i\in\mathcal{J},\quad h\in\mathcal{M} \tag{5-43}$$

基于定理 5.1，通过以上脉冲控制可以得到以下准同步结果。

推论 5.1 设 Ξ_i 和 $\Sigma_h(i\in\mathcal{J},\ h\in\mathcal{M})$ 分别为 Laplacian 矩阵 $\boldsymbol{L}$ 和 $\widetilde{\boldsymbol{L}}$ 的对角元素。假设 T_a 为脉冲序列 $\zeta=\{t_k\}_{k\in\mathbb{Z}^+}$ 的平均脉冲区间。根据假设 5.1 和假设 5.2，如果

$$\left(\alpha+\frac{2\beta}{\tilde{\rho}_1+\rho_2}\right)(1+N_0)T_a<-\ln(\tilde{\rho}_1+\rho_2) \tag{5-44}$$

且存在常数 $\vartheta>\zeta>0$ 和 $M>1$ 使得式(5-9)、式(5-10)以及式(5-12)成立，其中用 $\tilde{\rho}_1$ 代替式(5-9)中的 ρ_1，用 $\dfrac{1}{\tilde{\rho}_1+\rho_2 e^{\zeta\sigma}}$ 代替式(5-10)中的 γ，且 $\tilde{\rho}_1=\max_{i\in\mathcal{J},h\in\mathcal{M}}\{2\,(1+\varphi_i^{(h)})^2\}$，其他参数与定理 5.1 中相同，则多层动态网络[式(5-1)]与目标系统[式(5-2)]可以在以下有界区域内实现准同步：

$$\mathbb{S}=\left\{\varrho(t)\in\mathbb{R}^{nNM}\mid\ \|\varrho\|\leqslant\sqrt{\frac{\chi M}{\Phi(\vartheta-\zeta)}\left(\frac{e^{\zeta N_0T_a}}{1-e^{-\zeta T_a}}+1\right)}\right\}$$

其中，$\chi=\sum_{h=1}^{M}\sum_{i=1}^{N}\Sigma_h\Xi_i F^2\,(\|A_i-A_0\|+L_g\|B_i-B_0\|)^2$，$\Phi=\min_{i\in\mathcal{J},h\in\mathcal{M}}\{\Sigma_h\Xi_i\}$。

5.3.2 脉冲同步准则在单连杆机械臂中的应用

接下来，将本节获得的同步结果应用于多层异构单连杆机械臂网络的准同步，同时验证所提出牵制脉冲控制策略的可行性。

考虑以下单连杆机械臂的动力学方程：

$$J\ddot{\theta}(t) = -\widetilde{B}\dot{\theta}(t) - \widetilde{M}g_m\widetilde{L}\sin(\theta(t)) \tag{5-45}$$

其中，$\theta(t)$，$\dot{\theta}(t)$和$\ddot{\theta}(t)$分别表示当前关节的位置、速度和加速度。$\widetilde{B}$为阻尼系数，J 表示连杆和电机的总转动惯量，$\widetilde{M}$为质量，g_m 表示重力加速度，$\widetilde{L}$ 是质心到关节轴的距离。

令$\theta^*(t)=J\dot{\theta}(t)+q\theta(t)$，则系统[式(5-45)]可以表示为

$$\begin{cases}\dot{\theta}(t)=\dfrac{1}{J}\theta^*(t)-\dfrac{q}{J}\theta(t)\\ \dot{\theta}^*(t)=\dfrac{q-\widetilde{B}}{J}\theta^*(t)-\dfrac{q(q-\widetilde{B})}{J}\theta(t)-\widetilde{M}g_m\widetilde{L}\sin(\theta(t))\end{cases} \tag{5-46}$$

记$\Theta(t)=[\theta(t),\ \theta^*(t)]^{\mathrm{T}}$，则系统[式(5-46)]可以写成如下形式：

$$\dot{\Theta}(t)=A_0\Theta(t)+B_0g(\Theta(t)) \tag{5-47}$$

其中，$A_0=\begin{bmatrix}-\dfrac{q}{J} & \dfrac{1}{J}\\ -\dfrac{q(q-\widetilde{B})}{J} & \dfrac{q-\widetilde{B}}{J}\end{bmatrix}$，$B_0=\begin{bmatrix}0 & 0\\ 0 & -\widetilde{M}g_m\widetilde{L}\end{bmatrix}$，$g(\Theta(t))=\begin{bmatrix}0\\ \sin(\theta(t))\end{bmatrix}$。

将系统[式(5-47)]作为目标系统，考虑一个 M 层的单连杆机械臂网络，且每层有 N 个不相同的单连杆机械臂。以下为 M 层单连杆机械臂网络的第 h 层第 i 个机械臂的动力学方程：

$$\begin{aligned}R_i^{(h)}(t) &= A_iR_i^{(h)}(t)+B_ig(R_i^{(h)}(t))+v\sum_{j=1,j\neq i}^{N}c_{ij}^{(h)}(R_j^{(h)}(t)-R_i^{(h)}(t))\\ &\quad+\sum_{l=1,l\neq h}^{M}w_ld_{hl}(R_i^{(l)}(t-\varpi(t))-R_i^{(h)}(t-\varpi(t)))+U_i^{(h)}(t)\end{aligned} \tag{5-48}$$

其中，$i\in\mathcal{J}$，$h\in\mathcal{M}$，$R_i^{(h)}(t):=[R_{i\theta}^{(h)}(t), R_{i\dot\theta}^{(h)}(t)]^{\mathrm{T}}\in\mathbb{R}^2$，

$$A_i=\begin{bmatrix}-\dfrac{q}{J_i} & \dfrac{1}{J_i}\\ -\dfrac{q(q-\widetilde{B}_i)}{J_i} & \dfrac{q-\widetilde{B}_i}{J_i}\end{bmatrix}, B_i=\begin{bmatrix}0 & 0\\ 0 & -\widetilde{M}_i g_m \widetilde{L}_i\end{bmatrix},\ g(R_i^{(h)}(t))=\begin{bmatrix}0\\ \sin(R_{i\theta}^{(h)}(t))\end{bmatrix}。$$

为了实现多层异构单连杆机械臂网络[式(5-48)]与目标系统[式(5-47)]之间的准同步，考虑以下具有脉冲时延的牵制脉冲控制：

$$U_i^{(h)}(t)=\begin{cases}\sum\limits_{k=1}^{\infty}[\varphi_i^{(h)}(R_i^{(h)}(t)-\Theta(t))+\mu_i^{(h)}(R_i^{(h)}(t-\tau)-\Theta(t-\tau)]\delta(t-t_k), & i\in I_D^{(h)}(t_k)\\ 0,\quad i\notin I_D^{(h)}(t_k),\quad h\in\mathcal{M}\end{cases}\tag{5-49}$$

定义 $Y_i^{(h)}(t)=R_i^{(h)}(t)-\Theta(t)i(\in\mathcal{J},\ h\in\mathcal{M})$ 为同步误差。依据式(5-47)~式(5-49)，误差系统可以表示为

$$\begin{cases}Y_i^{(h)}(t)=A_iY_i^{(h)}(t)+B_i\tilde{g}(Y_i^{(h)}(t))+v\sum\limits_{j=1}^{N}c_{ij}^{(h)}(Y_j^{(h)}(t)-Y_i^{(h)}(t))\\ \qquad +w\sum\limits_{l=1}^{M}d_{hl}(Y_i^{(l)}(t-\varpi(t))-Y_i^{(h)}(t-\varpi(t)))+Q_i(\Theta(t)),\quad t\neq t_k\\ Y_i^{(h)}(t)=(1+\varphi_i^{(h)})Y_i^{(h)}(t^-)+\mu_i^{(h)}Y_i^{(h)}(t^- -\tau),\quad t=t_k,\ i\in I_D^{(h)}(t_k)\\ Y_i^{(h)}(t)=Y_i^{(h)}(t^-),\quad t=t_k,\quad i\notin I_D^{(h)}(t_k),\quad k\in\mathbb{Z}^+,\ h\in\mathcal{M}\end{cases}\tag{5-50}$$

其中，$Y_i^{(h)}(t)=(R_{i\theta}^{(h)}(t)-\theta(t), R_{i\dot\theta}^{(h)}(t)-\theta^*(t))^{\mathrm{T}}=(Y_{i\theta}^{(h)}(t), Y_{i\dot\theta}^{(h)}(t))^{\mathrm{T}}$，$Q_i(\Theta(t))=(A_i-A_0)\Theta(t)+(B_i-B_0)g(\Theta(t))$，$\tilde{g}(Y_i^{(h)}(t))=g(R_i^{(h)}(t))-g(\Theta(t))=[0, \sin(R_{i\theta}^{(h)}(t))-\sin(\theta(t))]^{\mathrm{T}}$。

定理 5.2 设 Ξ_i 和 Σ_h，$i\in\mathcal{J}$，$h\in\mathcal{M}$，分别为 Laplacian 矩阵 $\boldsymbol{L}$ 和 $\widetilde{\boldsymbol{L}}$ 的对角元素。假设 T_a 为脉冲序列 $\zeta=\{t_k\}_{k\in\mathbb{Z}^+}$ 的平均脉冲区间。基于假设 5.2，如果对任意 $i\in\mathcal{J}$，$h\in\mathcal{M}$，有 $-1-\dfrac{1}{\sqrt{2}}<\varphi_i^{(h)}<-1+\dfrac{1}{\sqrt{2}}$，以及

$$\left(\alpha+\frac{2\beta}{\rho_1+\rho_2}\right)(1+N_0)T_a<-\ln(\rho_1+\rho_2)\tag{5-51}$$

且存在常数 $\vartheta>\zeta>0$ 和 $M>1$ 使得式(5-9)、式(5-10)和式(5-12)成立，其中

$$\alpha=\max_{i\in\mathcal{J},h\in\mathcal{M}}\left\{\frac{2\sqrt{(q^2+1)+(q-\widetilde{B}_i)^2(q^2+1)}}{J_i}+2L_g\widetilde{M}_i g_m\widetilde{L}_i+4v\,\Xi_i+2w\,\Sigma_h+1\right\}$$

$$\beta=2w\max_{h\in\mathcal{M}}\{\Sigma_h\},\qquad \rho_1=\max_{i\in\mathcal{J},h\in\mathcal{M}}\left\{1-\frac{p}{N}[1-2(1+\varphi_i^{(h)})^2]\right\}$$

$$\rho_2=\max_{i\in\mathcal{J},h\in\mathcal{M}}\{2(\mu_i^{(h)})^2\}$$

则多层异构单连杆机械臂网络[式(5-48)]与目标系统[式(5-47)]在以下有界域内实现准同步：

$$\mathbb{S}=\left\{Y(t)\in\mathbb{R}^{nNM}\mid\ \|Y\|\leqslant\sqrt{\frac{\chi M}{\Phi(\vartheta-\zeta)}\left(\frac{\mathrm{e}^{\zeta N_0T_a}}{1-\mathrm{e}^{-\zeta T_a}}+1\right)}\right\}\tag{5-52}$$

其中，$\chi=\sum_{h=1}^{M}\sum_{i=1}^{N}\Sigma_h\Xi_i F^2\left\{\frac{\sqrt{(q^2+1)[(J_i(q-\widetilde{B}_i)-J(q-\widetilde{B}_i))^2+(J_i-J)^2]}}{JJ_i}+g_m(\widetilde{\boldsymbol{L}}\widetilde{M}-\widetilde{\boldsymbol{L}}_i\widetilde{M}_i)\right\}^2$，$\Phi=\min_{i\in\mathcal{J},h\in\mathcal{M}}\{\Sigma_h\Xi_i\}$。

证明：根据定理(5.1)，只需证明函数 $g(\cdot)$ 满足假设 5.1 即可。根据函数 $g(\cdot)$ 的表达式可推导出：$g(0)=[0,\sin(0)]^T=0$ 和 $\|g(R_i^{(h)})-g(\Theta)\|^2=(\sin(R_{i\theta}^{(h)})-\sin(\theta))^2\leqslant\|R_i^{(h)}-\Theta\|^2$，则假设 5.1 关于 $L_g=1$ 成立。因此，基于定理 5.1，多层异构单连杆机械臂网络[式(5-48)]与目标系统[式(5-47)]在有界区域[式(5-52)]内实现了准同步。

注 5.6 近年来，单连杆机械臂在工业制造和医疗技术领域的广泛应用引起了学术界的广泛关注。例如：单连杆机械臂的使用可以提高生产效率，减少工人的工作量和降低工人们受伤的风险[203-204]。在文献[205]中，使用了采样可靠控制方法研究了 T-S 模糊单连杆机械臂系统的稳定性问题。在文献[206]中，采用间歇控制的方法研究了合作竞争网络中的时滞耦合单连杆机械臂。不同于现有的单连杆机械臂研究结果[203-206]，本章节采用牵制脉

冲控制方案研究了多层异构单连杆机械臂网络的准同步问题，不仅降低了控制成本也丰富了单连杆机械臂的研究内容。

5.4 数值仿真

例 5.1 考虑具有三层单连杆的机械臂网络(5-48)，每层有 6 个异构的单连杆机械臂，其中

$$A_i = \begin{bmatrix} -\dfrac{q}{J_i} & \dfrac{1}{J_i} \\ -\dfrac{q(q-\widetilde{B}_i)}{J_i} & \dfrac{q-\widetilde{B}_i}{J_i} \end{bmatrix},\ B_i = \begin{bmatrix} 0 & 0 \\ 0 & -\widetilde{M}_i g_m \widetilde{L}_i \end{bmatrix},\ g(R_i^{(h)}(t)) = \begin{bmatrix} 0 \\ \sin(R_{i\theta}^{(h)}(t)) \end{bmatrix}$$

$i \in \mathcal{J} = \{1, 2, 3, 4, 5, 6\}$，$h \in \mathcal{M} = \{1, 2, 3\}$，$q=1$，$g_m = 9.81$，参数 J_i、$\widetilde{B}_i$、$\widetilde{L}_i$、$\widetilde{M}_i$ 如下：

- $J_1 = 42$，$J_2 = 41$，$J_3 = 39$，$J_4 = 38$，$J_5 = 40$，$J_6 = 42$
- $\widetilde{M}_1 = 0.1$，$\widetilde{M}_2 = 0.1$，$\widetilde{M}_3 = 0.1$，$\widetilde{M}_4 = 0.1$，$\widetilde{M}_5 = 0.1$，$\widetilde{M}_6 = 0.1$
- $\widetilde{L}_1 = 0.21$，$\widetilde{L}_2 = 0.24$，$\widetilde{L}_3 = 0.2$，$\widetilde{L}_4 = 0.26$，$\widetilde{L}_5 = 0.22$，$\widetilde{L}_6 = 0.21$
- $\widetilde{B}_1 = 0.25$，$\widetilde{B}_2 = 0.28$，$\widetilde{B}_3 = 0.18$，$\widetilde{B}_4 = 0.2$，$\widetilde{B}_5 = 0.15$，$\widetilde{B}_6 = 0.22$

表 5－1 列出了层内耦合权值矩阵 $\mathcal{C}^{(1)}$、$\mathcal{C}^{(2)}$、$\mathcal{C}^{(3)}$ 和层间耦合权值矩阵 $\boldsymbol{D}$ 的非零元素，其他元素均为零。

表 5-1 耦合矩阵 $\mathcal{C}^{(1)}$，$\mathcal{C}^{(2)}$，$\mathcal{C}^{(3)}$ 和 $\boldsymbol{D}$ 的非零权值

$[c_{ij}^{(1)}]_{6\times6}$	权值	$[c_{ij}^{(2)}]_{6\times6}$	权值	$[c_{ij}^{(3)}]_{6\times6}$	权值	$[d_{hl}]_{3\times3}$	权值
$c_{13}^{(1)}$	1	$c_{23}^{(2)}$	1	$c_{21}^{(3)}$	1	d_{12}	1

（续表）

$c_{26}^{(1)}$	1	$c_{34}^{(2)}$	1	$c_{23}^{(3)}$	1	d_{21}	1
$c_{34}^{(1)}$	1	$c_{45}^{(2)}$	1	$c_{36}^{(3)}$	1	d_{23}	1
$c_{51}^{(1)}$	1	$c_{51}^{(2)}$	1	$c_{45}^{(3)}$	1	d_{32}	1
$c_{64}^{(1)}$	1	$c_{61}^{(2)}$	1	$c_{51}^{(3)}$	1	—	—
—	—	—	—	$c_{62}^{(3)}$	1	—	—

与此同时，从表5-1中可得

$$P_1 = \mathrm{diag}\{1,\ 3,\ 2,\ 1,\ 1,\ 3\}$$

$P_2 = \mathrm{diag}\{1,\ 2,\ 1\}$，$\Phi = 1$。设 $v = 0.04$，$w = 0.025$，$\varpi(t) = \dfrac{0.5\mathrm{e}^t}{\mathrm{e}^t + 1}$

则有 $\varpi = 0.5$。

方程式(5-47)给出了目标单连杆机械臂系统，其系统参数为 $J = 40$，$\widetilde{B} = 0.2$，$\widetilde{M} = 0.1$，$g_m = 9.81$，$\widetilde{L} = 0.23$。对于目标系统[式(5-47)]，选择初始值为：$\Theta(0) = [0.5,\ 0.5]^{\mathrm{T}}$，则二维目标单连杆机械臂系统[式(5-47)]的相图如图5-2所示。从图5-2中可以得出 $\Theta(t)$ 是有界的，其界值为 $F = 1.461\ 9$。

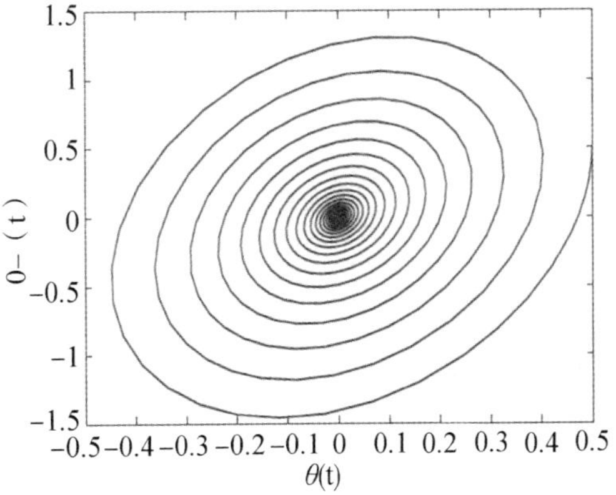

图5-2　单连杆机械臂系统[式(5-47)]的相图

当三层单连杆机械臂网络[式(5-48)]中无控制输入时，即：对任意 $i\in\mathcal{J}$，$h\in\mathcal{M}$，$U_i^{(h)}(t)=0$，并随机选取网络[式(5-48)]的初始条件为

$$R_0^{(1)}(s)=[0.1,\ 0.2,\ 0.3,\ 0.4,\ 0.5,\ 0.6,\ 0.7,\ 0.8,\ 0.9,\ 1,\ 1.1,\ 1.2]^T$$

$$R_0^{(2)}(s)=[1.3,\ 1.4,\ 1.5,\ 1.6,\ 1.7,\ 1.8,\ 1.9,\ 2,\ 0.75,\ 0.85,\ 0.95,\ 1.05]^T$$

$$R_0^{(3)}(s)=[1.52,\ 0.26,\ 1.87,\ 0.89,\ 1.33,\ 0.76,\ 1.45,\ 0.32,\ 1.27,\ 0.79,\ 0.05,\ 0.63]^T$$

其中 $s\in[-0.5,\ 0]$。图 5-3、图 5-4 和图 5-5 分别给出了目标系统[式(5-47)]与网络[式(5-48)]的第一层、第二层和第三层单连杆机械臂之间的二维误差状态轨迹。从图中可以明显看出，在无控制输入时，三层异构单连杆机械臂网络[式(5-48)]与目标系统[式(5-47)]之间无法实现准同步。

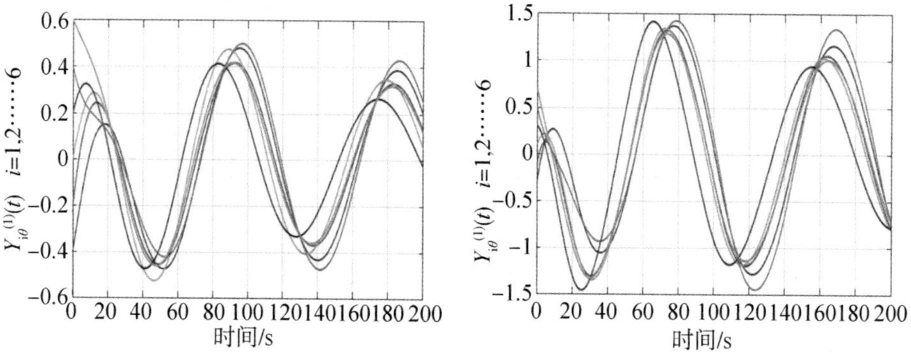

(a) $Y_{i\theta}^{(1)}(t)$ 的状态轨迹图　　(b) $Y_{i\theta'}^{(1)}(t)$ 的状态轨迹图

图 5-3　无控制输入的网络[式(5-48)]的第一层与目标系统[式(5-47)]的误差状态轨迹图

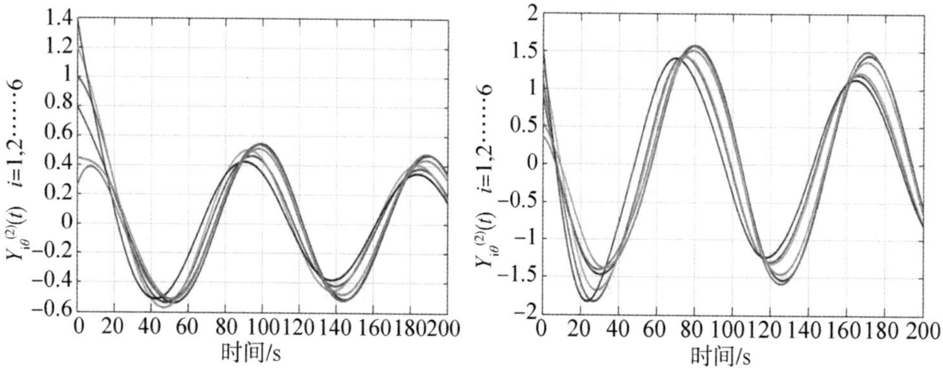

(a) $Y_{i\theta}^{(2)}(t)$ 的状态轨迹图　　(b) $Y_{i\theta'}^{(2)}(t)$ 的状态轨迹图

图 5-4　无控制输入的网络[式(5-48)]的第二层与目标系统[式(5-47)]的误差状态轨迹图

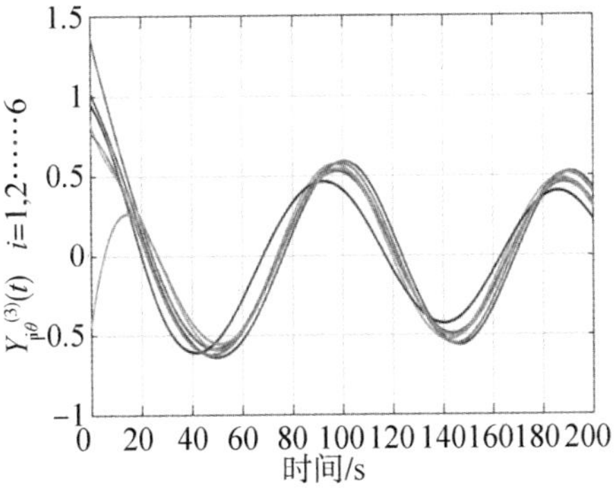

(a) $Y_{i\theta}^{(3)}(t)$的状态轨迹图

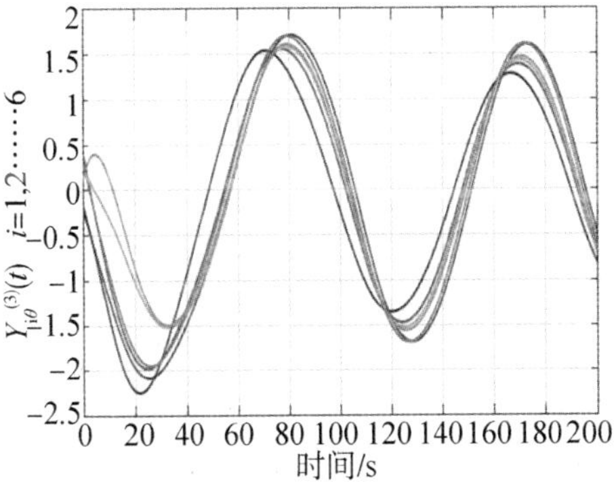

(b) $Y_{i\theta'}^{(3)}(t)$的状态轨迹图

图5-5 无控制输入的网络[式(5-48)]的第三层与目标系统[式(5-47)]的误差状态轨迹图

为了实现三层异构单连杆机械臂网络[式(5-48)]与目标系统[式(5-47)]之间的准同步，设计了牵制延迟脉冲控制器[式(5-49)]。对任意 $i \in \mathcal{J}$，$h \in \mathcal{M}$，选择

$$\varphi_i^{(h)} = -0.8856 + 0.001[3(h-1)+i] \in \left(-1-\frac{1}{\sqrt{2}},\ -1+\frac{1}{\sqrt{2}}\right)$$

和

$$\mu_i^{(h)} = 0.2156 + 0.001[3(h-1)+i]$$

设 $\tau = 0.2$，$p=4$，则 $\sigma = 0.5$。通过简单计算后，可得

$$\alpha = \max_{i \in \mathcal{J}, h \in \mathcal{M}} \left\{ \frac{2\sqrt{(q^2+1)+(q-\widetilde{B}_i)^2(q^2+1)}}{J_i} + 2L_g \widetilde{M}_i g_m \widetilde{L}_i + 4v\,\Xi_i + 2w\,\Sigma_h + 1 \right\} = 2.1359$$

$$\beta = 2w \max_{h \in \mathcal{M}} \{\Sigma_h\} = 0.1$$

$$\rho_1 = \max_{i \in \mathcal{J}, h \in \mathcal{M}} \left\{ 1 - \frac{p}{N}[1 - 2(1+\varphi_i^{(h)})^2] \right\} = 0.3546$$

$$\rho_2 = \max_{i \in \mathcal{J}, h \in \mathcal{M}} \{2(\mu_i^{(h)})^2\} = 0.1036$$

选择脉冲序列为

$$t_{3k-2} = 0.3k - 0.2,\quad t_{3k-1} = 0.3k - 0.08,\quad t_{3k} = 0.3k,\quad k \in \mathbb{Z}^+$$

有 $N_0 = 2$，$T_a = 0.1$，则容易得到

$$\left(\alpha+\frac{2\beta}{\rho_1+\rho_2}\right)(1+N_0)T_a+\ln(\rho_1+\rho_2)=-0.009<0$$

因此定理 5.2 中的条件[式(5-51)]成立。与此同时，存在 $\zeta=1.16$ 满足条件[式(5-9)]，则可得

$$\gamma=\frac{1}{\rho_1+\rho_2 e^{\zeta\sigma}}=1.8531$$

选择 $\vartheta=8.5$，则有

$$\vartheta>\alpha+2\beta\gamma e^{\zeta\sigma}+\zeta=3.9578$$

因此条件[式(5-10)]满足。设 $M=3.19$，则可以得

$$3.1874=e^{(\vartheta+\zeta)(t_{k+1}-t_k)}\leqslant M\leqslant\gamma e^{\zeta\sigma}=3.3097$$

这表明条件(5-12)成立。通过计算可得

$$\chi=\sum_{h=1}^{M}\sum_{i=1}^{N}\Sigma_h\Xi_i F^2\left\{g_m(\tilde{L}\widetilde{M}-\tilde{L}_i\widetilde{M}_i)+\frac{\sqrt{(q^2+1)[(J_i(q-\widetilde{B}_i)-J(q-\widetilde{B}))^2+(J_i-J)^2]}}{JJ_i}\right\}^2=0.0402$$

根据定理 5.2，三层单连杆机械臂网络[式(5-48)]与目标系统[式(5-47)]在以下有界区域内实现了准同步：

$$\mathbb{S}=\left\{Y(t)\in\mathbb{R}^{36}\ \middle|\ \|Y\|\leqslant\sqrt{\frac{\chi M}{\Phi(\vartheta-\zeta)}\left(\frac{e^{\zeta N_0 T_a}}{1-e^{-\zeta T_a}}+1\right)}=0.4676\right\}$$

单连杆机械臂网络[式(5-48)]的第一层网络与目标系统[式(5-47)]之间的误差轨迹 $Y_{i\theta}^{(1)}(t)$ 和 $Y_{i\dot{\theta}}^{(1)}(t)$，第二层网络与目标系统[式(5-47)]之间的误差轨迹 $Y_{i\theta}^{(2)}(t)$ 和 $Y_{i\dot{\theta}}^{(2)}(t)$ 和第三层网络与目标系统[式(5-47)]之间的误差轨迹 $Y_{i\theta}^{(3)}(t)$ 和 $Y_{i\dot{\theta}}^{(3)}(t)$ 分别如图 5-6、图 5-7 和图 5-8 所示。从图 5-6、图 5-7 和图 5-8 可以看出，在牵制延迟脉冲控制器[式(5-49)]作用下，三层异构单连杆机械臂网络[式(5-48)]与目标系统[式(5-47)]实现了准同步。图 5-9、图 5-10 和图 5-11 分别展示了单连杆机械臂网络[式(5-48)]的每一层和目标系统[式(5-47)]误差状态范数的轨迹。从图 5-9、图 5-10 和图 5-11 可以清楚地看出，误差状态的范数收敛到一个足够小的有界区域内。

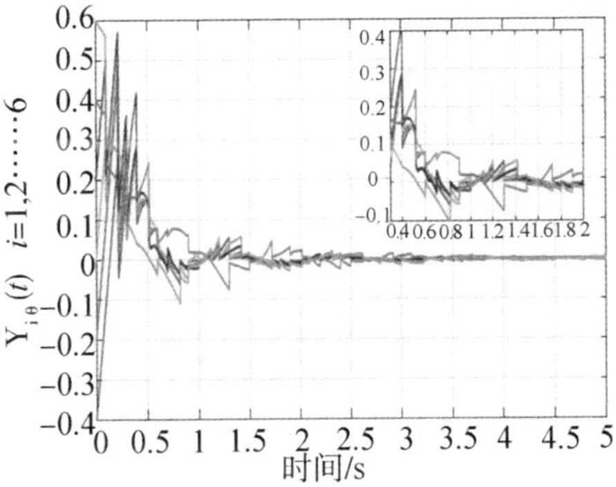

(a) $Y_{i\theta}^{(1)}(t)$的状态轨图

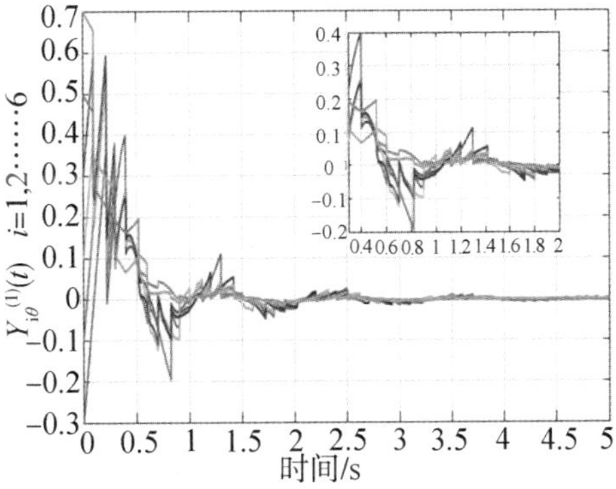

(b) $Y_{i\theta'}^{(1)}(t)$的状态轨迹图

图 5-6 牵制脉冲控制[式(5-49)]下的同步误差状态轨迹图

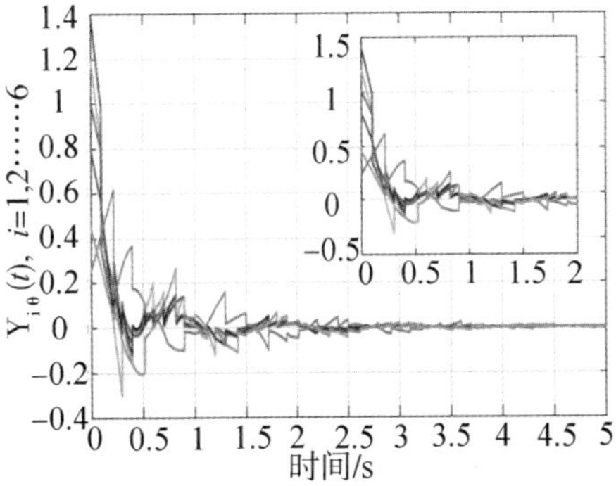

(a) $Y_{i\theta}^{(2)}(t)$的状态轨迹图

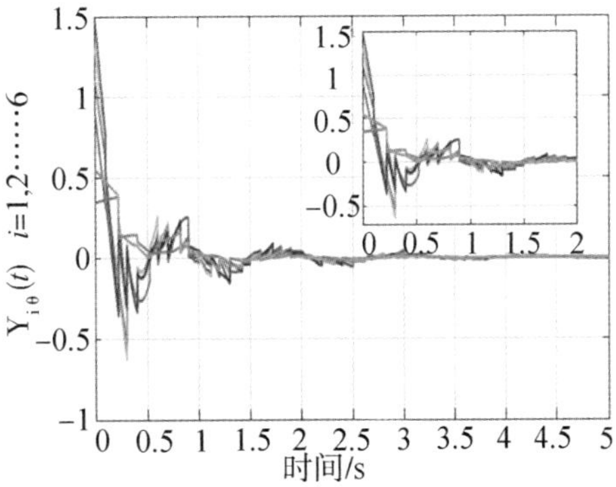

(b) $Y_{i\theta'}^{(2)}(t)$的状态轨迹图

图 5-7 牵制脉冲控制[式(5-49)]下的同步误差状态轨迹图

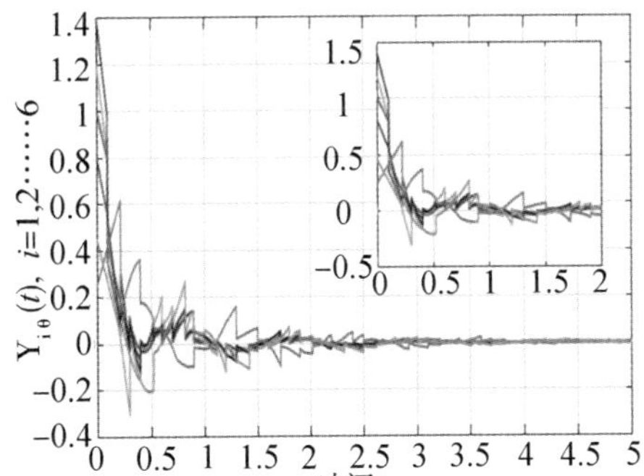

(a) $Y_{i\theta}^{(3)}(t)$的状态轨迹图

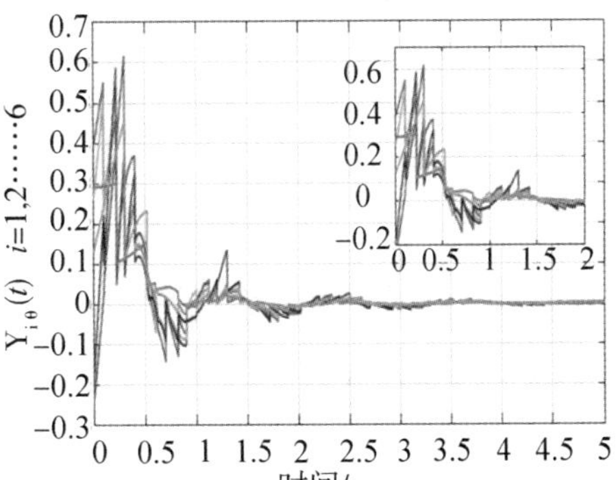

(b) $Y_{i\theta'}^{(3)}(t)$的状态轨迹图

图 5-8 牵制脉冲控制[式(5-49)]下的同步误差状态轨迹图

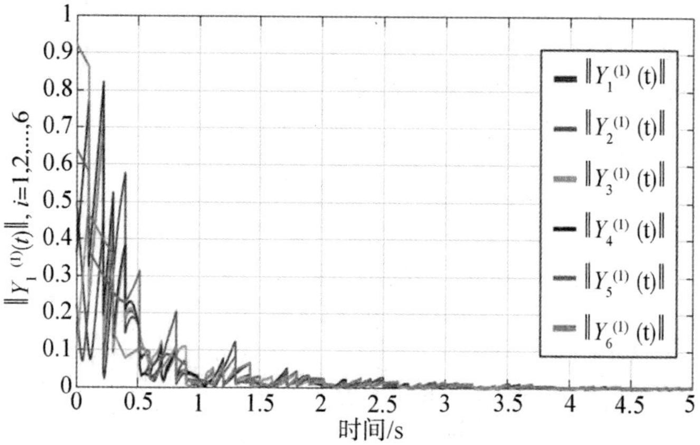

图 5-9　误差系统[式(5-50)]的第一层的机械臂 $\|Y_i^{(1)}(t)\|$ 的状态轨迹图

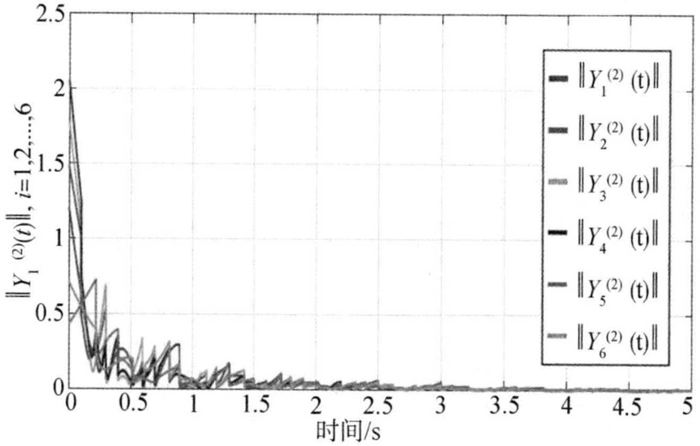

图 5-10　误差系统[式(5-50)]的第二层的机械臂 $\|Y_i^{(2)}(t)\|$ 的状态轨迹图

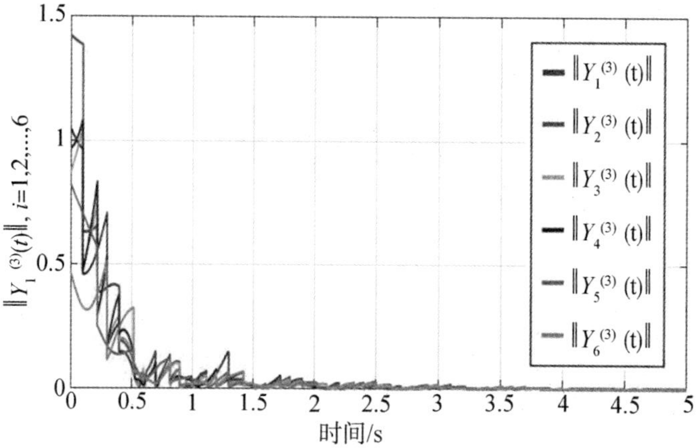

图 5-11　误差系统[式(5-50)]的第三层的机械臂 $\|Y_i^{(3)}(t)\|$ 的状态轨迹图

5.5 本章小结

本章主要研究了具有层间通信时延的多层异构有向动态网络的准同步问题。首先，为了保证具有异构节点的多层动态网络在有界区域内实现准同步，设计了具有脉冲时延的牵制脉冲控制器；其次，为了取得多层异构动态网络的准同步，利用 Razumikhin 技术提出了一个扩展的脉冲微分不等式；然后，利用 Lyapunov 泛函方法、图论，以及所提出的脉冲微分不等式得到了具有时延的多层动态网络准同步的若干充分性条件并在此基础上，建立了基于牵制延迟脉冲控制方案的多层异构单连杆机械臂网络的准同步准则。最后，通过数值算例验证了理论结果的可行性和有效性。

第六章

具有脉冲欺骗攻击信号的神经网络的几乎必然同步性分析

在实际问题中，研究具有稳定脉冲的系统被称为脉冲控制问题，研究具有不稳定脉冲的系统被称为脉冲扰动问题。前面的章节都聚焦于研究利用脉冲控制策略来分析复杂网络的同步问题。为了丰富对脉冲效应的研究，本章将开展对脉冲扰动问题的分析。当系统受到发散性脉冲的影响时，其正常运行和预期目标可能会受到干扰，导致系统性能下降甚至失效。基于此问题，本章将利用脉冲干扰对系统的消极作用的思想，将其转换到网络中，模拟成网络中存在的一种欺骗攻击信号，继续针对复杂网络模型研究其在网络攻击下的同步控制问题。

6.1 引言

近年来，随着人们对网络安全问题的日益关注，网络系统在通信过程中面临着越来越多的挑战。当网络系统在遭受攻击时(如人为的恶意攻击等)，将会导致系统性能下降甚至失效。因此，网络攻击问题引起了研究者的极大兴趣[207-208]。

在实际工程应用中，智能网络系统的传感器、控制器、执行器等控制部件通过共享通信网络连接起来，实现有效的远程控制。然而，通信网络面临的问题是网络攻击的可能性，这是近年来的一个热点问题。此外，网络攻击被认为是破坏同步和系统性能的主要罪魁祸首之一[209-211]，也严重影响经济和工业设备。网络攻击的目的是通过网络操纵数据来破坏或摧毁一个系统，其大致可以分为两类：DoS 攻击[208-209]和欺骗攻击[207,211]。由于攻击者可以将欺骗攻击隐藏在网络系统的异常检测器之外，这使得欺骗攻击比拒绝服务攻击更难被检测到。考虑到此现状，本章致力于分析欺骗攻击对网络系统的性能影响。需要指出的是，在对欺骗攻击的研究中，一些文章只考虑了从传感器到控制器的数据传输过程中的欺骗攻击[212]，如文献[212]研究了从传感器到控制器过程中的混合攻击下神经网络的主从同步问题。其他大多数论文只考虑攻击者在从控制器到执行器的数据传输过程中发起的欺骗攻击[213]，如文献[213]分析了基于异步触发控制的马尔可夫跳跃系统的安全无源性问题。尽管文献[214]同时考虑了从传感器到控制器通道和从控制器到执行器通道的欺骗攻击，但所考虑的攻击信号是同一类型的。在实际情况下，为了跳过攻击检测技术，攻击者可能会使用不同类型的欺骗攻击信号发起攻击。另一方面，大多数现有工作都只考虑了加性攻击或线性攻击，引入了确定性攻击信号或伯努利分布式攻击信号。由于这些假设对建模的限制，这可能会导致实际的网络系统失去其攻击特征。现阶段，同时考虑两个通道中不同类型的欺骗攻击的研究还相对较少，且如何更符合实际情况去刻画欺骗攻击信号仍然是一个值得研究的课题。

考虑到脉冲干扰对系统的瞬时影响，以及在实际网络中，为了隐藏身份，黑客并不是连续发起攻击，而是在一些离散时刻发起攻击。因此，笔者将脉冲干扰对系统的消极影响转换到网络中，模拟成网络中存在的一种欺骗攻击信号。此外，在现有的欺骗攻击研究中，针对脉冲攻击的研究相对较少。尽管文献[147]用脉冲干扰刻画了欺骗攻击信号，但其脉冲增益和脉冲时刻均是预设的。事实上，当黑客发起攻击时，人们事先并不知道攻击何时发生以及攻击强度有多大，所以这种假设是相当保守的。因此，设计随机的攻击序列更现实，但也更加复杂且具有挑战性。

为了解决以上问题，本章在传感器到控制器通道和控制器到执行器通道中考虑了两种不同类型的欺骗攻击信号。同时，据前分析可知欺骗攻击信号具有随机特性，所考虑的网络遭受的随机双重欺骗攻击信号分别被建模为非线性函数和脉冲干扰序列。延续对复杂网络同步性的分析，本章基于 Borel-Cantelli 引理和随机系统理论，建立了神经网络在随机攻击信号下的几乎必然同步性准则。

6.2 系统模型与问题描述

考虑以下具有外部输入的神经网络系统：

$$\dot{x}(t)=\mathcal{D}x(t)+\mathcal{A}f(x(t))+W(t) \tag{6-1}$$

其中，$x(t)=[x_1(t),\ x_2(t),\ \cdots,\ x_n(t)]^{\mathrm{T}}\in\mathbb{R}^n$，$f(x(t))=[f_1(x_1(t)),\ f_2(x_2(t)),\ \cdots,\ f_n(x_n(t))]^{\mathrm{T}}\in\mathbb{R}^n$ 分别表示系统状态向量和非线性函数，$\mathcal{D}=\mathrm{diag}\{d_1,\ d_2,\ \cdots,\ d_n\}<0$ 为自反馈矩阵，$\mathcal{A}\in\mathbb{R}^{n\times n}$ 为连接权值矩阵，$W(t)=[W_1(t),\ W_2(t),\ \cdots,\ W_n(t)]^{\mathrm{T}}\in\mathbb{R}^n$ 为外部输入向量。

假设 6.1 函数 $f_i(\cdot)$ 满足 $f_i(0)=0$，且存在常数 $l_i\geqslant 0\ (i=1,\ 2,\ \cdots,\ n)$ 使得以下不等式成立：

$$|f_i(u)-f_i(v)|\leqslant l_i|u-v|$$

其中，$u,\ v\in\mathbb{R}$ 且 $u\neq v$。记 $L=\mathrm{diag}\{l_1,\ l_2,\ \cdots,\ l_n\}$。

在本章节中，将系统(6-1)作为驱动系统，则其对应的响应系统可以表示为

$$\dot{y}(t)=\mathcal{D}y(t)+\mathcal{A}f(y(t))+W(t)+u(t) \tag{6-2}$$

其中，$u(t)\in\mathbb{R}^n$ 为控制输入。

定义 $r(t):=y(t)-x(t)$ 为误差状态，由驱动系统[式(6-1)]和响应系统[式(6-2)]可得如下误差系统：

$$\dot{r}(t)=\mathcal{D}r(t)+\mathcal{A}\tilde{f}(r(t))+u(t) \tag{6-3}$$

其中，$\tilde{f}(r(t)):=f(y(t))-f(x(t))$。

本章假设网络中的数据传输容易受到网络攻击：传感器在测量状态 $r(t)$ 的传输过程中被攻击者修改数据，并将虚假数据发送给远程控制器。因此，当数据传输过程中遭受随机攻击并将数据传送到控制器时，$r(t)+\beta(t)h(r(t))$ 为控制器接收到的实际信号。攻击者在数据从控制器到执行器的传输过程中发送离散攻击，本章将该攻击方式模拟成脉冲序列。遭受双重欺骗攻击的流程图如图 6-1 所示。

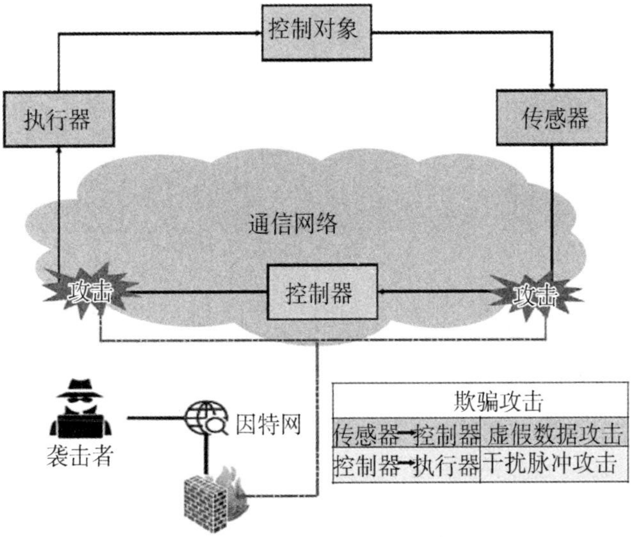

图 6-1　通信网络遭受双重攻击的流程图

基于以上描述，可知控制器设计如下

$$u(t)=\mathcal{K}r(t)+\beta(t)\mathcal{K}h(r(t)))+\sum_{k=1}^{\infty}\rho_k r(t)\delta(t-t_k) \tag{6-4}$$

其中，$\mathcal{K}$ 为增益矩阵，$\beta(t)$ 服从于伯努利分布且满足 $\mathbb{P}\{\beta(t)=1\}=\beta$，

$\mathbb{P}\{\beta(t)=0\}=1-\beta$，$h(r(t))$ 表示非线性函数，ρ_k 为干扰强度，$\zeta=\{t_k\}_{k\in\mathbb{Z}^+}$ 为脉冲序列，$\delta(\cdot)$ 表示 Dirac Delta 函数。由于攻击者发起随机脉冲序列攻击，对系统的性能产生消极影响。因此，ρ_k 的取值范围为：$\rho_k\in(0,\ +\infty)$ 或 $\rho_k\in(-\infty,\ -2)$。

注 6.1 在网络化控制系统中，数字控制器接收来自传感器的测量数据并通过交流网络将控制命令传递给执行器。通信网络易受黑客攻击主要有两个原因：(1)交流网络的组件是资源有限且成本低的嵌入式设备，难以部署先进的安全算法；(2)在一些应用中(如智能电网)，网络的地理分布也是遭受网络攻击的主要原因。

根据系统[式(6-3)]和控制器[式(6-4)]，随机双重欺骗攻击下的误差系统可以表示为

$$\begin{cases}\dot{r}(t)=\mathcal{D}r(t)+\mathcal{A}\tilde{f}(r(t))+\mathcal{K}r(t)+\beta(t)\mathcal{K}h(r(t)), & t\neq t_k\\ r(t_k)=\varphi_k r(t_k^-), & t=t_k,\ k\in\mathbb{Z}^+\end{cases}\tag{6-5}$$

其中，$\varphi_k=1+\rho_k$ 表示脉冲欺骗攻击的强度且有 $|\varphi_k|>1$。在这种情况下，φ_k 的取值为：$\varphi_k\in(-\infty,\ -1)$ 或 $\varphi_k\in(1,\ +\infty)$，且 φ_k 的取值概率为：$\mathbb{P}\{\varphi_k\mid\varphi_k\in(1,\ +\infty)\}=\varphi$，$\mathbb{P}\{\varphi_k\mid\varphi_k\in(-\infty,\ -1)\}=1-\varphi$，$0\leqslant\varphi\leqslant1$ 为常数。假设 $r(t)$ 在脉冲时刻 $t=t_k$ 是右连续的，即

$$r(t_k)=r(t_k^+)=\lim_{\Delta\to0^+}r(t_k+\Delta),\quad r(t_k^-)=\lim_{\Delta\to0^-}r(t_k+\Delta)$$

引入随机变量

$$\alpha_k=\begin{cases}1, & \varphi_k\in(1,\ +\infty)\\ 0, & \varphi_k\in(-\infty,\ -1)\end{cases}\tag{6-6}$$

其中，α_k 服从于伯努利分布且概率为：$\mathbb{P}\{\alpha_k=1\}=\alpha$，$\mathbb{P}\{\alpha_k=0\}=1-\alpha$，期望为：$\mathbb{P}\{\alpha_k=1\}=\alpha$，$\mathbb{P}\{\alpha_k=0\}=1-\alpha$，期望为：$\mathbb{E}\{\alpha_k\}=\alpha$。将式(6-6)代入式(6-5)，可得如下系统：

$$\begin{cases}\dot{r}(t)=\mathcal{D}r(t)+\mathcal{A}\tilde{f}(r(t))+\mathcal{K}r(t)+\beta(t)\mathcal{K}h(r(t)), & t\neq t_k\\ r(t_k)=(\alpha_k\varphi_k^{(1)}+(1-\alpha_k)\varphi_k^{(2)})r(t_k^-), & t=t_k,\ k\in\mathbb{Z}^+\end{cases}\tag{6-7}$$

其中，$\varphi_k^{(1)} \in (1, +\infty)$，$\varphi_k^{(2)} \in (-\infty, -1)$。

由于攻击者可能随时发起攻击，本章节考虑了随机攻击序列。首先，假定脉冲区间$\mathcal{T}_k = t_k - t_{k-1}$，$\mathcal{T}_1$，$\mathcal{T}_2$，…，是概率空间$(\Omega^1, \mathcal{F}^1, \mathbb{P}^1)$上相互独立的随机变量。这里，每个$\mathcal{T}_k$不要求服从相同的分布。记$\mathcal{F}_k^1 = \sigma\{\mathcal{T}_1, \mathcal{T}_2, \cdots, \mathcal{T}_k\}$。因此，$\{\mathcal{T}_k\}_{k\in\mathbb{Z}^+}$是$(\Omega^1, \mathcal{F}^1, \mathbb{P}^1)$关于$\{\mathcal{F}_k^1\}_{k\in\mathbb{Z}^+}$的随机过程。其次，$\alpha_k$服从于伯努利分布且$\{\alpha_k\}_{k\in\mathbb{Z}^+}$是$(\Omega^2, \mathcal{F}^2, \mathbb{P}^2)$关于$\{\mathcal{F}^2\}_{k\in\mathbb{Z}^+}$的随机过程，其中$\mathcal{F}_k^2 = \sigma\{\alpha_1, \alpha_2, \cdots, \alpha_k\}$。具有脉冲序列的状态变量$r(t)$可以表示为：$r(t, \omega_1, \omega_2)$，其中$\omega_1 \in \Omega^1$，$\omega_2 \in \Omega^2$。

定义 6.1 若驱动系统[式(6-1)]和响应系统[式(6-2)]的状态满足：

$$\mathbb{P}\{\omega_1 \in \Omega^1, \omega_2 \in \Omega^2 : \lim_{t\to\infty} \| x(t, \omega_1, \omega_2) - y(t, \omega_1, \omega_2) \| = 0\} = 1$$

则称驱动系统[式(6-1)]和响应系统[式(6-2)]取得几乎必然同步。记为

$$\lim_{t\to\infty} \| x(t, \omega_1, \omega_2) - y(t, \omega_1, \omega_2) \| = 0, \ \mathbb{P}-a.s.$$

其中“$a.s.$”表示几乎必然。

假设 6.2 随机脉冲序列$\zeta = \{t_k\}_{k\in\mathbb{Z}^+}$满足：

$$\mathbb{P}\{\lim_{k\to+\infty} t_k = \lim_{k\to+\infty} \sum_{i=1}^{k} T_i = +\infty\} = 1$$

假设 6.3 假设$\mathcal{T}_{\rm k}$是指数期望值有界的，即：存在整数$\mathcal{M}_{\rm k}$，$\rm k \in \mathbb{Z}^+$使得

$$\mathbb{E}\{e^{2\Phi\mathcal{T}_k}\} \leqslant \mathcal{M}_k$$

其中，$\Phi > 0$。

注 6.2 当$\mathcal{T}_k$服从于特定的概率密度函数时，假设 6.3 满足。例如，每个$\mathcal{T}_k$服从于一个有界分布，则满足不等式$\mathbb{E}\{e^{2\Phi\mathcal{T}_k}\} \leqslant \mathcal{M}_k$。

假设 6.4[146] 已知常数矩阵$\boldsymbol{\mathcal{H}}$，则非线性函数$h(r(t))$满足以下不等式：

$$\| h(r(t)) \| \leqslant \| \boldsymbol{\mathcal{H}} r(t) \| \tag{6-8}$$

6.3 脉冲欺骗攻击下的同步

6.3.1 神经网络的几乎必然同步准则

定理 6.1 基于假设 6.1 ~ 假设 6.4，若存在矩阵 $0<\mathcal{Q}\in\mathbb{R}^{n\times n}$，$\mathcal{K}\in\mathbb{R}^{m\times n}$ 和常数 $\gamma>0$ 使得下式成立：

$$\mathcal{Q}(\mathcal{D}+\mathcal{K})+(\mathcal{D}+\mathcal{K})^{T}\mathcal{Q}=-\gamma I \tag{6-9}$$

$$\sum_{k=1}^{\infty}\mathcal{M}_{k}\left\{\prod_{n=1}^{k}\left[\alpha(1+\Im_{n}^{(1)})+(1-\alpha)(1+\Im_{n}^{(2)})\right]\right\}<+\infty \tag{6-10}$$

其中

$$\Im_{k}^{(j)}=\begin{cases}\dfrac{\nabla_{k}^{(j)}}{\lambda_{\min}(\mathcal{Q})}, & \text{如果}\nabla_{k}^{(j)}\geqslant 0,\quad j=1,\ 2\\[2ex] \dfrac{\nabla_{k}^{(j)}}{\lambda_{\max}(\mathcal{Q})}, & \text{如果}\nabla_{k}^{(j)}\leqslant 0,\quad j=1,\ 2\end{cases}$$

$$\nabla_{k}^{(1)}=-\gamma\varphi_{k}^{(1)}\mathbb{E}\{\mathcal{T}_{k}\}+\lambda_{\max}(\mathcal{Q})\mathbb{E}\{(\varphi_{k}^{(1)})^{2}e^{2\Phi\mathcal{T}_{k}}-2\varphi_{k}^{(1)}\|\mathcal{D}+\mathcal{K}\|\mathcal{T}_{k}-1\}$$

$$\nabla_{k}^{(2)}=\gamma\varphi_{k}^{(2)}\mathbb{E}\{\mathcal{T}_{k}\}+\lambda_{\max}(\mathcal{Q})\mathbb{E}\{(\varphi_{k}^{(2)})^{2}e^{2\Phi\mathcal{T}_{k}}+2\varphi_{k}^{(2)}\|\mathcal{D}+\mathcal{K}\|\mathcal{T}_{k}-1\}$$

则驱动系统(6-1)和响应系统(6-2)实现了几乎必然同步。

证明： 当 $t\in[t_{k-1},\ t_{k})$，$k\in\mathbb{Z}^{+}$，根据系统[式(6-7)]可得

$$\mathbb{P}\left\{r(t)=r(t_{k-1})+\int_{t_{k-1}}^{t}\left[(\mathcal{D}+\mathcal{K})r(s)+\mathcal{A}\tilde{f}(r(s))+\beta(t)\mathcal{K}h(r(s))\right]ds\right\}=1 \tag{6-11}$$

根据假设 6.1 和假设 6.4，以下不等式成立：

$$\|r(t)\|\leqslant\|r(t_{k-1})\|+\int_{t_{k-1}}^{t}\Phi\|r(s)\|ds,\qquad \mathbb{P}-a.s. \tag{6-12}$$

其中，$\Phi=\|\mathcal{D}+\mathcal{K}\|+\|\mathcal{A}\|\|\mathcal{L}\|+\beta\|\mathcal{K}\|\|\mathcal{H}\|$。基于引理 1.2，可得

$$\|r(t)\| \leqslant \|r(t_{k-1})\| \mathrm{e}^{\Phi(t-t_{k-1})}, \quad \mathbb{P}-a.s. \tag{6-13}$$

同时，由常数变易法，可得以下方程

$$\mathbb{P}\left\{r(t)=\mathrm{e}^{(\mathcal{D}+\mathcal{K})(t-t_{k-1})}r(t_{k-1})+\int_{t_{k-1}}^{t}\mathrm{e}^{(\mathcal{D}+\mathcal{K})(t-s)}[\mathcal{A}\tilde{f}(r(s))+\beta(t)\boldsymbol{\mathcal{K}}h(r(s))]\mathrm{d}s\right\}=1 \tag{6-14}$$

依据式(6-13)，可得

$$\begin{aligned}&\mathbb{E}\left\{\int_{t_{k-1}}^{t_k}\mathrm{e}^{(\mathcal{D}+\mathcal{K})(t_k-s)}[\mathcal{A}\tilde{f}(r(s))+\beta(t)\boldsymbol{\mathcal{K}}h(r(s))]\mathrm{d}s\right\}\\&\leqslant\int_{t_{k-1}}^{t_k}\mathrm{e}^{\|\mathcal{D}+\mathcal{K}\|(t_k-t_{k-1})}[\|\mathcal{A}\|\|\mathcal{L}\|+\beta\|\boldsymbol{\mathcal{K}}\|\|\boldsymbol{\mathcal{H}}\|]\|r(t_{k-1})\|\mathrm{e}^{(\|\mathcal{A}\|\|\mathcal{L}\|+\beta\|\mathcal{K}\|\|\mathcal{H}\|)(s-t_{k-1})}\mathrm{d}s\\&=\|r(t_{k-1})\|(\mathrm{e}^{\Phi\mathcal{T}_k}-\mathrm{e}^{\|\mathcal{D}+\mathcal{K}\|\mathcal{T}_k}),\quad \mathbb{P}-a.s.\end{aligned} \tag{6-15}$$

对任意 $t\in[t_{k-1}, t_k)$，$k\in\mathbb{Z}^+$，构造以下 Lyapunov 函数：

$$V(r(t))=r^{\mathrm{T}}(t)\boldsymbol{\mathcal{Q}}r(t) \tag{6-16}$$

接下来，对 $V(r(t))$ 两边同时取期望，并记 $\psi=\dfrac{\lambda_{\max}(\boldsymbol{\mathcal{Q}})}{\lambda_{\min}(\boldsymbol{\mathcal{Q}})}$。由于 $\mathrm{e}^{2\Phi\mathcal{T}_k}$ 和 $V(r(t_{k-1}))$ 都是非负随机变量，基于非负随机变量的条件期望的性质，可得以下不等式成立：

$$\begin{aligned}\mathbb{E}\{V(r(t_k))\}&=\mathbb{E}\{r^{\mathrm{T}}(t_k)Qr(t_k)\}\\&\leqslant\mathbb{E}\{(\alpha_k\varphi_k^{(1)}+(1-\alpha_k)\varphi_k^{(2)})^2\lambda_{\max}(Q)\|r(t_{k-1})\|^2\mathrm{e}^{2\Phi\mathcal{T}_k}\}\\&\leqslant\psi\,\mathbb{E}\left\{\mathbb{E}\left[(\alpha_k\varphi_k^{(1)}+(1-\alpha_k)\varphi_k^{(2)})^2\mathrm{e}^{2\Phi\mathcal{T}_k}\,\middle|\,\begin{pmatrix}\mathcal{F}_{k-1}^1\\\mathcal{F}_{k-1}^2\end{pmatrix}\right]V(r(t_{k-1}))\right\}\\&=\psi\,\mathbb{E}\{\mathbb{E}[(\alpha_k\varphi_k^{(1)}+(1-\alpha_k)\varphi_k^{(2)})^2\mathrm{e}^{2\Phi\mathcal{T}_k}]V(r(t_{k-1}))\}\\&=\psi(\alpha(\varphi_k^{(1)})^2+(1-\alpha)(\varphi_k^{(2)})^2)\mathbb{E}\{\mathrm{e}^{2\Phi\mathcal{T}_k}\}\mathbb{E}\{V(r(t_{k-1}))\},\quad\mathbb{P}-a.s.\end{aligned} \tag{6-17}$$

结合假设6.3，可得 $\mathrm{e}^{2\Phi\mathcal{T}_k}$ 和 $V(r(t_k))$ 的可积性。接下来将证明序列 $V(r(t_k))$ 几乎必然趋近于0。显然可得

$$\begin{aligned}&V(r(t_k))-V(r(t_{k-1}))\\&=(\alpha_k(\varphi_k^{(1)})+(1-\alpha_k)(\varphi_k^{(2)}))^2r(t_k^-)\boldsymbol{\mathcal{Q}}r(t_k^-)-r(t_{k-1})\boldsymbol{\mathcal{Q}}r(t_{k-1})\end{aligned} \tag{6-18}$$

由此可得以下方程成立

$$\mathbb{E}\left\{(V(r(t_k))-V(r(t_{k-1})))\ \middle|\ \begin{pmatrix}\mathcal{F}^1_{k-1}\\ \mathcal{F}^2_{k-1}\end{pmatrix}\right\}$$

$$=\mathbb{E}\left\{(\alpha_k(\varphi_k^{(1)})+(1-\alpha_k)(\varphi_k^{(2)}))^2 r(t_k^-)Qr(t_k^-)-r(t_{k-1})Qr(t_{k-1})\ \middle|\ \begin{pmatrix}\mathcal{F}^1_{k-1}\\ \mathcal{F}^2_{k-1}\end{pmatrix}\right\}$$

$$=\mathbb{E}\{\mathbb{E}[((\alpha_k(\varphi_k^{(1)})+(1-\alpha_k)(\varphi_k^{(2)}))^2 r(t_k^-)Qr(t_k^-)-r(t_{k-1})Qr(t_{k-1}))\,|\,[F^2_{k-1}]\,|F^1_{k-1}\}$$

$$=\alpha\,\mathbb{E}\{((\varphi_k^{(1)})^2 r^{\mathrm{T}}(t_k)Qr(t_k)-r^{\mathrm{T}}(t_{k-1})Qr(t_{k-1}))\mid F^1_k\}$$

$$+(1-\alpha)\mathbb{E}\{((\varphi_k^{(2)})^2 r^{\mathrm{T}}(t_k)Qr(t_k)-r^{\mathrm{T}}(t_{k-1})Qr(t_{k-1}))\mid F^1_k\},\qquad \mathbb{P}-a.\,s. \tag{6-19}$$

由于以下不等式显然成立：

$$(\varphi_k^{(j)})^2 r^{\mathrm{T}}(t_k^-)Qr(t_k^-)-r^{\mathrm{T}}(t_{k-1})Qr(t_{k-1})$$

$$=[\varphi_k^{(j)}r(t_k^-)-r(t_{k-1})]^{\mathrm{T}}Q[\varphi_k^{(j)}r(t_k^-)-r(t_{k-1})]+2r^{\mathrm{T}}(t_{k-1})Q[\varphi_k^{(j)}r(t_k^-)-r(t_{k-1})] \tag{6-20}$$

其中，$j\in\{1,2\}$，依据式(6-11)可得

$$\mathbb{E}\{\|\varphi_k^{(j)}r(t_k^-)-r(t_{k-1})\|\}$$

$$=\left\|\varphi_k^{(j)}[r(t_{k-1})+\int_{t_{k-1}}^{t_k}((\mathcal{D}+\boldsymbol{\mathcal{K}})r(s)\mathrm{d}s+\mathcal{A}\tilde{f}(r(s))+\beta\boldsymbol{\mathcal{K}}\,h(r(s)))ds]-r(t_{k-1})\right\|$$

$$\leqslant\|\varphi_k^{(j)}-1\|\|r(t_{k-1})\|+\|\varphi_k^{(j)}\|\int_{t_{k-1}}^{t_k}[\|\mathcal{D}+\boldsymbol{\mathcal{K}}\|+\|\mathcal{A}\|\|\mathcal{L}\|+\|H\|]\|r(s)\|\mathrm{d}s$$

$$\leqslant\|\varphi_k^{(j)}-1\|\|r(t_{k-1})\|+\|\varphi_k^{(j)}\|\int_{t_{k-1}}^{t_k}\Phi\|r(t_{k-1})\|\mathrm{e}^{\Phi(s-t_{k-1})}ds$$

$$=\|r(t_{k-1})\|[\|\varphi_k^{(j)}-1\|-\|\varphi_k^{(j)}\|+\|\varphi_k^{(j)}\|\mathrm{e}^{\Phi\mathcal{T}_k}],\qquad \mathbb{P}-a.\,s. \tag{6-21}$$

因此可得

$$\mathbb{E}\{(\varphi_k^{(j)}r(t_k^-)-r(t_{k-1}))^{\mathrm{T}}\boldsymbol{\mathcal{Q}}(\varphi_k^{(j)}r(t_k^-)-r(t_{k-1}))\}$$

$$\leqslant\lambda_{\max}(\boldsymbol{\mathcal{Q}})\|r(t_{k-1})\|^2[\|\varphi_k^{(j)}-1\|-\|\varphi_k^{(j)}\|+\|\varphi_k^{(j)}\|\mathrm{e}^{\Phi\mathcal{T}_k}]^2,\ \mathbb{P}-a.\,s. \tag{6-22}$$

同样地，对于等式(6-20)的第二项，可得

$$\mathbb{E}\{2r^{\mathrm{T}}(t_{k-1})\boldsymbol{\mathcal{Q}}(\varphi_k^{(j)}r(t_k^-)-r(t_{k-1}))\}$$

$$\leqslant 2\varphi_k^{(j)}r^{\mathrm{T}}(t_{k-1})\boldsymbol{\mathcal{Q}}(\mathcal{D}+\boldsymbol{\mathcal{K}})\mathcal{T}_k r(t_{k-1})+2(\varphi_k^{(j)}-1)r^{\mathrm{T}}(t_{k-1})\boldsymbol{\mathcal{Q}}\,r(t_{k-1})$$

$$+2\lambda_{\max}(\boldsymbol{\mathcal{Q}})\|\varphi_k^{(j)}\|\|r(t_{k-1})\|^2[\mathrm{e}^{\|\mathcal{D}+\mathcal{K}\|\mathcal{T}_k}-\|\mathcal{D}+\boldsymbol{\mathcal{K}}\|\mathcal{T}_k-1]$$

$$+2\lambda_{\max}(\mathcal{Q})\|\varphi_k^{(j)}\|\|r(t_{k-1})\|^2(\mathrm{e}^{\Phi\mathcal{T}_k}-\mathrm{e}^{\|\mathcal{D}+\mathcal{K}\|\mathcal{T}_k}),\quad \mathbb{P}-a.s. \tag{6-23}$$

将式(6-21)~式(6-23)代入式(6-20)可得

$$\begin{aligned}
&(\varphi_k^{(j)})^2r^{\mathrm{T}}(t_k^-)\mathcal{Q}r(t_k^-)-r^{\mathrm{T}}(t_{k-1})\mathcal{Q}r(t_{k-1})\\
\leqslant&\lambda_{\max}(\mathcal{Q})\|r(t_{k-1})\|^2[\|\varphi_k^{(j)}-1\|-\|\varphi_k^{(j)}\|+\|\varphi_k^{(j)}\|\mathrm{e}^{\Phi\mathcal{T}_k}]^2+\varphi_k^{(j)}r^{\mathrm{T}}(t_{k-1})\\
&\times[\mathcal{Q}(\mathcal{D}+\boldsymbol{\mathcal{K}})+(\mathcal{D}+\boldsymbol{\mathcal{K}})^{\mathrm{T}}\mathcal{Q}]\mathcal{T}_kr(t_{k-1})+2(\varphi_k^{(j)}-1)r^{\mathrm{T}}(t_{k-1})\mathcal{Q}r(t_{k-1})\\
&+2\lambda_{\max}(\mathcal{Q})\|\varphi_k^{(j)}\|\|r(t_{k-1})\|^2[\mathrm{e}^{\|\mathcal{D}+\mathcal{K}\|\mathcal{T}_k}-\|\mathcal{D}+\boldsymbol{\mathcal{K}}\|\mathcal{T}_k-1]\\
&+2\|\varphi_k^{(j)}\|\lambda_{\max}(\mathcal{Q})\|r(t_{k-1})\|^2(\mathrm{e}^{\Phi\mathcal{T}_k}-\mathrm{e}^{\|\mathcal{D}+\mathcal{K}\|\mathcal{T}_k})\\
\leqslant&-\gamma\varphi^{(j)\mathcal{T}_k\|r(t_{k-1})\|^2}+\lambda_{\max}(\mathcal{Q})\|r(t_{k-1})\|^2[\|\varphi_k^{(j)}-1\|-\|\varphi_k^{(j)}\|+\|\varphi_k^{(j)}\|\mathrm{e}^{\Phi\mathcal{T}_k}]^2\\
&+2\lambda_{\max}(\mathcal{Q})\|r(t_{k-1})\|^2[\|\varphi_k^{(j)}\|\mathrm{e}^{\|\mathcal{D}+\mathcal{K}\|\mathcal{T}_k}-\|\varphi_k^{(j)}\|\|\mathcal{D}+\boldsymbol{\mathcal{K}}\|\mathcal{T}_k\\
&-\|\varphi_k^{(j)}\|+\|\varphi_k^{(j)}\|\mathrm{e}^{\Phi\mathcal{T}_k}-\|\varphi_k^{(j)}\|\mathrm{e}^{\|\mathcal{D}+\mathcal{K}\|\mathcal{T}_k}]+2(\varphi_k^{(j)}-1)r^{\mathrm{T}}(t_{k-1})\mathcal{Q}r(t_{k-1})
\end{aligned}\tag{6-24}$$

接下来，将从以下两种情况分别对不等式(6-24)展开计算。

情况一：

当$j=1$时，可得

$$\begin{aligned}
&(\varphi_k^{(1)})^2r^{\mathrm{T}}(t_k^-)\mathcal{Q}r(t_k^-)-r^{\mathrm{T}}(t_{k-1})\mathcal{Q}r(t_{k-1})\\
\leqslant&-\gamma\varphi^{(1)}\mathcal{T}_k\|r(t_{k-1})\|^2+\lambda_{\max}(\mathcal{Q})\|r(t_{k-1})\|^2[(\varphi_k^{(1)})^2\mathrm{e}^{2\Phi\mathcal{T}_k}-2\varphi_k^{(1)}\mathrm{e}^{\Phi\mathcal{T}_k}\\
&+1]+2\lambda_{\max}(\mathcal{Q})\|r(t_{k-1})\|^2[\varphi_k^{(1)}\mathrm{e}^{\Phi\mathcal{T}_k}-\varphi_k^{(1)}\|\mathcal{D}+\boldsymbol{\mathcal{K}}\|\mathcal{T}_k-1]\\
\leqslant&[-\gamma\varphi^{(1)}\mathcal{T}_k+\lambda_{\max}(\mathcal{Q})((\varphi_k^{(1)})^2\mathrm{e}^{2\Phi\mathcal{T}_k}-2\varphi_k^{(1)}\|\mathcal{D}+\boldsymbol{\mathcal{K}}\|\mathcal{T}_k-1)]\|r(t_{k-1})\|^2
\end{aligned}\tag{6-25}$$

情况二：

同样地，当$j=2$时，可得

$$\begin{aligned}
&r(\varphi_k^{(2)})^2r^{\mathrm{T}}(t_k^-)\mathcal{Q}r(t_k^-)-r^{\mathrm{T}}(t_{k-1})\mathcal{Q}r(t_{k-1})\\
\leqslant&[\gamma\varphi^{(2)}\mathcal{T}_k+\lambda_{\max}(\mathcal{Q})((\varphi_k^{(2)})^2\mathrm{e}^{2\Phi\mathcal{T}_k}+2\varphi_k^{(2)}\|\mathcal{D}+\boldsymbol{\mathcal{K}}\|\mathcal{T}_k-1)]\|r(t_{k-1})\|^2
\end{aligned}\tag{6-26}$$

由于$r(t_{k-1})$是$\begin{pmatrix}\mathcal{F}_{k-1}^1\\ \mathcal{F}_{k-1}^2\end{pmatrix}$-可测，则有

$$\mathbb{E}\left\{\left(-\gamma\varphi_k^{(1)}\mathcal{T}_k+\lambda_{\max}(\mathcal{Q})\left((\varphi_k^{(1)})^2\mathrm{e}^{2\Phi\mathcal{T}_k}-2\varphi_k^{(1)}\|\mathcal{D}+\mathcal{K}\|\mathcal{T}_k-1\right)\right)\|r(t_{k-1})\|^2\left|\begin{pmatrix}\mathcal{F}_{k-1}^1\\\mathcal{F}_{k-1}^2\end{pmatrix}\right.\right\}$$

$$=\mathbb{E}\left\{-\gamma\varphi_k^{(1)}\mathcal{T}_k+\lambda_{\max}(\mathcal{Q})\left((\varphi_k^{(1)})^2\mathrm{e}^{2\Phi\mathcal{T}_k}-2\varphi_k^{(1)}\|\mathcal{D}+\mathcal{K}\|\mathcal{T}_k-1\right)\left|\begin{pmatrix}\mathcal{F}_{k-1}^1\\\mathcal{F}_{k-1}^2\end{pmatrix}\right.\right\}\|r(t_{k-1})\|^2$$

$$=-\gamma\varphi_k^{(1)}\mathbb{E}\{\mathcal{T}_k\}+\lambda_{\max}(\mathcal{Q})\mathbb{E}\{(\varphi_k^{(1)})^2\mathrm{e}^{2\Phi\mathcal{T}_k}-2\varphi_k^{(1)}\|\mathcal{D}+\mathcal{K}\|\mathcal{T}_k-1\}\|r(t_{k-1})\|^2$$

$$=\nabla_k^{(1)}\|r(t_{k-1})\|^2\leqslant\Im_k^{(1)}V(t_{k-1})\tag{6-27}$$

类似地，以下不等式成立：

$$\mathbb{E}\left\{\left(\gamma\varphi_k^{(2)}\mathcal{T}_k+\lambda_{\max}(\mathcal{Q})\left((\varphi_k^{(2)})^2\mathrm{e}^{2\Phi\mathcal{T}_k}+2\varphi_k^{(2)}\|\mathcal{D}+\mathcal{K}\|\mathcal{T}_k-1\right)\right)\times\|r(t_{k-1})\|^2\left|\begin{pmatrix}\mathcal{F}_{k-1}^1\\\mathcal{F}_{k-1}^2\end{pmatrix}\right.\right\}$$

$$=\mathbb{E}\left\{\gamma\varphi_k^{(2)}\mathcal{T}_k+\lambda_{\max}(\mathcal{Q})\left((\varphi_k^{(2)})^2\mathrm{e}^{2\Phi\mathcal{T}_k}+2\varphi_k^{(2)}\|\mathcal{D}+\mathcal{K}\|\mathcal{T}_k-1\right)\left|\begin{pmatrix}\mathcal{F}_{k-1}^1\\\mathcal{F}_{k-1}^2\end{pmatrix}\right.\right\}\|r(t_{k-1})\|^2$$

$$=\gamma\varphi_k^{(2)}\mathbb{E}\{\mathcal{T}_k\}+\lambda_{\max}(\mathcal{Q})\mathbb{E}\left[(\varphi_k^{(2)})^2\mathrm{e}^{2\Phi\mathcal{T}_k}+2\varphi_k^{(2)}\|\mathcal{D}+\mathcal{K}\|\mathcal{T}_k-1\right]\|r(t_{k-1})\|^2$$

$$=\nabla_k^{(2)}\|r(t_{k-1})\|^2\leqslant\Im_k^{(2)}V(r(t_{k-1}))\tag{6-28}$$

由式(6-20)～式(6-28)和 $V(r(t_{k-1}))$ 的可积性，可以得到

$$\mathbb{E}\left\{V(r(t_k))\mid\begin{pmatrix}\mathcal{F}_{k-1}^1\\\mathcal{F}_{k-1}^2\end{pmatrix}\right\}$$

$$=\mathbb{E}\left\{V(r(t_{k-1}))+V(r(t_k))-V(r(t_{k-1}))\mid\begin{pmatrix}\mathcal{F}_{k-1}^1\\\mathcal{F}_{k-1}^2\end{pmatrix}\right\}$$

$$\leqslant[\alpha(1+\Im_k^{(1)})+(1-\alpha)(1+\Im_k^{(2)})]V(r(t_{k-1}))\tag{6-29}$$

根据条件期望的性质$\mathbb{E}\{V(r(t_k))\}=\mathbb{E}\left\{\mathbb{E}\left[V(r(t_k))\mid\begin{pmatrix}\mathcal{F}_{k-1}^1\\ \mathcal{F}_{k-1}^2\end{pmatrix}\right]\right\}$以及数学归纳法，以下不等式成立：

$$
\begin{aligned}
&\mathbb{E}\{V(r(t_k))\}\\
&\leqslant(\alpha(1+\Im_k^{(1)})+(1\text{-}\alpha)(1+\Im_k^{(2)}))\mathbb{E}\{V(r(t_{k-1}))\}\\
&\leqslant(\alpha(1+\Im_k^{(1)})+(1\text{-}\alpha)(1+\Im_k^{(2)}))(\alpha(1+\Im_{k-1}^{(1)})+(1\text{-}\alpha)(1+\Im_{k-1}^{(2)}))\\
&\mathbb{E}\{V(r(t_{k-2}))\}\\
&\qquad\vdots\\
&\leqslant\left\{\prod_{n=1}^{k}[\alpha(1+\Im_n^{(1)})+(1\text{-}\alpha)(1+\Im_n^{(2)})]\right\}\mathbb{E}\{V(r(t_0))\}
\end{aligned}\tag{6-30}
$$

根据式(6-13)，当$t\in[t_{k-1},t_k)$，$k\in\mathbb{Z}^+$时，有$\|r(t)\|\leqslant\|r(t_{k-1})\|\mathrm{e}^{\Phi\mathcal{T}_k}$成立。对每个$m$和任意$\Re>0$，定义以下事件集：

$$\Sigma_m^1\triangleq\{\omega_1\in\Omega_1,\ \omega_2\in\Omega_2:\ \mathrm{e}^{2\Phi\mathcal{T}_m}V(r(t_{m-1}))>\Re\}\tag{6-31}$$

同时，引入以下特征函数：

$$\chi_{\Sigma_m^1}=\begin{cases}1, & \text{如果}\ \Sigma_m^1\ \text{发生}\\ 0, & \text{如果}\ \Sigma_m^1\ \text{不发生}\end{cases}\tag{6-32}$$

因此可得

$$
\begin{aligned}
\mathbb{P}\{\Sigma_m^1\}&=\mathbb{E}\{\chi;\ \Sigma_m^1\}\\
&\leqslant\mathbb{E}\left\{\frac{\mathrm{e}^{2\Phi\mathcal{T}_k}V(r(t_{m-1}))}{\Re};\ \Sigma_m^1\right\}\\
&\leqslant\frac{1}{\Re}\mathbb{E}\{\mathrm{e}^{2\Phi\mathcal{T}_k}V(r(t_{m-1}))\}\\
&=\frac{1}{\Re}\mathbb{E}\left\{\mathbb{E}\left[\mathrm{e}^{2\Phi\mathcal{T}_k}\middle|\begin{pmatrix}F_{m-1}^1\\ F_{m-1}^2\end{pmatrix}\right]V(r(t_{m-1}))\right\}\\
&=\frac{1}{\Re}\mathbb{E}\{\mathrm{e}^{2\Phi\mathcal{T}_k}\}\mathbb{E}\{V(r(t_{m-1}))\}\\
&\leqslant\frac{1}{\Re}\mathbb{E}\{V(r(t_0))\}\cdot M_m\cdot\left\{\prod_{n=1}^{m-1}[\alpha(1+\Im_n^{(1)})+(1\text{-}\alpha)(1+\Im_n^{(2)})]\right\}
\end{aligned}\tag{6-33}
$$

其中，$m \geqslant 2$。因此可得

$$
\begin{aligned}
&\sum_{m=1}^{\infty} \mathbb{P}\{\Sigma_m^1\} \\
&\leqslant \frac{1}{\Re} \mathbb{E}\{V(r(t_0))\} \cdot \sum_{n=1}^{\infty} M_m \cdot \left\{ \prod_{n=1}^{m-1} [\alpha(1+\Im_n^{(1)}) + (1-\alpha)(1+\Im_n^{(2)})] \right\} \\
&< +\infty
\end{aligned} \tag{6-34}
$$

其中，$\Pi_{n=1}^{0}[\alpha(1+\Im_n^{(1)})+(1-\alpha)(1+\Im_n^{(2)})]=1$。根据引理 4.4 有 $\mathbb{P}\{\limsup_{m\to\infty}\Sigma_m^1\}=0$，这表明 $\mathbb{P}\{\limsup_{m\to\infty} \mathrm{e}^{2\Phi\mathcal{T}_k} V(r(t_{m-1})) \leqslant \Re\}=1$。

因此，可得以下不等式成立：

$$
\begin{aligned}
\limsup_{t\to\infty} \| r(t) \| &\leqslant \limsup_{t\to\infty} \mathrm{e}^{\Phi\mathcal{T}_k} \| r(t_{m-1}) \| \\
&\leqslant \limsup_{t\to\infty} \mathrm{e}^{\Phi\mathcal{T}_k} \sqrt{\frac{V(r(t_{m-1}))}{\lambda_{\min}(\mathcal{Q})}} \\
&= \limsup_{t\to\infty} \sqrt{\frac{1}{\lambda_{\min}(\mathcal{Q})} \mathrm{e}^{2\Phi\mathcal{T}_k} V(r(t_{m-1}))} \\
&= \sqrt{\frac{1}{\lambda_{\min}(\mathcal{Q})} \limsup_{t\to\infty} \mathrm{e}^{2\Phi\mathcal{T}_k} V(r(t_{m-1}))} \\
&\leqslant \sqrt{\frac{\Re}{\lambda_{\min}(\mathcal{Q})}}, \quad \mathbb{P}-a.s.
\end{aligned} \tag{6-35}
$$

根据 $\Re$ 的任意性，可知 $\lim_{t\to\infty} \| r(t) \| = 0$，$\mathbb{P}-a.s.$ 成立。

6.3.2 同步收敛率估计

与此同时，以下定理得到了一个更强的条件来获得误差系统(6-7)的收敛速率。

定理 6.2 基于假设 6.1 ~ 6.4，若存在矩阵 $0<\mathcal{Q}\in\mathbb{R}^{n\times n}$，$\mathcal{K}\in\mathbb{R}^{n\times m}$，常数 $\gamma>0$，$0<\varrho<1$ 和 $\mathcal{N}>1$ 使得

$$
(\mathcal{D}+\mathcal{K})+(\mathcal{D}+\mathcal{K})^{T}\mathcal{Q}=-\gamma I \tag{6-36}
$$

$$
\sum_{k=1}^{\infty} \mathcal{M}_k \left\{ \prod_{n=1}^{k} [\alpha(1+\Im_n^{(1)})+(1-\alpha)(1+\Im_n^{(2)})] \right\}^{\varrho} < +\infty \tag{6-37}
$$

$$\limsup_{k\to\infty}\frac{\mathcal{T}_k}{\sum_{n=1}^{k}\mathcal{T}_n}=0,\quad \mathbb{P}-a.s. \tag{6-38}$$

$$\limsup_{k\to\infty}\frac{\sum_{n=1}^{k}\mathcal{T}_k}{\sum_{n=1}^{k}\mathbb{E}\{\mathcal{T}_n\}}\leqslant N,\quad \mathbb{P}-a.s. \tag{6-39}$$

其中

$$\Im_k^{(j)}=\begin{cases}\dfrac{\nabla_k^{(j)}}{\lambda_{\min}(\boldsymbol{\mathcal{Q}})}, & \nabla_k^{(j)}\geqslant 0,\quad j=1,\ 2\\ \dfrac{\nabla_k^{(j)}}{\lambda_{\max}(\boldsymbol{\mathcal{Q}})}, & \nabla_k^{(j)}\leqslant 0,\quad j=1,\ 2\end{cases}$$

$$\nabla_k^{(1)}=-\gamma\varphi_k^{(1)}\mathbb{E}\{\mathcal{T}_k\}+\lambda_{\max}(\boldsymbol{\mathcal{Q}})\mathbb{E}\{\Xi_k^1\}$$

$$\nabla_k^{(2)}=\gamma\varphi_k^{(2)}\mathbb{E}\{\mathcal{T}_k\}+\lambda_{\max}(\boldsymbol{\mathcal{Q}})\mathbb{E}\{\Xi_k^2\}$$

$$\Xi_k^1=(\varphi_k^{(1)})^2\mathrm{e}^{2\Phi\mathcal{T}_k}-2\varphi_k^{(1)}\|\mathcal{D}+\boldsymbol{\mathcal{K}}\|\mathcal{T}_k-1$$

$$\Xi_k^2=(\varphi_k^{(j)})^2\mathrm{e}^{2\Phi\mathcal{T}_k}+2\varphi_k^{(j)}\|\mathcal{D}+\boldsymbol{\mathcal{K}}\|\mathcal{T}_k-1,\ j\in\{1,\ 2\}$$

则驱动系统[式(6-1)]和响应系统[式(6-2)]以不小于$\frac{1}{2}|\kappa|$的指数速率几乎必然同步，其中

$$\kappa=\limsup_{k\to\infty}\frac{\Im_n(\varrho,\ \alpha)}{N\sum_{n=1}^{k}\mathbb{E}\{\mathcal{T}_n\}}<0$$

$$\Im_n(\varrho,\ \alpha)=(1-\varrho)\sum_{n=1}^{k}\ln[\alpha(1+\Im_n^{(1)})+(1\text{-}\alpha)(1+\Im_n^{(2)})]$$

证明：从定理6.1中可知

$$\left\{V(r(t_k))\,\middle|\,\begin{pmatrix}\mathcal{F}_{k-1}^1\\ \mathcal{F}_{k-1}^2\end{pmatrix}\right\}\leqslant[\alpha(1+\Im_k^{(1)})+(1\text{-}\alpha)(1+\Im_k^{(2)})]V(r(t_{k-1}))$$

首先，定义如下序列 $G(r(t_k))$：

$$\mathcal{G}(r(t_k))\triangleq\frac{V(r(t_k))}{\prod_{n=1}^{k}[\alpha(1+\Im_n^{(1)})+(1\text{-}\alpha)(1+\Im_n^{(2)})]^{1-\varrho}} \tag{6-40}$$

则有以下等式成立

$$\mathbb{E}\left\{\mathcal{G}(r(t_k))\,\middle|\,\begin{pmatrix}\mathcal{F}_{k-1}^1\\ \mathcal{F}_{k-1}^2\end{pmatrix}\right\}$$

$$= \mathbb{E}\left\{ \frac{V(r(t_k))}{\prod_{n=1}^{k}[\alpha(1+\Im_n^{(1)})+(1-\alpha)(1+\Im_n^{(2)})]^{1-\varrho}} \middle| \begin{pmatrix} \mathcal{F}_{k-1}^1 \\ \mathcal{F}_{k-1}^2 \end{pmatrix} \right\}$$

$$= [\alpha(1+\Im_n^{(1)})+(1-\alpha)(1+\Im_n^{(2)})]^{\varrho} \frac{V(r(t_{k-1}))}{\prod_{n=1}^{k-1}[\alpha(1+\Im_n^{(1)})+(1-\alpha)(1+\Im_n^{(2)})]^{1-\varrho}}$$

$$= [\alpha(1+\Im_n^{(1)})+(1-\alpha)(1+\Im_n^{(2)})]^{\varrho} G(r(t_{k-1})) \tag{6-41}$$

因此，可以得到

$$\mathbb{E}\{\mathcal{Q}(r(t_k))\} \leqslant [\alpha(1+\Im_n^{(1)})+(1-\alpha)(1+\Im_n^{(2)})]^{\varrho} \mathbb{E}\{G(r(t_{k-1}))\}$$

$$\leqslant \prod_{n=1}^{k-1}[\alpha(1+\Im_n^{(1)})+(1-\alpha)(1+\Im_n^{(2)})]^{\varrho} \mathbb{E}\{V(r(t_0))\} \tag{6-42}$$

其次，对每个 m 和任意 $\Re>0$，定义以下事件集：

$$\Sigma_m^2 \triangleq \{\omega_1 \in \Omega_1,\ \omega_2 \in \Omega_2:\ \mathrm{e}^{2\Phi\mathcal{T}_m} \mathcal{G}(r(t_{m-1})) > \Re\} \tag{6-43}$$

根据以上定义，可以得到

$$\mathbb{P}\{\Sigma_m^2\} = \mathbb{E}\{1;\ \Sigma_m^2\} \leqslant \frac{1}{\Re} M_m\, \mathbb{E}\{V(r(t_{m-1}))\}$$

$$\leqslant \frac{1}{\Re}\mathbb{E}\{V(r(t_0))\} \cdot M_m \cdot \left\{ \prod_{n=1}^{m-1}[\alpha(1+\Im_n^{(1)})+(1-\alpha)(1+\Im_n^{(2)})] \right\}^{\varrho} \tag{6-44}$$

因此可得

$$\sum_{m=1}^{\infty} \mathbb{P}\{\Sigma_m^2\}$$

$$\leqslant \frac{1}{\Re}\mathbb{E}\{V(r(t_0))\} \cdot \sum_{n=1}^{\infty} M_m \cdot \left\{ \prod_{n=1}^{m-1}[\alpha(1+\Im_n^{(1)})+(1-\alpha)(1+\Im_n^{(2)})] \right\}^{\varrho}$$

$$< +\infty \tag{6-45}$$

基于引理 4.4，可知：$\mathbb{P}\{\limsup_{m\to\infty} \Sigma_m^2 = 0\}$，表明对任意 $\Re>0$，下式成立：

$$\mathbb{P}\{\limsup_{t\to\infty} \mathrm{e}^{2\Phi\mathcal{T}_k} \mathcal{G}(r(t_{m-1})) \leqslant \Re\} = 1 \tag{6-46}$$

因此，可以得

$$\limsup_{t\to\infty} \|r(t)\|$$

$$\leqslant \limsup_{t\to\infty} \mathrm{e}^{\Phi\mathcal{T}_k} \sqrt{\prod_{n=1}^{k-1}[\alpha(1+\Im_n^{(1)})+(1-\alpha)(1+\Im_n^{(2)})]^{1-\varrho}} \sqrt{\frac{G(r(t_{m-1}))}{\lambda_{\min}(\mathcal{Q})}}$$

$$\leqslant \exp\left(\frac{1}{2}\sum_{n=1}^{k-1}(1-\varrho)\ln[\alpha(1+\Im_n^{(1)})+(1-\alpha)(1+\Im_n^{(2)})]\right)\sqrt{\frac{\mathcal{R}}{\lambda_{\min}(\mathcal{Q})}} \quad (6\text{-}47)$$

接下来，将证明指数收敛率，对任意常数 $\iota>0$，有以下不等式成立：

$$\exp\left(-\frac{\kappa+\iota}{2}t\right)\|r(t)\|$$

$$\leqslant \exp\left(-\sum_{n=1}^{k-1}\frac{\kappa+\iota}{2}\mathcal{T}_n\right)\mathrm{e}^{\Phi\mathcal{T}_k}\sqrt{\frac{G(r(t_{m-1}))}{\lambda_{\min}(\mathcal{Q})}}\sqrt{\prod_{n=1}^{k}[\alpha(1+\Im_n^{(1)})+(1-\alpha)(1+\Im_n^{(2)})]^{1-\varrho}}$$

$$=\mathrm{e}^{-\frac{1}{2}(\kappa+\iota)\mathcal{T}_k}\mathrm{e}^{\frac{1}{2}\sum_{n=1}^{k-1}\mho^n}\sqrt{\frac{\mathrm{e}^{2\Phi\mathcal{T}_k}G(r(t_{m-1}))}{\lambda_{\min}(\mathcal{Q})}} \quad (6\text{-}48)$$

其中

$$\mho^n=-(\kappa+\iota)\mathcal{T}_n+(1-\varrho)\ln(\alpha(1+\Im_n^{(1)})+(1-\alpha)(1+\Im_n^{(2)}))$$

且有以下不等式成立：

$$\limsup_{k\to\infty}\frac{\sum_{n=1}^{k}\mho^n}{\sum_{n=1}^{k}\mathbb{E}\{\mathcal{T}_n\}}$$

$$=\limsup_{k\to\infty}\left[-(\kappa+\iota)\frac{\sum_{n=1}^{k}\mathcal{T}_n}{\sum_{n=1}^{k}\mathbb{E}\{\mathcal{T}_n\}}+(1-\varrho)\frac{\sum_{n=1}^{k}\ln(\alpha(1+\Im_n^{(1)})+(1-\alpha)(1+\Im_n^{(2)}))}{\sum_{n=1}^{k}\mathbb{E}\{\mathcal{T}_n\}}\right]$$

$$\leqslant -(\kappa+\iota)N+\kappa N$$

$$\leqslant 0,\quad \mathbb{P}-a.s.$$

由此可得

$$\limsup_{k\to\infty}\sum_{n=1}^{k}\mho^n\leqslant 0,\quad \mathbb{P}-a.s. \quad (6\text{-}50)$$

结合式(6-48)可得

$$\limsup_{k\to\infty}\sqrt{\frac{\mathrm{e}^{2\Phi\mathcal{T}_k}G(r(t_{m-1}))}{\lambda_{\min}(\mathcal{Q})}}\leqslant\sqrt{\frac{\mathcal{R}}{\lambda_{\min}(\mathcal{Q})}} \quad (6\text{-}51)$$

因此，可以得到

$$\limsup_{t\to\infty}\frac{\ln\|r(t)\|}{t}\leqslant\frac{\kappa+\iota}{2}\left(1-\limsup_{t\to\infty}\frac{\mathcal{T}_k}{t}\right)\leqslant\frac{\kappa+\iota}{2} \quad (6\text{-}52)$$

由于 ι 是任意的，取 $\iota\to 0$，则可得到误差系统[式(6-7)]的指数收敛率不超过$\frac{1}{2}\kappa$。

注 6.3 在定理 6.2 中，$0<\varrho<1$，这表明定理 6.2 中的条件：

$$\sum_{k=1}^{\infty}\mathcal{M}_k\left\{\prod_{n=1}^{k}\left[\alpha(1+\Im_n^{(1)})+(1-\alpha)(1+\Im_n^{(2)})\right]\right\}^{\varrho}<+\infty$$

比定理 6.1 的条件：

$$\sum_{k=1}^{\infty}\mathcal{M}_k\left\{\prod_{n=1}^{k}\left[\alpha(1+\Im_n^{(1)})+(1-\alpha)(1+\Im_n^{(2)})\right]\right\}<+\infty$$

要强。与此同时，定理 6.2 中的条件 $\limsup\limits_{k\to\infty}\dfrac{\mathcal{T}_k}{\sum_{n=1}^{k}\mathcal{T}_n}=0$，$\mathbb{P}-a.s.$ 和 $\limsup\limits_{k\to\infty}\dfrac{\sum_{n=1}^{k}\mathcal{T}_k}{\sum_{n=1}^{k}\mathbb{E}\{\mathcal{T}_n\}}\leqslant N$，$\mathbb{P}-a.s.$ 与 $\mathcal{T}_k$ 的概率密度函数有关，这表明了干扰序列的区间 $\mathcal{T}_k$ 不随时间演化而发生显著变化。

注 6.4 对于相互独立的随机变量序列 $\{\mathcal{T}_k\}_{k\in\mathbb{Z}^+}$，如果 $\mathcal{T}_k$ 不服从同一分布，则条件(6-38)和(6-39)的有效性可以被验证，当且仅当以下两个条件满足：

(1) 不等式 $\sum_{n=1}^{\infty}\dfrac{\mathbb{E}\{(\mathcal{T}_n-\mathbb{E}\{\mathcal{T}_n\})^2\}}{n^2}<+\infty$；

(2) 等式 $\lim\limits_{k\to\infty}\dfrac{\mathcal{T}_k}{\sum_{n=1}^{k}\mathbb{E}\{\mathcal{T}_n\}}=0$，$\mathbb{P}-a.s.$ 成立。

通过添加 $\mathcal{T}_k$ 一致可积和 $\sum_{n=1}^{k}\mathbb{E}\{\mathcal{T}_n\}$ 呈线性增长的充分性条件，可以证明(1)和(2)的收敛性。也就是说，对一些 $\gamma>0$，不等式 $\liminf\limits_{n\to\infty}\dfrac{\sum_{n=1}^{k}\mathbb{E}\{\mathcal{T}_n\}}{n}\geqslant\gamma$ 成立。

注 6.5 如果我们对随机变量 $\mathcal{T}_k$ 施加以下条件：存在 $\mathcal{T}>0$ 使得脉冲区间长度 $\mathcal{T}_k$ 在概率空间 $(\Omega^1, F^1, \mathbb{P}^1)$ 上满足 $\mathcal{T}_k\leqslant\mathcal{T}$，$\mathbb{P}-a.s.$，则基于等式 $\lim\limits_{k\to\infty}\sum_{n=1}^{k}\mathcal{T}_n=+\infty$，$\mathbb{P}-a.s.$ 可知满足条件式(6-39)。此外，需要使用一些简单的条件来验证条件式(6-39)，即：对任意 $k\in\mathbb{Z}^+$，当常数 $N>1$ 时，不等式 $\dfrac{\mathcal{T}_k}{\mathbb{E}\{\mathcal{T}_k\}}\leqslant N$，$\mathbb{P}-a.s.$ 成立。

6.4 数值仿真

例 6.1 考虑具有以下参数的驱动系统[式(6-1)]和响应系统[式(6-2)]:

$$\mathcal{D}=\begin{bmatrix}-3 & 0\\ 0 & -3\end{bmatrix},\ \mathcal{A}=\begin{bmatrix}2 & -0.1\\ -5 & 3\end{bmatrix},\ f(\nu)=\tanh(\nu),\ W(t)=h(r(t))=\sin t$$

对于不同的初始值，图 6-2 展示了误差系统[式(6-7)]在没有控制器下的状态轨迹图。首先，从图 6-2 中可以看出，在没有控制器的作用下，误差系统[式(6-7)]是不稳定的。选择 $Q=I$，$\mathcal{K}=-2I$，图 6-3 绘制了不同初始值下的误差系统[式(6-7)]在控制作用下状态轨迹图。从图 6-3 中可以看出，驱动系统[式(6-1)]和响应系统[式(6-2)]在控制器的作用下实现了几乎必然同步。其次，当控制信号遭受到攻击者的虚假数据攻击时，选择参数 $\beta=0.5$，$\mathcal{K}=-2I$，误差系统[式(6-7)]在控制器的攻击和虚假数据攻击下的状态轨迹如图 6-4 所示。从图 6-4 可以明显看出，误差系统[式(6-7)]可以实现稳定。

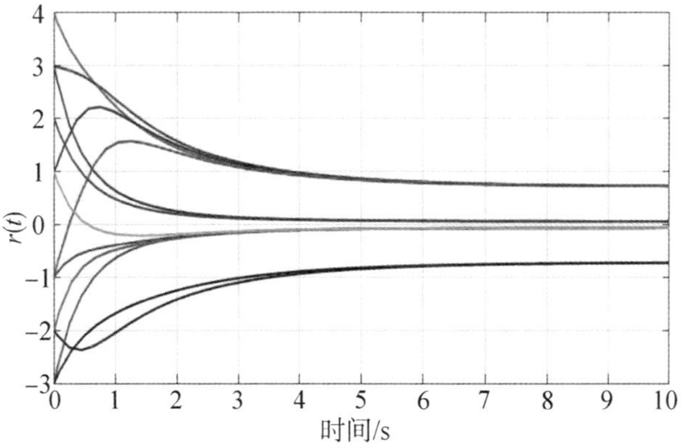

图 6-2 误差系统[式(6-7)]在无控制输入下的状态轨迹图

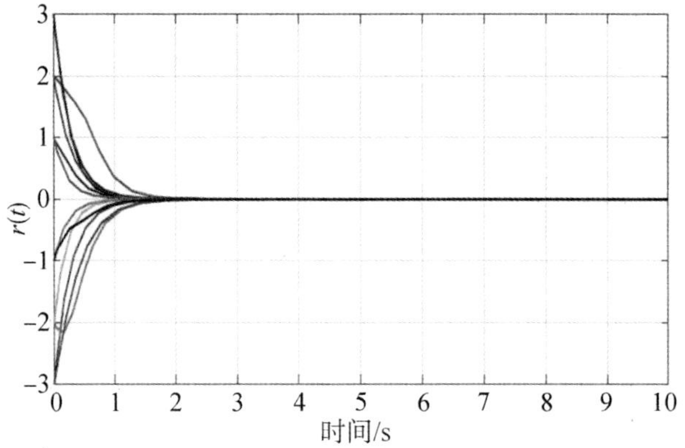

图 6-3　误差系统[式(6-7)]在控制器下的状态轨迹图

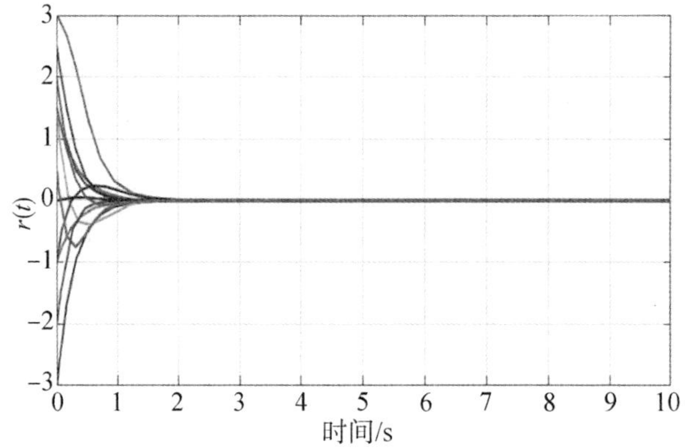

图 6-4　在虚假数据攻击下的误差系统[式(6-7)]的状态轨迹图

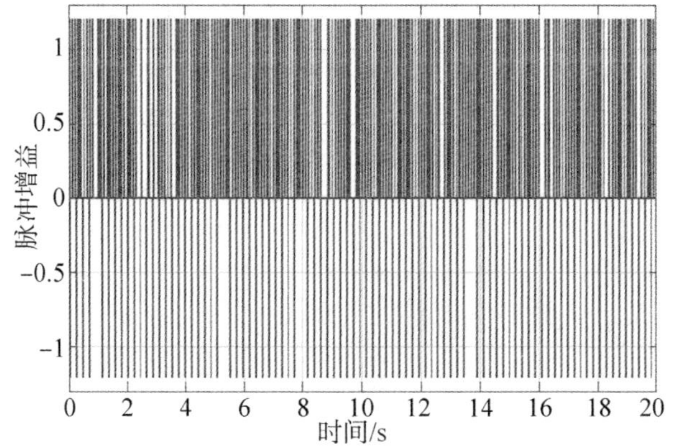

图 6-5　由攻击者发起的脉冲攻击序列图

当攻击者发起不稳定脉冲形式的攻击时，传输信号从控制器到执行器均遭受随机脉冲攻击。给定初始值$x_0=[2,\ -1]^T$，$y_0=[-1,\ 2]^T$，$\varphi_k^{(1)}=1.2$，$\varphi_k^{(2)}=-1.2$和$\alpha=0.9$。随机脉冲序列的区间$\{\mathcal{T}_k\}_{k\in\mathbb{Z}^+}$服从于伯努利分布且期望为$\mathbb{E}\{\mathcal{T}_k\}=0.22$，假定脉冲区间为[0.1，0.34]。由攻击者发起的随机脉冲攻击序列如图6-5所示。

为了验证脉冲欺骗攻击对驱动-响应系统[式(6-1)]和式(6-2)实现同步的影响，图6-6和图6-7画出了状态$r_1(t)$和$r_2(t)$在脉冲攻击下的状态轨迹图，这表明当增益矩阵$\boldsymbol{\mathcal{K}}=-2I$时，脉冲干扰攻击影响了驱动响应系统[式(6-1)]与式(6-2)的同步性。

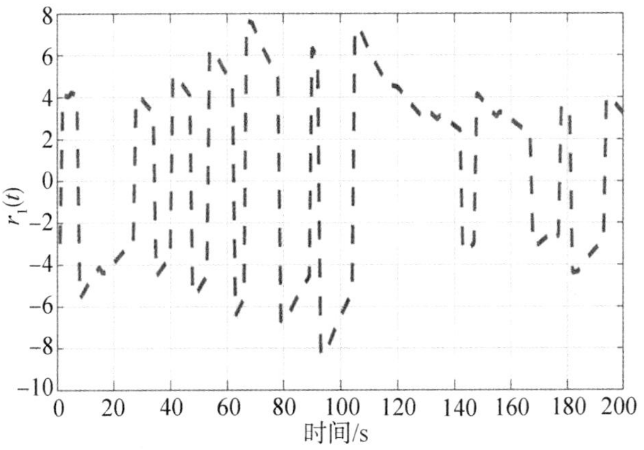

图6-6　状态$r_1(t)$在脉冲攻击下的轨迹图

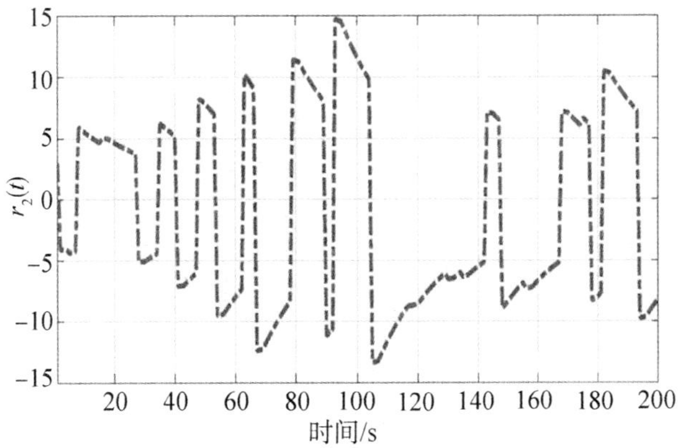

图6-7　状态$r_2(t)$在脉冲攻击下的轨迹图

基于定理6.1，当$\boldsymbol{\mathcal{K}} = -5I$，$Q=I$，可得$\nabla_k^{(1)} = \nabla_k^{(2)} = 1.44\ \mathcal{M}_k - 1 > 0$，$\Im_k^{(1)} = \Im_k^{(2)} = 1.44\ \mathcal{M}_k - 1 > 0$，$\sum_{k=1}^{\infty} \mathcal{M}_k \{ \prod_{n=1}^{k} [\alpha(1+\Im_n^{(1)}) + (1-\alpha)(1+\Im_n^{(2)})] \} < +\infty$。因此，根据定理6.1，驱动－响应系统[式(6-1)]和[式(6-2)]实现了几乎必然同步。当$\boldsymbol{\mathcal{K}} = -0.5I$，误差系统[式(6-7)]在双重攻击下的状态轨迹如图6-8所示。从图6-8中可以看出，驱动系统[式(6-1)]和响应系统[式(6-2)]在双重攻击下仍能实现几乎必然同步。

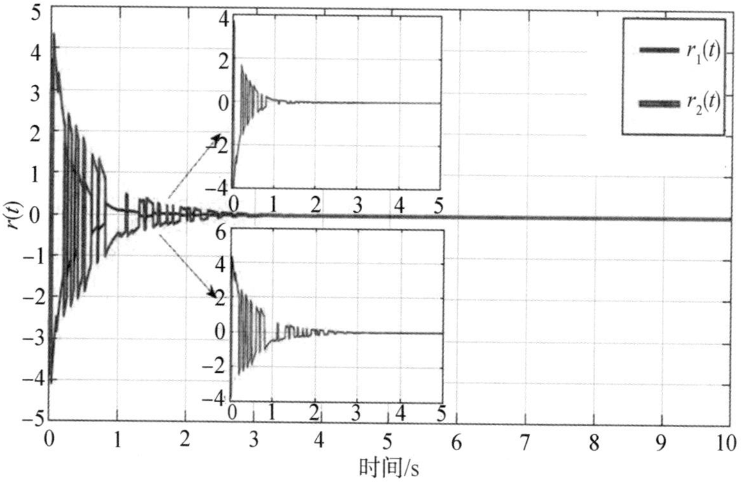

图6-8　误差系统[式(6-7)]在双重攻击下的状态轨迹图

6.5 本章小结

本章主要研究了具有服务质量约束的神经网络系统的几乎必然同步性问题。首先，与已有研究不同的是，本书既考虑了从传感器到控制器在数据传输过程中的恶意攻击，也考虑了从控制器到执行器在数据传输过程中的潜在攻击，并将其模拟为非线性函数和脉冲干扰序列。所考虑的脉冲时刻和脉冲增益均是随机的且仅脉冲区间和脉冲增益的期望值已知。其次，在 Borel-Cantelli 引理的基础上建立了神经网络系统几乎必然同步的准则，并分别导出了强充分条件和弱充分条件来保证神经网络系统的几乎必然同步性。最后，通过数值算例验证了理论结果的有效性。

第七章

总结与展望

7.1 总结

本书主要进行了在脉冲效应下的动态网络系统的同步性分析，分别讨论了具有参数不确定、通信时延、外部扰动和脉冲时延等网络环境中不可避免的因素对网络系统性能的影响。针对以上因素，从数据传输量和网络安全方面分别设计相应的控制器，使得在保证系统同步性的同时，又节约了通信资源、降低了控制代价，丰富了现有的研究且更符合实际应用。本书的主要研究成果如下。

(1)为了降低资源消耗和节约控制成本，同时规避一般的事件触发机制可能存在的长时间不触发情形，笔者提出了一种由基于 Lyapunov 泛函的事件触发机制和强制时间序列相结合的延迟脉冲控制器。并基于 Lyapunov 泛函方法、离散时间系统的比较原理以及迭代法，解决了具有时变时延的神经网络系统在不同规模脉冲时延下的耦合神经网络的同步问题。此外，得到了基于 LMI 的充分条件以保证所设计的脉冲事件排除 Zeno 行为。不同于传统的基于状态的事件触发机制，基于 Lyapunov 泛函的触发机制则会随着函数的选择不同而不同。因此，可以选择不同的 Lyapunov 泛函的事件触发条件应用到不同控制系统中。

(2)在设计事件触发机制的基础上，加入时间触发机制并设计了一种新的混合触发延迟脉冲控制方案，并将阈值函数和系统状态之间的关系作为切换律来决定在不同环境下采用哪种机制进行工作。为了研究具有外部扰动和参数不确定性的神经网络的实际同步问题，提出了具有脉冲时延和外部扰动的比较原理，并基于该原理结合平均脉冲区间以及平均脉冲增益的概念，得到了混合触发脉冲控制方案下保证神经网络同步的充分性条件。将时间触发脉冲机制和事件触发脉冲机制两种机制结合起来，综合利用了两种机制的优势，既能够满足系统的稳定性需求，又能够有效地提升数据传输效率，保证了系统的稳定性和可靠性。

(3)不同于现存结果中的脉冲增益是固定的常数或某一给定的序列，设计了随机的脉冲增益。同时，考虑到脉冲信息在采样和传输过程中不可避免地存在时延问题，设计了具有随机脉冲增益的分布延迟脉冲控制策略。该控制策略在实际系统中更具普适性，且提高了控制系统的适应性和鲁棒性。基于所设计的随机分布脉冲控制器，研究了具有耦合时延和内部通信时延的有向耦合神经网络系统的同步性问题，利用 Lyapunov 泛函方法和数学分析法，得到了有向耦合神经网络的几乎必然性同步判据。

(4)考虑到现实系统的复杂性，以及为了更好地模拟现实系统，在有向拓扑下，建立了多层动态网络模型。其中各层网络节点的内部动态是不同的。笔者提出了仅在离散时刻控制部分节点的牵制脉冲控制方案，以减少网络控制代价。通过利用 Razumikhin 技术，从脉冲控制的角度得到了具有灵活脉冲延迟的扩展时滞脉冲微分不等式，该不等式放松了现有结果中对脉冲时延的限制条件。利用所证明的脉冲微分不等式得到了具有时延的有向多层异构动态网络准同步的充分性条件，同时得到了同步误差的收敛域。为了将所得理论结果应用到实际系统，给出了多层异构单连杆机械臂网络准同步的充分性判据。

(5)研究了具有服务质量约束的神经网络系统的同步性问题。为了应对网络外部环境的复杂性，考虑了从传感器到控制器以及控制器到执行器的数据传输过程中的不同类型的欺骗攻击，并将两种攻击方式分别模拟为非线性函数和脉冲干扰序列。同时，考虑到攻击的随机性，建立了随机攻击下的神经网络控制系统模型。为了模拟现实系统中的攻击方式，脉冲干扰序列中的脉冲时刻和脉冲增益均被考虑为随机的。利用随机系统理论的思想，建立了神经网络在随机攻击信号下的同步性准则。该研究将脉冲干扰推广到网络中的欺骗攻击，丰富了脉冲干扰的研究。

7.2 后续工作展望

笔者从已有的研究出发，需要进一步研究的后续工作如下所述。

(1)在第二、三章研究成果中，相比实时传输，采用了事件和混合触发机制来决定脉冲时刻。尽管这种机制减少了数据传输和控制代价，但也增加了计算复杂度和实际系统中实现的难度。因此，如何设计复杂度小且易实施的触发机制仍然是一个有挑战且有价值的课题。因此，在接下来的研究工作中，可继续探究合适的触发机制，将其应用于网络系统中，并根据触发机制计算的复杂程度对其进行优化处理。

(2)本书所考虑的同步问题为渐近同步和指数同步两种类型。从可操性的角度而言，设定时间无穷大的同步是不切实际的。而有限时间同步和固定时间同步更贴合现实情况，其中固定时间的同步时间不受初始值影响。这对同步结果在实际中的推广应用具有现实意义。因此，在接下来的工作中，可探索更加简捷有效的脉冲控制策略来研究网络系统的有限时间和固定时间同步问题。

(3)在研究复杂网络的同步控制问题中，尽管研究的是有向拓扑，但其结构都是固定的。对于实际问题而言，网络的拓扑结构多为时变的。此外，在对多层复杂网络的研究中，考虑的层间的连接方式为点对点的连接，这在某种程度上具有一定的局限性。因此，在后续的研究中，可考虑时变网络拓扑下的复杂网络的同步问题，以及围绕层间的拓扑连接方式开展相关研究，如切断或增加某些节点间的连接对同步结果或速率的影响。

附录：主要符号表

$\mathbb{Z}^{+}$	正整数集
$\mathbb{R}(\mathbb{R}^{+})$	实数(正实数)集
$\mathbb{R}^{n}$	n 维欧几里得空间
$\mathbb{R}^{m\times n}$	$m\times n$ 维实矩阵集合
$\boldsymbol{A}>0(\boldsymbol{A}<0)$	$\boldsymbol{A}$ 为正定(负定)矩阵
$\boldsymbol{A}\geqslant 0(\boldsymbol{A}\leqslant 0)$	$\boldsymbol{A}$ 为半正定(半负定)矩阵
$\boldsymbol{A}^{T}$	矩阵 $\boldsymbol{A}$ 的转置
$\boldsymbol{A}^{-1}$	矩阵 $\boldsymbol{A}$ 的逆矩阵
$\Vert\boldsymbol{A}\Vert$	矩阵 $\boldsymbol{A}$ 的谱范数
$\lambda_{\max}(\boldsymbol{A})$	矩阵 $\boldsymbol{A}$ 的最小特征值
$\lambda_{\min}(\boldsymbol{A})$	矩阵 $\boldsymbol{A}$ 的最小特征值
$\Vert\boldsymbol{x}\Vert$	向量 $\boldsymbol{x}$ 的欧几里得范数
$\lfloor\boldsymbol{x}\rfloor$	小于等于 $\boldsymbol{x}$ 的最大整数
$\max\{\cdot\}$	· 的最大值
$\min\{\cdot\}$	· 的最小值
$\sup\{\cdot\}$	· 的上确界
$\inf\{\cdot\}$	· 的下确界
$\mathrm{diag}\{\cdot\}$	对角矩阵
$\otimes$	Kronecker 直积
$\mathcal{J}$	$\{1, 2, \cdots, N\}$
$\mathcal{M}$	$\{1, 2, \cdots, M\}$

$\star$	对称矩阵的对称块
$\mathbb{P}\{X\}$	事件 X 的发生概率
$\mathbb{E}\{X\}$	随机变量 X 的数学期望
$\mathbb{D}\{X\}$	随机变量 X 的方差
$(\Omega,\ \mathcal{F},\ \mathbb{P})$	完备概率空间
0	具有适当维数的零矩阵
I	具有适当维数的单位矩阵
1_n	n 维所有元素均为 1 的列向量
$\mathcal{PC}([a,\ b],\ S)$	$[a,\ b]\to S$ 上除在有限个点 t 之外，其余均是连续的函数 φ 全体，其中 $\varphi(t^-)$ 和 $\varphi(t^+)$ 存在且 $\varphi(t)=\varphi(t^+)$

参考文献

[1]汪小帆，李翔，陈关荣．复杂网络理论及其应用[M]．北京：清华大学出版社，2006.

[2]方锦清，汪小帆．略论复杂性问题和非线性复杂网络系统的研究[J]. 科技导报，2004，22(0402)：9-12.

[3]HILL D，CHEN G. Power systems as dynamic networks[C]．2006 IEEE International Symposium on Circuits and Systems (ISCAS)，2006，722-725.

[4]WANG X，CHEN G. Complex networks：small-world，scale-free and beyond[J]. IEEE Circuits and Systems Magazine，2003，3(1)：6-20.

[5]O'LOAN O，EVANS M. Alternating steady state in one-dimensional flocking[J]. Journal of Physics A：Mathematical and General，1999，32(8)：L99.

[6]KNIRSCH P，TIMM I. Adaptive multiagent systems applied on temporal logistics networks[C]．4th International Symposium on Logistics (ISL-99)，1999，213-218.

[7]STEGLÉ J，BARRAT A，BIANCONI G. Dynamical and bursty interactions in social networks[J]. Physical Review E，2010，81(3)：035-101.

[8]STEOGATZ S H. Exploring complex networks[J]. Nature，2001，410(6825)：268-276.

[9]LIU Y，BARABÁSI A L. Control principles of complex systems[J]. Reviews of Modern Physics，2016，88(3)：035006.

[10]NEDA Z，RAVASZ E，BRECHET Y，et al. The sound of many hands clapping：Tumultuous applause can transform itself into waves of synchronized clapping[J]. Nature (London)，2000，403(6772)：849-850.

[11]WANG X，CHEN G. Synchronization in scale-free dynamical networks：robustness and fragility[J]. IEEE Transactions on Circuits and Systems I：Fundamental Theory

and Applications, 2002, 49(1): 54-62.

[12] YANG X, CHEN X, XIA R, et al. Wireless sensor network congestion control based on standard particle swarm optimization and single neuron pid [J]. Sensors, 2018, 18(4): 1265.

[13] RAHIMI S, ABDOLLAHPOURI A, MORADI P. A multi-objective particle swarm optimization algorithm for community detection in complex networks [J]. Swarm and Evolutionary Computation, 2018, 39: 297-309.

[14] 王兴元. 混沌系统的同步及在保密通信中的应用[M]. 北京: 科学出版社, 2012.

[15] DÖRFLER F, BULLO F. Synchronization in complex networks of phase oscillators: A survey [J]. Automatica, 2014, 50(6): 1539-1564.

[16] CHUNG S J, SLOTINE J J E. Cooperative robot control and concurrent synchronization of lagrangian systems [J]. IEEE Transactions on Robotics, 2009, 25(3): 686-700.

[17] 傅希林, 闫宝强, 刘衍胜. 脉冲微分系统引论[M]. 北京: 科学出版社, 2005.

[18] LIU X, ZHANG K. Impulsive systems on hybrid time domains [M]. Springer, 2019.

[19] WEI C, CHEN L. Periodic solution and heteroclinic bifurcation in a predator-prey system with allee effect and impulsive harvesting [J]. Nonlinear Dynamics, 2014, 76(2): 1109-1117.

[20] GONZÁLEZ A H, RIVADENEIRA P S, FERRAMOSCA A, et al. Impulsive zone MPC for type 1 diabetic patients based on a long-term model [J]. IFAC-PapersOnLine, 2017, 50(1): 14729-14734.

[21] LI N, MA N, LIU Y, et al. Resting-state functional connectivity predicts impulsivity in economic decision-making [J]. Journal of Neuroscience, 2013, 33(11): 4886-4895.

[22] SCHAUB H, ALFRIEND K T. Impulsive feedback control to establish specific mean orbit elements of spacecraft formations [J]. Journal of Guidance, Control, and Dynamics, 2001, 24(4): 739-745.

[23] ALIZADEH M, LI X, WANG Z, et al. Demand-side management in the smart grid:

Information pro-cessing for the power switch [J]. IEEE Signal Processing Magazine, 2012, 29(5): 55-67.

[24] EGMONT-PETERSEN M, DE RIDDER D, HANDELS H. Image processing with neural networks—a review [J]. Pattern Recognition, 2002, 35(10): 2279-2301.

[25] 高士咏，段书凯，王丽丹. 忆阻细胞神经网络及图像去噪和边缘提取中的应用 [J]. 西南大学学报：自然科学版，2011，33(11)：63-70.

[26] DIERKS T, JAGANNATHAN S. Output feedback control of a quadrotor UAV using neural networks [J]. IEEE Transactions on Neural Networks, 2009, 21(1): 50-66.

[27] PIRDASHTIM, CURTEANU S, KAMANGAR M H, et al. Artificial neural networks: applications in chemical engineering [J]. Reviews in Chemical Engineering, 2013, 29(4): 205-239.

[28] MILLER A, BLOTT B, HAMES T. Review of neural network applications in medical imaging and signal processing[J]. Medical and Biological Engineering and Computing, 1992, 30: 449-464.

[29] 王春峰，万海晖，张维. 基于神经网络技术的商业银行信用风险评估 [J]. 系统工程理论与实践，1999，19(9)：24-33.

[30] 丁晓群，林钟云. 神经网络应用于电力变压器故障诊断[J]. 电力系统自动化，1996，20(2)：32-35.

[31] SHAHIN M A, JAKSA M B, MAIER H R. Artificial neural network applications in geotechnical engi-neering [J]. Australian Geomechanics, 2001, 36(1): 49-62.

[32] MCCULLOCH W S, PITTS W. A logical calculus of the ideas immanent in nervous activity [J]. The Bulletin of Mathematical Biophysics, 1943, 5: 115-133.

[33] HEBB D O. The organization of behavior: A neuropsychological theory [M]. Psychology Press, 2005.

[34] ROSENBLATT F. The perceptron: a probabilistic model for information storage and organization in the brain[J]. Psychological Review, 1958, 65(6): 386.

[35] HOPFIELD J J. Neural networks and physical systems with emergent collective computational abil-ities[J]. Proceedings of the National Academy of Sciences, 1982, 79(8): 2554-2558.

[36] ZHANG X, HAN Q. New Lyapunov-Krasovskii functionals for global asymptotic stability of delayed neural networks [J]. IEEE Transactions on Neural networks, 2009, 20(3): 533-539.

[37] YU W, CAO J. Synchronization control of stochastic delayed neural networks [J]. Physica A: Statistical Mechanics and its Applications, 2007, 373: 252-260.

[38] XIE W, ZHU H, CHENG J, et al. Finite-time asynchronous H_∞ resilient filtering for switched delayed neural networks with memory unideal measurements [J]. Information Sciences, 2019, 487: 156-175.

[39] QIAN W, LI Y, ZHAO Y, et al. New optimal method for L_2-L_∞ state estimation of delayed neural networks [J]. Neurocomputing, 2020, 415: 258-265.

[40] HOU N, DONG H, WANG Z, et al. H_∞ state estimation for discrete-time neural networks with distributed delays and randomly occurring uncertainties through fading channels [J]. Neural Net-works, 2017, 89: 61-73.

[41] WANG J, WU H, HUANG T, et al. Output synchronization in coupled neural networks with and without external disturbances [J]. IEEE Transactions on Control of Network Systems, 2017, 5(4): 2049-2061.

[42] TANG H, WANG J, WANG L, et al. Impulsive control for passivity and exponential synchroniza-tion of coupled neural networks with multiple weights [J]. Journal of the Franklin Institute, 2019, 356(10): 5434-5463.

[43] ZENG H, TEO K L, HE Y, et al. Sampled-data synchronization control for chaotic neural networks subject to actuator saturation [J]. Neurocomputing, 2017, 260: 25-31.

[44] ZHANG H, LI L, LI X. Exponential synchronization of coupled neural networks under stochastic deception attacks [J]. Neural Networks, 2022, 145: 189-198.

[45] WATTS D J, STEOGATZ S H. Collective dynamics of 'small-world' networks [J]. nature, 1998, 393(6684): 440-442.

[46] BARABÁSI AL, ALBERT R. Emergence of scaling in random networks [J]. Science, 1999, 286(5439): 509-512.

[47] CHEN S, HUANG W, CATTANI C, et al. Traffic dynamics on complex networks: a

survey [J]. Mathe-matical Problems in Engineering, 2012.

[48] TELESFORD Q K, SIMPSON S L, BURDETTE J H, et al. The brain as a complex system: using network science as a tool for understanding the brain [J]. Brain Connectivity, 2011, 1(4): 295-308.

[49] ZHANG C, HAN B S. Stability analysis of stochastic delayed complex networks with multi-weights based on razumikhin technique and graph theory [J]. Physica A: Statistical Mechanics and Its Applications, 2020, 538: 122827.

[50] SORRENTINO F, PECORA L M, HAGERSTROM A M, et al. Complete characterization of the stability of cluster synchronization in complex dynamical networks [J]. Science Advances, 2016, 2(4): e1501737.

[51] HU C, HE H, JIANG H. Fixed/preassigned-time synchronization of complex networks via improv-ing fixed-time stability [J]. IEEE Transactions on Cybernetics, 2020, 51(6): 2882-2892.

[52] LIN, WU X, FENG J, et al. Fixed-time synchronization of complex dynamical networks: A novel and economical mechanism [J]. IEEE Transactions on Cybernetics, 2020, 52(6): 4430-4440.

[53] WEI X, CHEN S, WU X, et al. Cooperative spreading processes in multiplex networks [J]. Chaos: An Interdisciplinary Journal of Nonlinear Science, 2016, 26 (6): 065311.

[54] ANWAR M S, GHOSH D. Intralayer and interlayer synchronization in multiplex network with higher-order interactions [J]. Chaos: An Interdisciplinary Journal of Nonlinear Science, 2022, 32(3): 033125.

[55] WEI X, WU X, CHEN S, et al. Cooperative epidemic spreading on a two-layered interconnected network [J]. SIAM Journal on Applied Dynamical Systems, 2018, 17 (2): 1503-1520.

[56] CHEN H, LIANG J. Local synchronization of interconnected boolean networks with stochastic dis-turbances [J]. IEEE Transactions on Neural Networks and Learning Systems, 2019, 31(2): 452-463.

[57] WIEDERMANN M, DONGES J F, HEITZIG J, et al. Node-weighted interacting

network measures im-prove the representation of real-world complex systems [J]. Europhysics Letters, 2013, 102(2): 28007.

[58] RESTREPP J G, OTT E, HUNT B R. Emergence of synchronization in complex networks of interacting dynamical systems [J]. Physica D: Nonlinear Phenomena, 2006, 224(1-2): 114-122.

[59] GUANY, LEI W, ZHANG W, et al. Scalable orchestration of software defined service overlay network for multipath transmission [J]. Computer Networks, 2018, 137: 132-146.

[60] AFOLABI I, TALEB T, SAMDANIS K, et al. Network slicing and softwarization: A survey on principles, enabling technologies, and solutions [J]. IEEE Communications Surveys & Tutorials, 2018, 20(3): 2429-2453.

[61] TANG L, WU X, LÜ J, et al. Master stability functions for complete, intralayer, and interlayer synchronization in multiplex networks of coupledrössler oscillators [J]. Physical Review E, 2019, 99(1): 012304.

[62] ALETA A, MORENO Y. Multilayer networks in a nutshell [J]. Annual Review of Condensed Matter Physics, 2019, 10: 45-62.

[63] 陆君安. 从单层网络到多层网络——结构，动力学和功能 [J]. 现代物理知识, 2015, 3-8.

[64] XU Y, LIN T, LIU X, et al. Exponential bipartite synchronization of fractional-order multilayer signed networks via hybrid impulsive control [J]. IEEE Transactions on Cybernetics, 2023, 53(6): 3926-3938.

[65] HALU A, DE DOMENICO M, ARENAS A, et al. The multiplex network of human diseases [J]. NPJ Systems Biology and Applications, 2019, 5(1): 15.

[66] ZHU H, WANG Y, YAN X, et al. Research on knowledge dissemination model in the multiplex network with enterprise social media and offline transmission routes [J]. Physica A: Statistical Mechanics and its Applications, 2022, 587: 126468.

[67] BENNETT M, SCHATZ M F, ROCKWOOD H, et al. Huygens's clocks [J]. Proceedings of the Royal Society of London. Series A: Mathematical, Physical and Engineering Sciences, 2002, 458(2019): 563-579.

[68] MIROLLO R E, STEOGATZ S H. Synchronization of pulse-coupled biological oscillators [J]. SIAM Journal on Applied Mathematics, 1990, 50(6): 1645-1662.

[69] LI C, CHEN G. Synchronization in general complex dynamical networks with coupling delays [J]. Physica A: Statistical Mechanics and its Applications, 2004, 343: 263-278.

[70] CHEN M. Synchronization in complex dynamical networks with random sensor delay [J]. IEEE Transactions on Circuits and Systems II: Express Briefs, 2010, 57(1): 46-50.

[71] WU Z, SHI P, SU H, et al. Sampled-data exponential synchronization of complex dynamical networks with time-varying coupling delay [J]. IEEE Transactions on Neural Networks and Learning Systems, 2013, 24(8): 1177-1187.

[72] WU X, LU H. Outer synchronization of uncertain general complex delayed networks with adaptive coupling [J]. Neurocomputing, 2012, 82: 157-166.

[73] LU J, DING C, LOU J, et al. Outer synchronization of partially coupled dynamical networks viapinning impulsive controllers [M]. Springer, 2022, 1311-1332.

[74] ARELLANO-DELGADO A, LÓPEZ-GUTIÉRREZ R M, MURILLO-ESCOBAR M Á, et al. Master-slave outer syn-chronization in different inner-outer coupling network topologies [J]. Entropy, 2023, 25(5): 707.

[75] BAO H, PARK J H, CAO J. Matrix measure strategies for exponential synchronization and anti-synchronization of memristor-based neural networks with time-varying delays[J]. Applied Math-ematics and Computation, 2015, 270: 543-556.

[76] LU W, CHEN T. Quad-condition, synchronization, consensus of multiagents, and anti-synchronization of complex networks [J]. IEEE Transactions on Cybernetics, 2019, 51(6): 3384-3388.

[77] KUMAR R, SARKAR S, DAS S, et al. Projective synchronization of delayed neural networks with mismatched parameters and impulsive effects [J]. IEEE Transactions on Neural Networks and Learning Systems, 2019, 31(4): 1211-1221.

[78] YANG S, YU J, HU C, et al. Quasi-projective synchronization of fractional-order complex-valued recurrent neural networks [J]. Neural Networks, 2018, 104:

104-113.

[79]GUO W. Lag synchronization of complex networks via pinning control [J]. Nonlinear Analysis: Real World Applications, 2011, 12(5): 2579-2585.

[80]ZHAO L, WANG J. Lag H_∞ synchronization and lag synchronization for multiple derivative coupled complex networks [J]. Neurocomputing, 2020, 384: 46-56.

[81] CHUNG S J, BANDYOPADHYAY S, CHANG I, et al. Phase synchronization control of complex networks of lagrangian systems on adaptive digraphs [J]. Automatica, 2013, 49(5): 1148-1161.

[82]ZOU W, XIANG Z, AHN C K. Mean square leader-following consensus of second-order nonlin-ear multiagent systems with noises and unmodeled dynamics [J]. IEEE Transactions on Systems, Man, and Cybernetics: Systems, 2018, 49 (12): 2478-2486.

[83] LIU Y, WANG Z, MAL, et al. Synchronization of directed switched complex networks with stochas-tic link perturbations and mixed time-delays [J]. Nonlinear Analysis: Hybrid Systems, 2018, 27: 213-224.

[84]YANG X, SONG Q, CAO J, et al. Synchronization of coupled Markovian reaction-diffusion neural networks with proportional delays via quantized control [J]. IEEE Transactions on Neural Net-works and Learning Systems, 2018, 30(3): 951-958.

[85]WU Y, LI Y, LI W. Almost surely exponential synchronization of complex dynamical networks under aperiodically intermittent discrete observations noise [J]. IEEE Transactions on Cybernetics, 2020, 52(5): 2663-2674.

[86]LI S, ZHENG Y, SU H. Almost sure synchronization of multilayer networks via intermittent pin-ning noises: A white-noise-based time-varying coupling [J]. IEEE Transactions on Circuits and Systems I: Regular Papers, 2021, 68(8): 3460-3473.

[87]WANG P, WEN G, YU X, et al. Synchronization of multi-layer networks: From node-to-node syn-chronization to complete synchronization [J]. IEEE Transactions on Circuits and Systems I: Regular Papers, 2018, 66(3): 1141-1152.

[88]XU Y, WU X, MAO B, et al. A unified finite-/fixed-time synchronization approach to multi-layer networks [J]. IEEE Transactions on Circuits and Systems II: Express

Briefs, 2020, 68(1): 311-315.

[89] GAMBUZZA L V, FRASCA M, GOMEZ-GARDENES J. Intra-layer synchronization in multiplex networks [J]. Europhysics Letters, 2015, 110(2): 20010.

[90] RAKSHIT S, MAJHI S, BERA B K, et al. Time-varying multiplex network: Intralayer and interlayer synchronization [J]. Physical Review E, 2017, 96(6): 062308.

[91] ANWAR M S, RAKSHIT S, GHOSH D, et al. Stability analysis of intralayer synchronization in time-varying multilayer networks with generic coupling functions [J]. Physical Review E, 2022, 105(2): 024303.

[92] KUMAR A, JALAN S, KACHHVAH A D. Interlayer adaptation-induced explosive synchronization in multiplex networks [J]. Physical Review Research, 2020, 2(2): 023259.

[93] CALISE A J, HOVAKIMYAN N, IDAN M. Adaptive output feedback control of nonlinear systems using neural networks [J]. Automatica, 2001, 37(8): 1201-1211.

[94] LIU R, LU J, LIU Y, et al. Delayed feedback control for stabilization of boolean control networks with state delay [J]. IEEE Transactions on Neural Networks and Learning Systems, 2017, 29(7): 3283-3288.

[95] YU W, DeLellis P, CHEN G, et al. Distributed adaptive control of synchronization in complex networks [J]. IEEE Transactions on Automatic Control, 2012, 57(8): 2153-2158.

[96] WANG H, YU W, REN W, et al. Distributed adaptive finite-time consensus for second-order multi-agent systems with mismatched disturbances under directed networks [J]. IEEE Transactions on Cybernetics, 2019, 51(3): 1347-1358.

[97] WANG X, CHEN G. Pinning control of scale-free dynamical networks [J]. Physica A: Statistical Mechanics and its Applications, 2002, 310(3-4): 521-531.

[98] YU W, CHEN G, LÜ J. On pinning synchronization of complex dynamical networks [J]. Automatica, 2009, 45(2): 429-435.

[99] SHI L, ZHANG C, ZHONG S. Synchronization of singular complex networks with time-varying delay via pinning control and linear feedback control [J]. Chaos,

Solitons & Fractals, 2021, 145: 110805.

[100] LI B, LU J, LIU Y, et al. The outputs robustness of boolean control networks via pinning control [J]. IEEE Transactions on Control of Network Systems, 2020, 7 (1): 201-209.

[101] HU L, BAI T, SHI P, et al. Sampled-data control of networked linear control systems [J]. Auto-matica, 2007, 43(5): 903-911.

[102] LU J, SUN L, LIU Y, et al. Stabilization of boolean control networks under aperiodic sampled-data control [J]. SIAM Journal on Control and Optimization, 2018, 56(6): 4385-4404.

[103] ZHAO C, ZHONG S, ZHONG Q, et al. Synchronization of markovian complex networks with input mode delay and markovian directed communication via distributed dynamic event-triggered control [J]. Nonlinear Analysis: Hybrid Systems, 2020, 36: 100883.

[104] ZHAO Z, WANG Z, ZOU L, et al. Event-triggered set-membership state estimation for complex networks: A zonotopes-based method [J]. IEEE Transactions on Network Science and Engineering, 2021, 9(3): 1175-1186.

[105] ZHANG Q, ZHAO J. Projective and lag synchronization between general complex networks via impulsive control [J]. Nonlinear Dynamics, 2012, 67: 2519-2525.

[106] DAI Y, CAI Y, XU X. Synchronisation analysis and impulsive control of complex networks with coupling delays [J]. IET Control Theory & Applications, 2009, 3 (9): 1167-1174.

[107] LI R, WU H, CAO J. Exponential synchronization for variable-order fractional discontinuous complex dynamical networks with short memory via impulsive control[J]. Neural Networks, 2022, 148: 13-22.

[108] TABUADA P. Event-triggered real-time scheduling of stabilizing control tasks [J]. IEEE Transactions on Automatic control, 2007, 52(9): 1680-1685.

[109] LI X, TANG Y, KARIMI H R. Consensus of multi-agent systems via fully distributed event-triggered control [J]. Automatica, 2020, 116: 108898.

[110] LIU B, SUN Z, LUO Y, et al. Uniform synchronization for chaotic dynamical

systems via event-triggered impulsive control [J]. Physica A: Statistical Mechanics and its Applications, 2019, 531: 121725.

[111] HU T, LIU X, HE Z, et al. Hybrid event-triggered and impulsive control strategy for multiagent systems with switching topologies [J]. IEEE Transactions on Cybernetics, 2020, 52(7): 6283-6294.

[112] SUN W, LI B, WU A, et al. The event-triggered impulsive controls for quasisynchronization of the leader-following heterogeneous dynamical networks [J]. IEEE Transactions on Cybernetics, 2023, 53(10): 6277-6288.

[113] LU J, KURTHS J, CAO J, et al. Synchronization control for nonlinear stochastic dynamical networks: pinning impulsive strategy [J]. IEEE Transactions on Neural Networks and Learning Systems, 2011, 23(2): 285-292.

[114] CAO Z, LI C, HE Z, et al. Synchronization of coupled stochastic reaction-diffusion neural networks with multiple weights and delays via pinning impulsive control [J]. IEEE Transactions on Network Science and Engineering, 2022, 9(2): 820-833.

[115] SHEN Y, LIU X. Eventbased master-slave synchronization of complex-valued neural networks via pinning impulsive control [J]. Neural Networks, 2022, 145: 374-385.

[116] ROY K, JAISWAL A, PANDA P. Towards spike-based machine intelligence with neuromorphic computing [J]. Nature, 2019, 575(7784): 607-617.

[117] MILMAN V D, MYSHKIS A D. On the stability of motion in the presence of impulses [J]. Sibirskii Matematicheskii Zhurnal, 1960, 1(2): 233-237.

[118] LAKSHMIKANTHAM V, SIMEONOV P S, et al. Theory of impulsive differential equations [M]. World Scientific, 1989.

[119] YANG T. Impulsive control theory [M]. Springer Science & Business Media, 2001.

[120] STAMOVA I M. Stability analysis of impulsive functional differential equations [M]. Walter De Gruyter, 2009.

[121] LI Z, SOH Y, WEN C. Switched and impulsive systems: Analysis, design and applications [M]. Springer Science & Business Media, 2005.

[122] YANG T, CHUA L O. Impulsive stabilization for control and synchronization of chaotic systems: theory and application to secure communication [J]. IEEE

Transactions on Circuits and Systems I: Fundamental Theory and Applications, 1997, 44(10): 976-988.

[123] XIAO Y, CHENG D, QIN H. Optimal impulsive control in periodic ecosystem [J]. Systems & Control Letters, 2006, 55(7): 558-565.

[124] PENG Y, WU J, WEN S, et al. A new supply chain system and its impulsive synchronization [J]. Complexity, 2020, 2020: 1-9.

[125] GUAN Z, HILL D J, SHEN X. On hybrid impulsive and switching systems and application to non-linear control [J]. IEEE Transactions on Automatic Control, 2005, 50(7): 1058-1062.

[126] ZHANG G, LIU Z, MA Z. Synchronization of complex dynamical networks via impulsive control [J]. Chaos: An Interdisciplinary Journal of Nonlinear Science, 2007, 17(4): 043126.

[127] LI X, SONG S. Research on synchronization of chaotic delayed neural networks with stochas-tic perturbation using impulsive control method [J]. Communications in Nonlinear Science and Numerical Simulation, 2014, 19(10): 3892-3900.

[128] ZHAO H, LI L, PENG H, et al. Impulsive control for synchronization and parameters identification of uncertain multi-links complex network [J]. Nonlinear Dynamics, 2016, 83: 1437-1451.

[129] WAN P, ZENG Z. Impulsive stabilization of nonautonomous timescale-type neural networks with constant and unbounded time-varying delays [J]. IEEE Transactions on Systems, Man, and Cy-bernetics: Systems, 2022, 53(1): 542-554.

[130] WU S, LI X, DING Y. Saturated impulsive control for synchronization of coupled delayed neural networks [J]. Neural Networks, 2021, 141: 261-269.

[131] SUN S, CHEN L. Dynamic behaviors of monod type chemostat model with impulsive perturbation on the nutrient concentration [J]. Journal of Mathematical Chemistry, 2007, 4(42): 837-847.

[132] LI C, LI C, LIU C. Destabilizing effects of impulse in delayed bam neural networks[J]. Modern Physics Letters B, 2009, 23(29): 3503-3513.

[133] LIU X, ZHONG S, DING X. Robust exponential stability of impulsive switched

systems with switching delays: a Razumikhin approach [J]. Communications in Nonlinear Science and Numerical Simulation, 2012, 17(4): 1805-1812.

[134] QIU B, LI L, PENG H, et al. Asymptotic and finite-time synchronization of memristor-based switching networks with multi-links and impulsive perturbation [J]. Neural Computing and Applications, 2019, 31: 4031-4047.

[135] PRATAP A, RAJA R, AGARWAL RP, et al. Stability analysis and robust synchronization of fractional-order competitive neural networks with different time scales and impulsive perturbations [J]. International Journal of Adaptive Control and Signal Processing, 2019, 33(11): 1635-1660.

[136] HE Z, LI C, CAO Z, et al. Periodicity and global exponential periodic synchronization of delayed neural networks with discontinuous activations and impulsive perturbations [J]. Neurocomputing, 2021, 431: 111-127.

[137] XU Y, FANG M, WU Z G, et al. Input-based event-triggering consensus of multiagent systems un-der denial-of-service attacks [J]. IEEE Transactions on Systems, Man, and Cybernetics: Systems, 2018, 50(4): 1455-1464.

[138] PENG C, WU J, TIAN E. Stochastic event-triggered H_∞ control for networked systems under denial of service attacks [J]. IEEE Transactions on Systems, Man, and Cybernetics: Systems, 2021, 52(7): 4200-4210.

[139] XU W, HU G, HO D W, et al. Distributed secure cooperative control under denial-of-service attacks from multiple adversaries [J]. IEEE Transactions on Cybernetics, 2019, 50(8): 3458-3467.

[140] LIU H, NIU B, LI Y. False-data-injection attacks on remote distributed consensus estimation [J]. IEEE Transactions on Cybernetics, 2020, 52(1): 433-443.

[141] SAKTHIVEL R, KWON O M, PARK M J, et al. Robust asynchronous filtering for discrete-time T-S fuzzy complex dynamical networks against deception attacks [J]. IEEE Transactions on Fuzzy Systems, 2021, 30(8): 3257-3269.

[142] HOU N, WANG Z, HO D W, et al. Robust partial-nodes-based state estimation for complex networks under deception attacks [J]. IEEE Transactions on Cybernetics, 2019, 50(6): 2793-2802.

[143]HU L, WANG Z, HAN Q L, et al. State estimation under false data injection attacks: Security analysis and system protection [J]. Automatica, 2018, 87: 176-183.

[144]JIN X, HADDAD W M, YUCELEN T. An adaptive control architecture for mitigating sensor and actuator attacks in cyber-physical systems [J]. IEEE Transactions on Automatic Control, 2017, 62(11): 6058-6064.

[145]AN L, YANG G H. Improved adaptive resilient control against sensor and actuator attacks[J]. Information Sciences, 2018, 423: 145-156.

[146]HE W, GAO X, ZHONG W, et al. Secure impulsive synchronization control of multi-agent systems under deception attacks [J]. Information Sciences, 2018, 459: 354-368.

[147]LIU X, WEN C, XU Q, et al. Resilient control and analysis for DC microgrid system under DoS and impulsive FDI attacks [J]. IEEE Transactions on Smart Grid, 2021, 12(5): 3742-3754.

[148]KHADRA A, LIU X, SHEN X. Impulsively synchronizing chaotic systems with delay and applications to secure communication [J]. Automatica, 2005, 41(9): 1491-1502.

[149]GOPALSAMY K. Stability and oscillations in delay differential equations of population dynamics[M]. Springer Science & Business Media, 1992.

[150]YANG X, YANG Z. Synchronization of ts fuzzy complex dynamical networks with time-varying impulsive delays and stochastic effects [J]. Fuzzy Sets and Systems, 2014, 235: 25-43.

[151]XU Z, LI X, DUAN P. Synchronization of complex networks with time-varying delay of unknown bound via delayed impulsive control [J]. Neural Networks, 2020, 125: 224-232.

[152]LÜ X, CAO J, LI X, et al. Synchronization analysis for complex dynamical networks with coupling delay via event-triggered delayed impulsive control [J]. IEEE Transactions on Cybernetics, 2020, 51(11): 5269-5278.

[153]XU Y, LIU J, LI W. Quasi-synchronization of fractional-order multi-layer networks

with mis-matched parameters via delay-dependent impulsive feedback control [J]. Neural Networks, 2022, 150: 43-57.

[154] LIU X, ZHANG K, XIE W C. Consensus of multi-agent systems via hybrid impulsive protocols with time-delay [J]. Nonlinear Analysis: Hybrid Systems, 2018, 30: 134-146.

[155] LIU X, ZHANG K, XIE W C. Stabilization of time-delay neural networks via delayed pinning impulses [J]. Chaos, Solitons & Fractals, 2016, 93: 223-234.

[156] GRILLET P A. Abstract algebra [M]. Springer Science & Business Media, 2007.

[157] MAO X. Stochastic differential equations and applications [J]. Chichester, U. K. Horwood, 1997.

[158] PETERSEN I R, HOLLOT C V. A riccati equation approach to the stabilization of uncertain linear systems [J]. Automatica, 1986, 22(4): 397-411.

[159] KHARGONEKAE P P, PETERSEN I R, ZHOU K. Robust stabilization of uncertain linear systems: quadratic stabilizability and H/sup infinity/control theory [J]. IEEE Transactions on Automatic control, 1990, 35(3): 356-361.

[160] LAUB A J. Matrix analysis for scientists and engineers [M]. SIAM, 2004.

[161] TAN X, CAO J, LI X. Consensus of leader-following multiagent systems: A distributed event-triggered impulsive control strategy [J]. IEEE Transactions on Cybernetics, 2018, 49(3): 792-801.

[162] ZHU W, WANG D, LIU L, et al. Event-based impulsive control of continuous-time dynamic systems and its application to synchronization of memristive neural networks [J]. IEEE Transactions on Neural Networks and Learning Systems, 2017, 29(8): 3599-3609.

[163] LI X, PENG D, CAO J. Lyapunov stability for impulsive systems via event-triggered impulsive control [J]. IEEE Transactions on Automatic Control, 2020, 65(11): 4908-4913.

[164] HU Z, MU X. Event-triggered impulsive control for nonlinear stochastic systems [J]. IEEE Transactions on Cybernetics, 2022, 52(8): 7805-7813.

[165] WANG M, LI X, DUAN P. Event-triggered delayed impulsive control for nonlinear

systems with application to complex neural networks [J]. Neural Networks, 2022, 150: 213-221.

[166] LI H, FANG J A, LI X, et al. Event-triggered impulsive synchronization of discrete-time coupled neural networks with stochastic perturbations and multiple delays [J]. Neural Networks, 2020, 132: 447-460.

[167] ZHOU Y, ZHANG H, ZENG Z. Quasi-synchronization of delayed memristive neural networks via a hybrid impulsive control [J]. IEEE Transactions on Systems, Man, and Cybernetics: Systems, 2019, 51(3): 1954-1965.

[168] WANG M, LI X, DUAN P. Event-triggered delayed impulsive control for nonlinear systems with application to complex neural networks [J]. Neural Networks, 2022, 150: 213-221.

[169] HE W, QIAN F, LAM J, et al. Quasi-synchronization of heterogeneous dynamic networks via distributed impulsive control: Error estimation, optimization and design[J]. Automatica, 2015, 62: 249-262.

[170] HE W, QIAN F, CAO J. Pinning-controlled synchronization of delayed neural networks with distributed-delay coupling via impulsive control [J]. Neural Networks, 2017, 85: 1-9.

[171] CHEN J, CHEN B, ZENG Z. Synchronization in multiple neural networks with delay and disconnected switching topology via event-triggered impulsive control strategy [J]. IEEE Transactions on Industrial Electronics, 2020, 68 (3): 2491-2500.

[172] SUN W, ZHENG H, GUO W, et al. Quasisynchronization of heterogeneous dynamical networks via event-triggered impulsive controls [J]. IEEE Transactions on Cybernetics, 2020, 52(1): 228-239.

[173] ZHOU Y, ZENG Z. Event-triggered impulsive quasisynchronization of coupled dynamical networks with proportional delay [J]. IEEE Transactions on Cybernetics, 2023, 53(10): 6479-6490.

[174] LIU J, XIA J, TIAN E, et al. Hybrid-driven-based H_∞ filter design for neural networks subject to deception attacks [J]. Applied Mathematics and Computation,

2018, 320: 158-174.

[175] ZHOU Y, ZHANG H, ZENG Z. Quasi-synchronization of delayed memristive neural networks via a hybrid impulsive control [J]. IEEE Transactions on Systems, Man, and Cybernetics: Systems, 2021, 51(3): 1954-1965.

[176] LU J, HO D W, CAO J. A unified synchronization criterion for impulsive dynamical networks [J]. Automatica, 2010, 46(7): 1215-1221.

[177] WANG N, LI X, LU J, et al. Unified synchronization criteria in an array of coupled neural networks with hybrid impulses [J]. Neural Networks, 2018, 101: 25-32.

[178] ZHU W, WANG D, LIU L, et al. Event-based impulsive control of continuous-time dynamic systems and its application to synchronization of memristive neural networks[J]. IEEE Transactions on Neural Networks and Learning Systems, 2017, 29(8): 3599-3609.

[179] LUNZE J, LEHMANN D. A state-feedback approach to event-based control [J]. Automatica, 2010, 46(1): 211-215.

[180] LEHMANN D, LUNZE J. Event-based output-feedback control [C]. 2011 19th Mediterranean Con-ference on Control & Automation (MED), 2011, 982-987.

[181] WANG J, ZHANG X, WU H, et al. Finite-time passivity of adaptive coupled neural networks with undirected and directed topologies [J]. IEEE Transactions on Cybernetics, 2018, 50(5): 2014-2025.

[182] WANG J, WU H, HUANG T, et al. Pinning control for synchronization of coupled reaction-diffusion neural networks with directed topologies [J]. IEEE Transactions on Systems, Man, and Cybernet-ics: Systems, 2015, 46(8): 1109-1120.

[183] ZENG D, ZHANG R, PARK JH, et al. Pinning synchronization of directed coupled reaction-diffusion neural networks with sampled-data communications [J]. IEEE Transactions on Neural Networks and Learning Systems, 2019, 31(6): 2092-2103.

[184] LI P, CAO J, WANG Z. Robust impulsive synchronization of coupled delayed neural networks with uncertainties [J]. Physica A: Statistical Mechanics and its Applications, 2007, 373: 261-272.

[185] YI C, FENG J, WANG J, et al. Synchronization of delayed neural networks with

hybrid coupling via partial mixed pinning impulsive control [J]. Applied Mathematics and Computation, 2017, 312: 78-90.

[186] CHEN W, JIANG Z, LU X, et al. H_∞ synchronization for complex dynamical networks with coupling delays using distributed impulsive control [J]. Nonlinear Analysis: Hybrid Systems, 2015, 17: 111-127.

[187] LÜ X, CAO J, LI X, et al. Local synchronization of directed lur'e networks with coupling delay via distributed impulsive control subject to actuator saturation [J]. IEEE Transactions on Neural Networks and Learning Systems, 2022, DOI: 10.1109/TNNLS.2021.3138997.

[188] LV X, CAO J, LI X, et al. Local synchronization of directed lur'e networks with coupling delay via distributed impulsive control subject to actuator saturation[J]. IEEE Transactions on Neural Networks and Learning Systems, 2022, 34(10): 7170-7180.

[189] ZHANG X, LI C, LI H, et al. Synchronization of uncertain coupled neural networks with time-varying delay of unknown bound via distributed delayed impulsive control[J]. IEEE Transactions on Neural Networks and Learning Systems, 2023, 34(7): 3624-3635.

[190] YU W, CHEN G, CAO M, et al. Second-order consensus for multiagent systems with directed topologies and nonlinear dynamics [J]. IEEE Transactions on Systems, Man, and Cybernetics, Part B (Cybernetics), 2009, 40(3): 881-891.

[191] KOCHEN S, STONE C. A note on the borel-cantelli lemma [J]. Illinois Journal of Mathematics, 1964, 8(2): 248-251.

[192] JIANG B, LOU J, LU J, et al. Synchronization of chaotic neural networks: Average-delay impulsive control [J]. IEEE Transactions on Neural Networks and Learning Systems, 2022, 33(10): 6007-6012.

[193] YANG S, JIANG H, HU C, et al. Exponential synchronization of fractional-order reaction-diffusion coupled neural networks with hybrid delay-dependent impulses[J]. Journal of the Franklin Institute, 2021, 358(6): 3167-3192.

[194] YANG X, LI X. Finite-time stability of nonlinear impulsive systems with

applications to neural networks [J]. IEEE Transactions on Neural Networks and Learning Systems, 2023, 34(1): 243-251.

[195]ZHUANG J, ZHOU Y, XIA Y. Synchronization analysis of drive-response multi-layer dynamical networks with additive couplings and stochastic perturbations. [J]. Discrete & Continuous Dynamical Systems-Series S, 2021, 14(4).

[196]LU J, KURTHS J, CAO J, et al. Synchronization control for nonlinear stochastic dynamical networks: pinning impulsive strategy [J]. IEEE Transactions on Neural Networks and Learning Systems, 2011, 23(2): 285-292.

[197]LIU H, LI J, LI Z, et al. Intralayer synchronization of multiplex dynamical networks via pinning impulsive control [J]. IEEE Transactions on Cybernetics, 2022, 52(4): 2110-2122.

[198]TANG Z, XUAN D, PARK J H, et al. Impulsive effects based distributed synchronization of hetero-geneous coupled neural networks [J]. IEEE Transactions on Network Science and Engineering, 2021, 8(1): 498-510.

[199]WANG Z, JIN X, PAN L, et al. Quasi-synchronization of delayed stochastic multiplex networks via impulsive pinning control [J]. IEEE Transactions on Systems, Man, and Cybernetics: Systems, 2022, 52(9): 5389-5397.

[200]LI M, LI X, HAN X, et al. Leader-following synchronization of coupled time-delay neural networks via delayed impulsive control [J]. Neurocomputing, 2019, 357: 101-107.

[201]LI M Y, Shuai Z. Global-stability problem for coupled systems of differential equations on networks [J]. Journal of Differential Equations, 2010, 248(1): 1-20.

[202]ZHANG C, ZHANG C, ZHANG X, et al. Dynamic event-triggered control for intra/inter-layer syn-chronization in multi-layer networks [J]. Communications in Nonlinear Science and Numerical Simulation, 2023, 119: 107-124.

[203]TAO J, LU R, SHI P, et al. Dissipativity-based reliable control for fuzzy markov jump systems with actuator faults [J]. IEEE Transactions on Cybernetics, 2017, 47(9): 2377-2388.

[204]LI S, LI J, TIAN G, et al. Stiffness adjustment for a single-link robot arm driven by series elastic actuator in muscle training [J]. IEEE Access, 2019, 7: 65029-65039.

[205]CHENG J, WANG B, PARK J H, et al. Sampled-data reliable control for T-S fuzzy semi-markovian jump system and its application to single-link robot arm model [J]. IET Control Theory & Applications, 2017, 11(12): 1904-1912.

[206]WANG M, GUO J, QIN S, et al. Exponential bipartite synchronization of delayed coupled systems over signed graphs with markovian switching via intermittent control [J]. Journal of the Franklin Institute, 2021, 358(3): 2060-2085.

[207]LIU Z, SHI Y, YAN H, et al. Secure consensus of multiagent systems via impulsive control subject to deception attacks [J]. IEEE Transactions on Circuits and Systems II: Express Briefs, 2022, 70(1): 166-170.

[208]FAN M, TIAN E, XIE X, et al. Stochastic data-based denial-of-service attack strategy design against remote state estimation in interval type- 2 T-S fuzzy systems[J]. IEEE Transactions on Fuzzy Systems, 2022, 31(3): 825-834.

[209]LONG M, WU CH, HUNG JY. Denial of service attacks on network-based control systems: impact and mitigation [J]. IEEE Transactions on Industrial Informatics, 2005, 1(2): 85-96.

[210]NIU H, BHOWMICK C, JAGANNATHAN S. Attack detection and approximation in nonlinear networked control systems using neural networks [J]. IEEE Transactions on Neural Networks and Learning Systems, 2019, 31(1): 235-245.

[211]DING D, WANG Z, HAN Q L, et al. Security control for discrete-time stochastic nonlinear systems subject to deception attacks [J]. IEEE Transactions on Systems, Man, and Cybernetics: Systems, 2016, 48(5): 779-789.

[212]XU Y, LI J, LU R, et al. Finite-horizon L_2-L_∞ synchronization for time-varying markovian jump neural networks under mixed-type attacks: Observer-based case[J]. IEEE Transactions on Neural Networks and Learning Systems, 2018, 30(6): 1695-1704.

[213]XU Y, WU Z, SUN J. Security-based passivity analysis of markov jump systems via

asynchronous triggering control [J]. IEEE Transactions on Cybernetics, 2021, 53 (1): 151-160.

[214] YAN H, WANG J, ZHANG H, et al. Event-based security control for stochastic networked systems subject to attacks [J]. IEEE Transactions on Systems, Man, and Cybernetics: Systems, 2018, 50(11): 4643-4654.